JN025206

今日からモノ知りシリーズ

トコトンやさしい

電気化学の本

新版

「電気化学」は、多くの自然現象をはじめ電池や腐食・防食、水の電気分解による水素製造など現代社会の重要な技術と深く関わっています。
本書は、電気化学の面白さと関わる現象の多様性、そこに潜む自然の原理をわかりやすく解説しました。

石原顕光

B&Tブックス
日刊工業新聞社

はじめに

「電気化学」は古くから研究開発されてきた科学技術の1つで、すでに私たちの身の回りのいたるところに「電気化学」と関連した現象や技術があります。例えば、一次電池、二次電池、燃料電池、電気分解によって製造された塩素や水酸化ナトリウムなどの原材料、腐食と防食、めっきなどの表面処理、センサ、さらには生体機能などがあります。そして、これらは現代社会の重要な技術と深く関わっています。

電気化学と関連した、二次電池、燃料電池、錆、めっき、表面処理などに関しては、すでにトコトンやさしいシリーズで素晴らしい本が刊行されています。そこで、このような個別の現象や技術に関しては、それらの優れた本を参考にしていただくことにして、本書では、それらの基礎となる電気化学の本質を理解していただくことを目的としました。

初版では、電気化学の本質は、電気エネルギーと化学エネルギーの相互変換にあるという立場に立って、電子とイオンに注目して、それらを理解していただけるように物理化学の広い視点を取り入れました。ただ、広い視点に立ったために紙面が割かれ、電池や電気分解、腐食や防食などの具体的な現象や技術と原理原則との関わりについて説明することができませんでした。

本書は、初版を全面改訂し、電気エネルギーを取り出すことから始めました。それは電子伝導体の電子のエネルギー準位に注目することになります。化学エネルギーから電気エネルギーを取り出すという、電気化学に特有の機能を発現させるためには、電極と電解質とその界面が本質的です。本書では、電極と電解質の界面を横切る粒子、すなわちイオンと電子に注目しました。そこから原理原則を説明して、後半には、その原理原則に基づいて、電池や電気分解、腐食と防食などの具体的な製品や現象、技術が理解できるようにしました。

内容は少し難しくなったかもしれませんが、外部に電気エネルギーを取り出すためには、電子のエネルギー準位の異なる電子伝導体があればよいこと、異なる電気化学反応に関与する電子のエネルギー準位は異なること、電子もイオンもそれらのエネルギーの低い方に自発的に移動すること—を前提としていただけば、あとは論理的に理解していただけると思います。原理原則に興味のある方は、ぜひ第1章から第3章をお読みください。化学熱力学をベースとした、電気化学的な現象のとらえ方と考え方を説明しています。一方、具体的な製品や技術に関心のある方は、第4章から読み始めていただければと思います。すべて読んでいただくと、電気化学の面白さと関わる現象や技術の多様性、そこに潜む自然の原理を感じていただけると思います。本書によって、みなさんに電気化学に興味を持っていただき、さらに関連した本で理解を深めて知識を広げていただければ、著者としてこれに優る喜びはありません。

本書の刊行に際して、執筆の機会をいただいた日刊工業新聞社の奥村功参与に謝意を表します。横浜国立大学には、高橋正雄名誉教授（故人）、朝倉祝治名誉教授、太田健一郎名誉教授とつながる、電気化学に対する深い造詣が脈々と続いています。微力ながら、その根底に流れる、自然現象に対する畏敬の念と電気化学と現実の世界との深い関わりを、本書を通じて感じていただければと思います。

最後に、あれこれ30年以上にわたって物理化学勉強会に参加して一緒に議論していただいている物理化学マニアのみなさんに深く感謝いたします。

石原顕光

令和5年4月

トコトンやさしい

電気化学の本

新版

目次

目次 CONTENTS

第1章 電気エネルギーは電子のエネルギーから

第2章 これが電気化学システムだ

第3章 界面に注目する電気化学

第4章 電気化学の原理を活用しよう

第5章 こんなに役立つ電気化学

第1章

電気エネルギーは電子のエネルギーから

1 電気化学ってなんだろう？

「電気」と「化学」の合流点

「電気化学」とは、なんだか聞きなれない言葉ではないでしょうか。単純に、「電気」とか、「化学」の方がイメージしやすいですね。

「電気」というと、スマートフォンやタブレット、テレビ、電子レンジ、洗濯機、掃除機のような電気機器を思い浮かべるでしょう。また、中学理科で「電流」や「電圧」という用語を学習されたことを思い出される方も多いと思います。オームの法則や電力、直列接続・並列接続などがありましたね。

一方、「化学」というと物質（モノ）でしょうか。モノが燃える、反応によって新しいモノを作るなど、モノやその変化が関わることを思い浮かべるでしょう。

電流や電圧とモノやその変化とは、関わりがあるように思えませんね。実際に、直接には関わりがないような現象もたくさんあります。電気機器の電気回路を考えているときは、モノは変化しないので、「化学」を考える必要はありません。また逆に、モノが反応して燃えているようなときには「電気」を考える必要はありません。

電気とモノの変化が直接関係しているような現象はあるのでしょうか？　みなさんがよく知っているのは「水の電気分解」ではないでしょうか。中学の理科で、水酸化ナトリウム水溶液に、2本の金属棒を差し込んで直流電気を流すと、マイナス極から水素が、プラス極から酸素が発生します。つまり、水に電気を流すと、水が分解されて、水素と酸素が別々に発生するということです。これはまさに電気とモノが直接関係していると言えるでしょう。

「電気化学」とは、このような、電気とモノの変化が関わる現象を取り扱う学問なのです。

水の電気分解以外にも、乾電池、二次電池、燃料電池、腐食と防食、表面めっき処理、工業電解などたくさんあります。これらが「電気化学」が取り扱う現象や技術になります。

要点BOX
- 電気とモノの変化が関わる現象
- 水の電気分解は電気によってモノが変化
- 「電気化学」が取り扱う現象や技術は多い

電気と化学

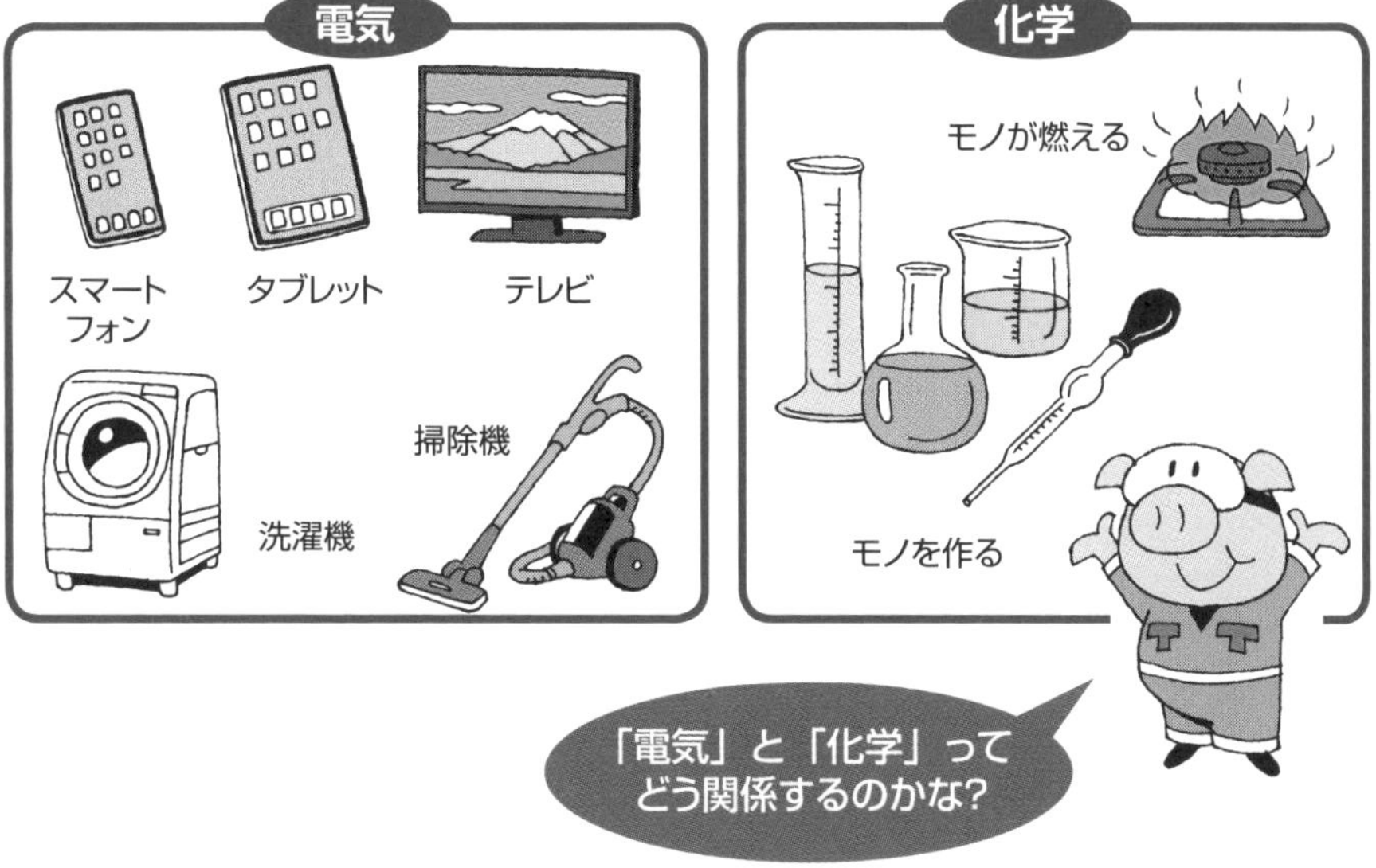

馴染みのある水の電気分解

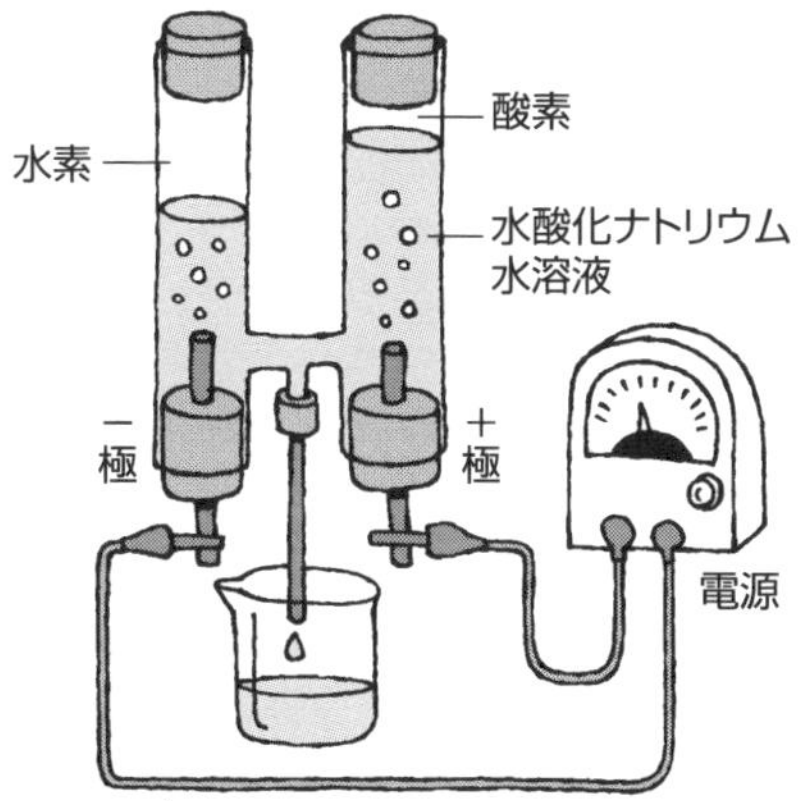

電気化学の関わる現象や技術

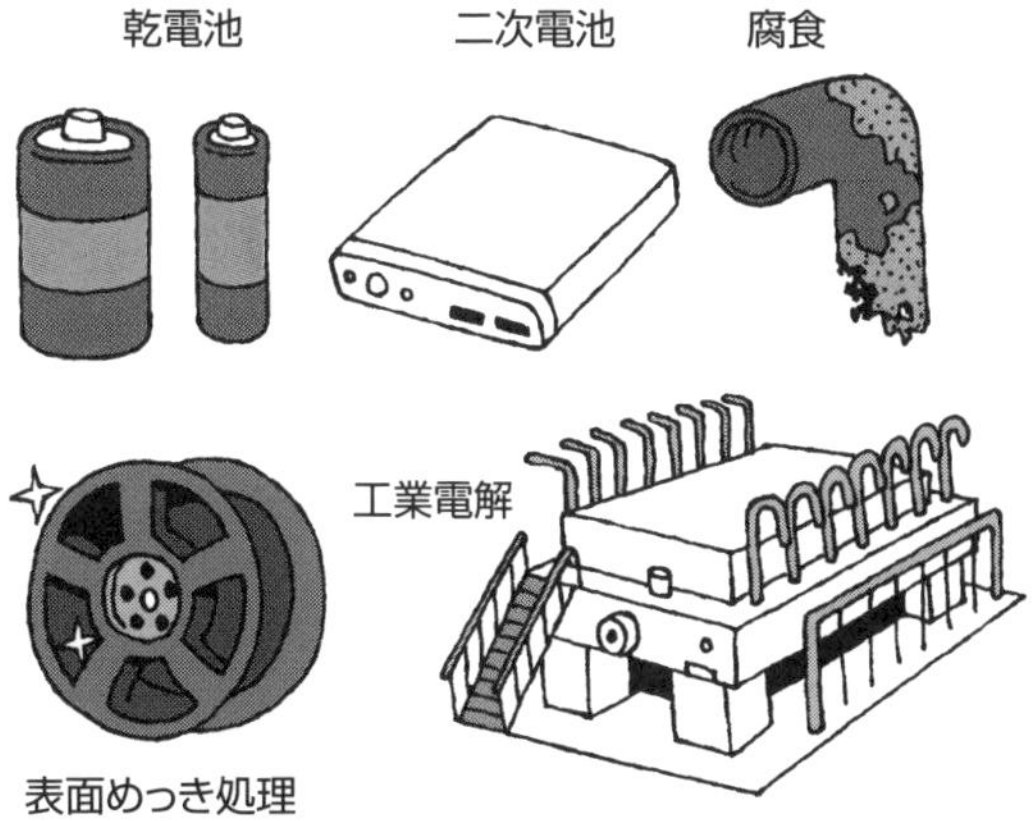

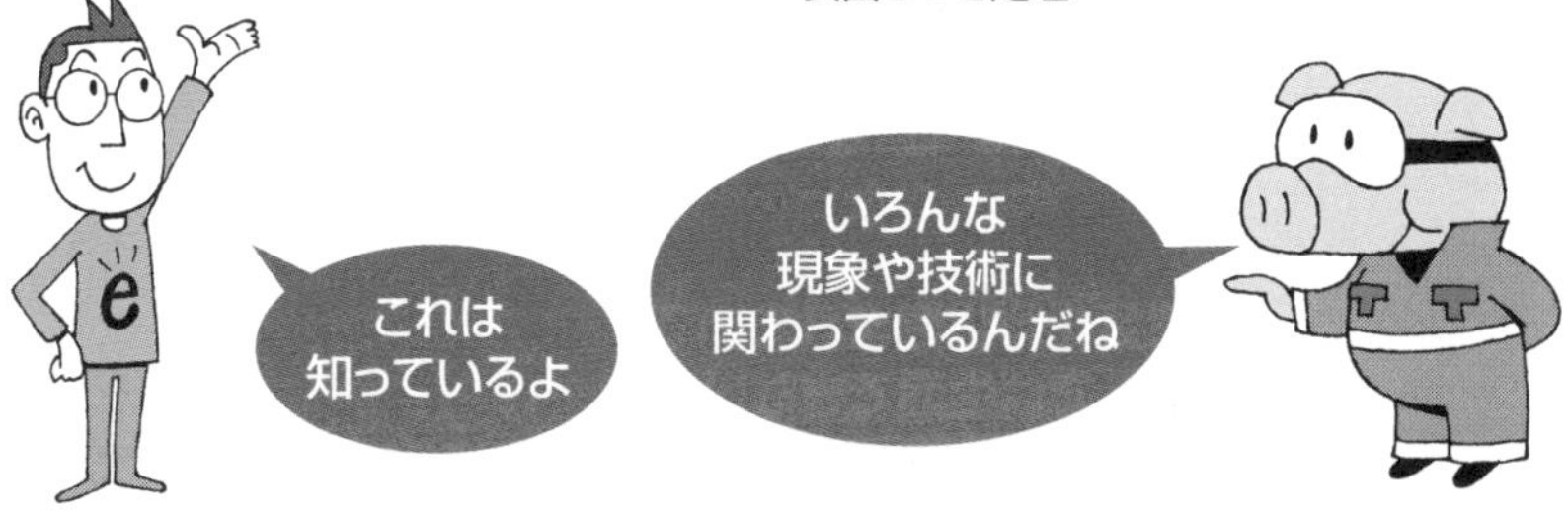

2 実は、いたるところに電気化学

あまり私たちに縁がないように思える「電気化学」ですが、実はそうではありません。みなさんが便利に使っている携帯電話、スマートフォンやタブレット端末、これらは電池がなくては動きません。電池は、見かけはただの電気を貯める容器ですが、その中にはモノがぎっしり詰まっています。そして、電気を取り出しているとき(これを電池が放電していると言います)と、電気を貯めているとき(これを充電していると言います)、中のモノの状態が変化しているのです。

電池は、一見、電気をそのまま貯め込んだり、出したりしているように思えるかもしれませんが、実際にはそうではなく、モノの状態を変えて貯めているのです。乾電池や充電できる二次電池は、現代の生活になくてはならないでしょう。私たちは電池によって電気を貯めて携帯できるようになりました。そのため、情報機器の進展とともに、私たちはいつでも情報ネットワークとつながることが可能になりました。

燃料電池も、家庭用のエネファームや燃料電池車が市販されて注目されています。燃料電池は「電池」でも、乾電池や二次電池と異なり、電気のもとのモノは電池の内部にはありません。外部から水素などの燃料を供給して電気を取り出しています。

金属の腐食も電気化学と密接に関係しています。湿度の高い日本では腐食は避けられません。腐食を防ぐことを「防食する」と言いますが、その防食には電気化学の原理が使われています。めっきは防食に用いたり、また装飾のために行われていますが、電気を使った電気めっきはまさに電気化学が扱う技術です。

工業電解も身近に感じられないかもしれませんが、みなさんが漂白剤として使っている次亜塩素酸ソーダ、化学繊維や紙・パルプの製造に用いる苛性ソーダ(水酸化ナトリウム)などは電気化学の原理を使って製造されています。このように私たちは電気化学の関わる現象や技術に取り囲まれているのです。

要点BOX
- ●私たちは電気化学に囲まれている
- ●電気化学なしでは生活できない
- ●腐食も電気化学と密接に関係している

電気を貯める？

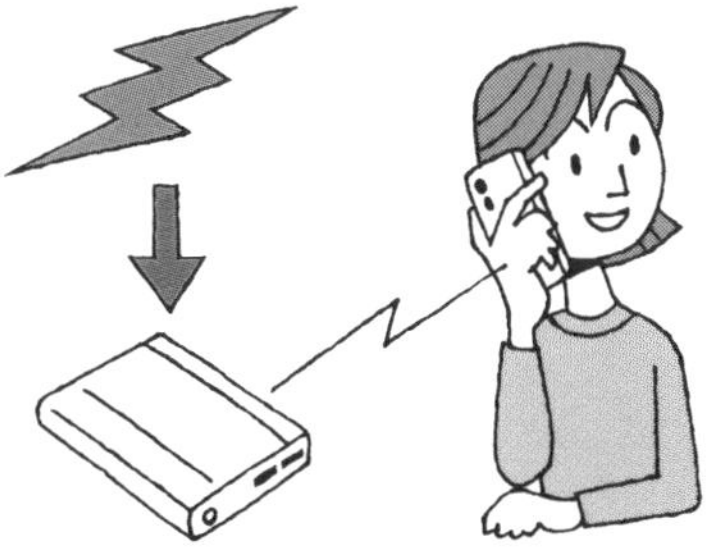

どうやって
貯めるのかな?

腐食

錆は避けられない

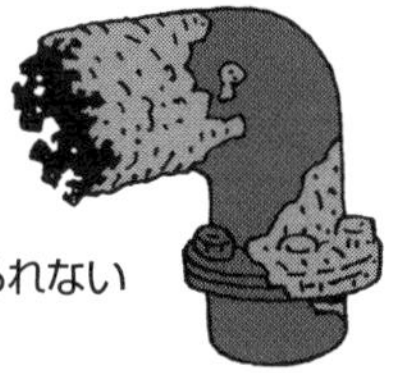

錆びるのも
電気化学なんだね

燃料電池

家庭用燃料電池

燃料電池車

工業電解

次亜塩素酸ナトリウム
（次亜塩素酸ソーダ）

水酸化ナトリウム
（苛性ソーダ）

詰まり

3 電気化学でノーベル賞

2019年に吉野彰博士がノーベル化学賞受賞

2019年に旭化成株式会社名誉フェローの吉野彰博士が、米テキサス大のジョン・グッドイナフ教授、米ニューヨーク州立大のスタンリー・ウィッティンガム卓越教授とともに、「リチウムイオン二次電池の開発」によって、ノーベル化学賞を受賞されたことは記憶に新しいと思います。

2022年のわが国の15～79歳の男女のスマートフォン所有比率は94％に達しています。スマートフォンには、リチウムイオン電池が使われています。リチウムイオン電池のように、小型で軽い二次電池がなかったら、スマートフォンもノートパソコンも今のように小さくできなかったでしょう。さらに電気自動車やドローンの電源としての利用も期待されています。

電気化学は、古く19世紀から、物理化学と電磁気学の発展に貢献してきました。これはボルタが電池を作り、直流電気を人為的に継続的に作り出せるようになったためです。電池を用いれば、熱を加えるだけでは起こしにくい化学反応を、電気の力を借りて進めることができます。その性質を利用してデービーによって、ナトリウム、カリウム、マグネシウムなど単体として取り出しにくい元素が、それらを含む化合物を融解しそれを電気分解することによってはじめて得られました。

デービーの弟子のファラデーは、現在用いられている「電極」「電解質」「イオン」などの用語を定義し、電気分解に関するファラデーの法則を見つけ出しました。19世紀末には、アレニウスがイオンの電離説を提唱し、ネルンストによって、電池の起電力と、化学反応に伴うエネルギー変化との関係が明らかにされました。20世紀初頭になると電気化学反応に関する基本的な法則が出揃いました。

しかし、理論だけではよい製品は生まれません。日夜たゆまぬ技術改良の結果、私たちが安心して使える製品に仕上がっているのです。

要点BOX
- ●小型で軽いリチウムイオン二次電池
- ●物理化学と電磁気学の発展に貢献
- ●20世紀初めに基本法則が揃った

2019年のノーベル化学賞はリチウムイオン電池の開発に

電気化学の発展に貢献した科学者たち

4 電気で動くから電気機器～そりゃそうだね

電流の正体は電子

電気化学の関わる現象や技術は、さまざまな用途に用いられていますが、その特徴はどこにあるのでしょうか。ヒントは「電気」にあります。

電気機器を使うときには電圧をかけて電流を流します。日本の家庭の電気代は、家庭で使用した電力量によって決まります。**電力量とは、電気のエネルギー**のことで、電気機器は、電気のエネルギーを使って動いています。たくさん電気機器を使うと、それだけたくさんの電気のエネルギーを使うので、電気代が高くなるのです。私たちは電気のエネルギーに対して、電気代を払っているのです。

電力量、つまり電気のエネルギーは、電気機器にかかる電圧と流れる電流と電流が流れた時間の積で求まります。電圧の単位はボルト［V］、電流の単位はアンペア［A］、時間は秒［S］です。流れる電流と動かした時間の積が電気量になって、その単位はクーロン［C］です。したがって、電気のエネルギーは電圧とそのときに移動した電気量の積になります。単位はジュール［J］です。大きな電気エネルギーを得るには、電圧を高くして、電気をたくさん移動させればよいことになります。

さて、ここで電流とは何だったか思い出してみましょう。電気の流れのことを電流と言いますが、実際に電気機器の中を移動しているのは、電子です。今では電子は当たり前として知られていますが、電気が流れるという現象を見つけた当時は、電子は発見されていませんでした。なんと、電子の発見より100年ほども前に、電池は発明されていたのです。そのとき、何かが流れていることはわかったのですが、実体として何が流れているのかはわかりませんでした。そこで、電池のプラス極からマイナス極に、電流が流れると決めたのです。何が流れているのかがわからなくても、測定できれば電気回路を設計することはできるので、実用上は問題なかったのです。

要点BOX
- 電気代は使った電気のエネルギー
- 電気のエネルギーは電気量と電圧の積
- 電流の流れと電子の移動の向きは反対方向

電気機器が使う電気エネルギー

ドライヤー

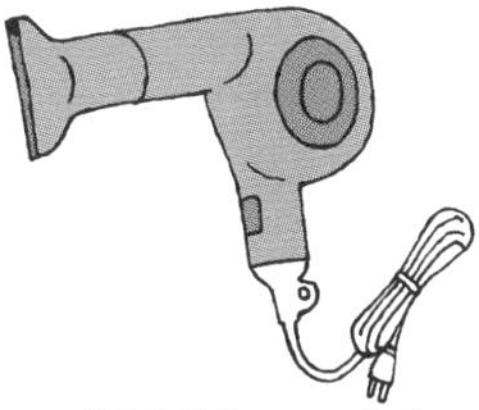

1200W　10 分使用
720000J
→ 0.2kWh

電子レンジ

1300W　5 分使用
390000J
→ 0.1kWh

エアコン

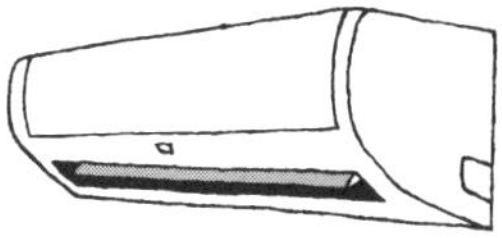

550W　60 分使用
1980000J
→ 0.55kWh

電気料金は使用した
電力消費量（kWh: キロワットアワー）
に応じてかかります。
kWh はエネルギー量の単位で、
1kWh=3600000J（ジュール）です。

使った
電気エネルギーに
お金を払って
いるんだね

電圧 [V]= 電気エネルギー [J]/ 電気量 [C]

電流の向き

何が流れているかわからないけど、
電池のプラス極からマイナス極に
電流が流れると決めたんだね

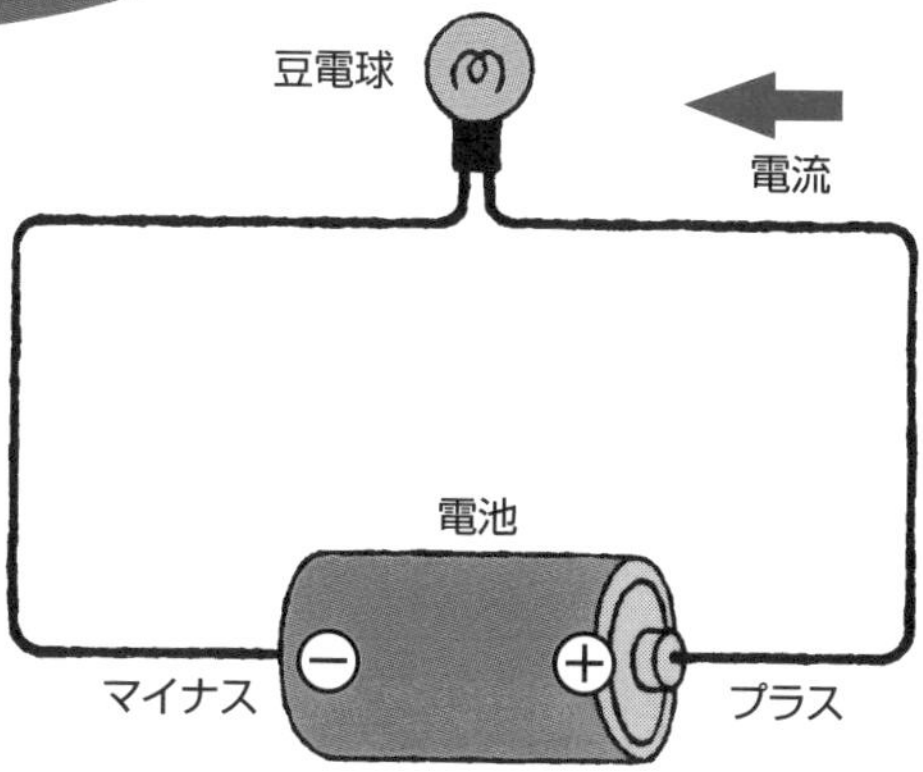
豆電球
電流
電池
マイナス
プラス

5 最小電気〜これ以上分けるのは無理

素電荷は電気量の最小単位

1897年にトムソンが電子を発見して、電流の正体は電子の移動だったことがわかりました。ところが、電子はマイナスに帯電していて、電池のマイナス極からプラス極に移動するのです。先に決めた電流の向きと実際の電子の移動する向きが逆になってしまいました。これがちょっとややこしくなった原因です。

ここで電子の性質を知っておきましょう。電子はマイナスの電気量を持っていて、その絶対値は「素電荷」あるいは「電気素量」と呼ばれて、eと表します。電気量はeよりも小さくは分けられません。電気量の単位はクーロンで、Cで表され、

$e=1.6\times10^{-19}$ C

となります。クーロンは、アンペアほど馴染みがないですが、1秒間に1クーロンの電気量が導線内を移動するとき、1アンペアの電流が流れたといいます。

1［A：アンペア］＝1［C：クーロン］／1［s：秒］

アンペアは電流の単位です。ちなみに、1クーロンの電気量は、電子6.2×10^{18}個分に相当します。つまり、1アンペアの電流は、1秒間に、6.2×10^{18}個の電子が導線内を移動したことになります。

電気機器のプラグを見ると、「15A―12・5V」などの表示があります。この表示は、このプラグは、電流は15A、電圧は12・5Vを超えて使えないことを表しています。これを定格電流が15A、定格電圧が12・5Vと言います。

次に、電子の移動の向きを考えてみましょう。電圧は電流を流す駆動力ですが、それは電圧がかかっている2点間の電位差を意味します。そして、電流は電位の高い方から低い方へ流れます。電流の流れる向きと電子の移動の向きは逆なので、電子は電位の低い方から高い方へ移動することになります。このように、電子の移動の向きを決めるのは電位の差です。電源のように、電子を移動させるために作られている電位差（あるいは電圧）は「起電力」とも呼ばれます。

要点BOX

- ●電気量の単位はクーロン
- ●電流は単位時間に移動する電気量
- ●電源の作る電位差（電圧）は起電力

トムソンが電子を発見した

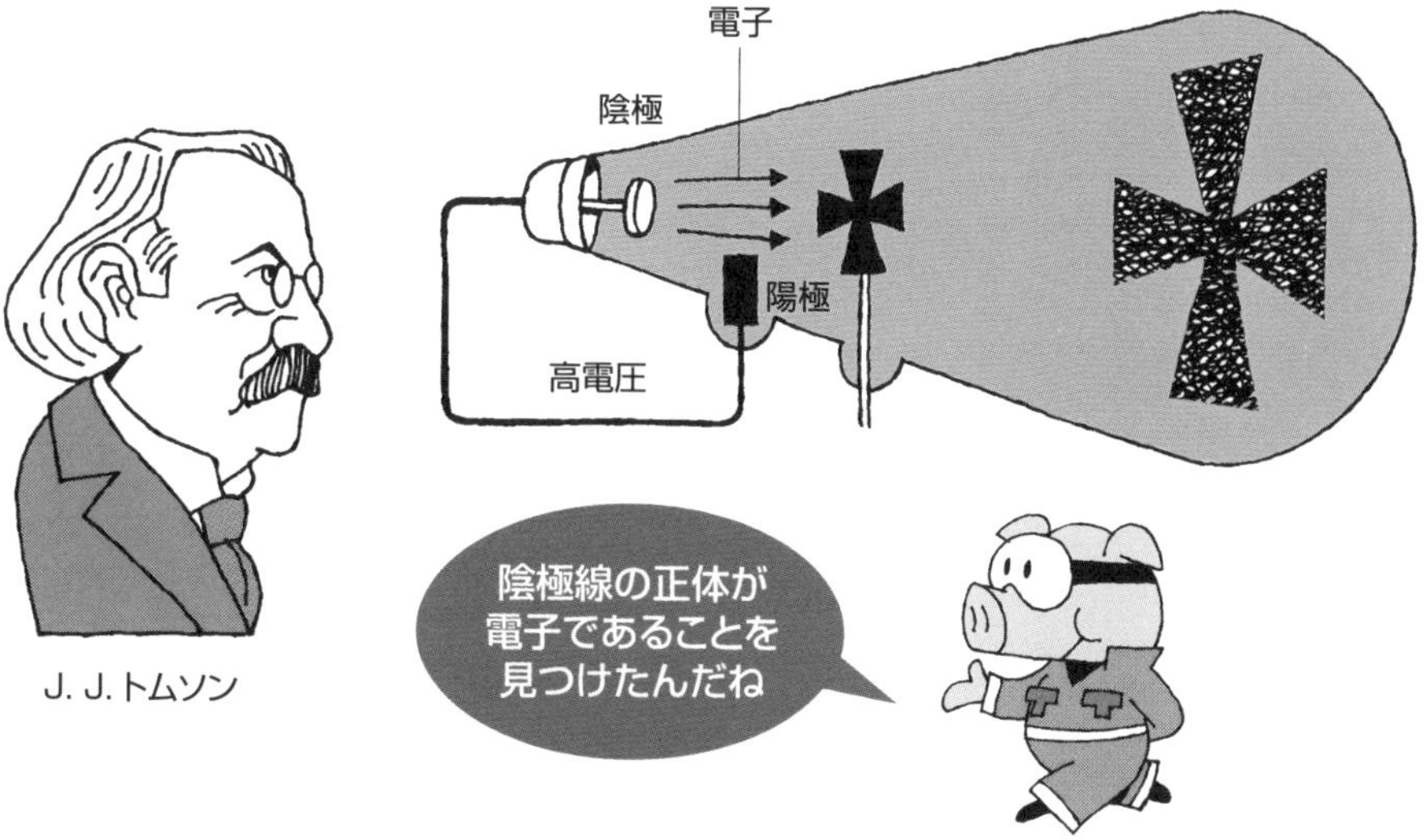
電子
陰極
陽極
高電圧
J. J. トムソン
陰極線の正体が
電子であることを
見つけたんだね

電子は電位の低い方から高い方へ移動する

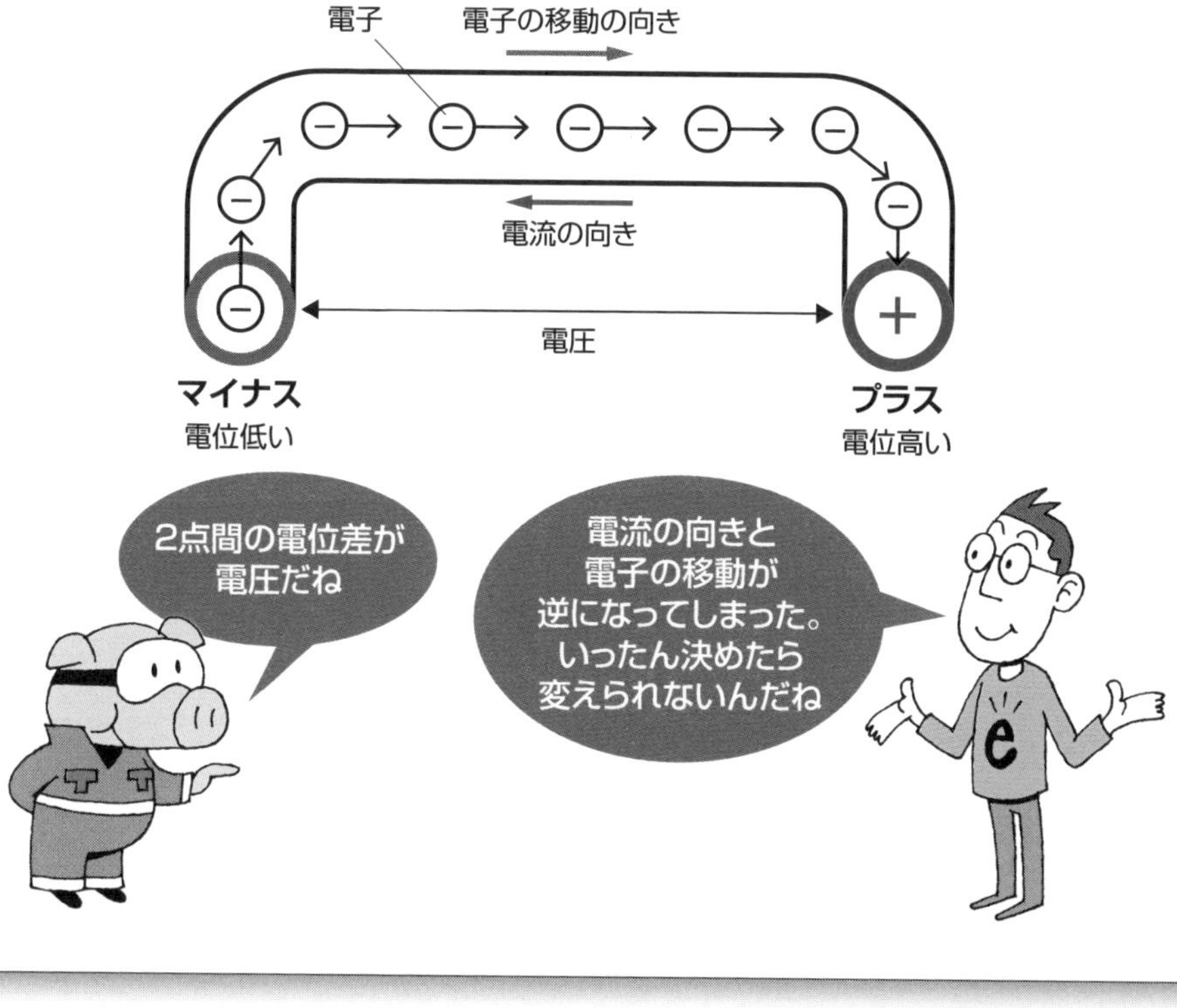
電子
電子の移動の向き
電流の向き
電圧
マイナス
電位低い
プラス
電位高い
2点間の電位差が
電圧だね
電流の向きと
電子の移動が
逆になってしまった。
いったん決めたら
変えられないんだね

6 マイナスが集まると緊張が高まる

電位が低い方では電子どうしの反発が強い

電気機器を動かすために、実際に電子がどこを移動するのか、具体的に確認しておきましょう。電気機器を動かすには、電源プラグをコンセントに差し込むか、あるいは機器の電池ボックスに電池を入れる必要があります。電源プラグやコンセントは真鍮《しんちゅう》がよく使われています。真鍮は銅と亜鉛の合金で、電気をよく通す銅に、そのままでは柔らかいので、強度を持たせるために亜鉛を混ぜて合金にしたものです。ただ、真鍮のままでは、表面が錆びやすいので、表面にニッケルをめっきしています。電気機器の電池ボックスに電池を入れるときも、電池のプラス極とマイナス極に金属端子を接触させて電気を取り出します。この金属端子も真鍮にニッケルをめっきしたものです。

このように電気機器には、電気エネルギーを取り込むための金属端子が2つ必要なのですが、その金属端子は多くの場合、真鍮でできていて、同じ材質です。つまり電気機器を動かすには、電位の異なる、同じ材質の2つの金属端子を用意すればよいことになります。そのときに、電位の低い方から、電位の高い方に電子は移動するのです。

なぜ電子は電位の低い方から高い方へ移動するのでしょうか。それは、電子が負の電荷を帯びていることを考えれば理解できます。同じ符号の電荷どうしは反発し、異なる符号の電荷は引き合うのですが、その力を、「クーロン力」と呼びます。電子はマイナスに帯電しているので、電子が集まるとクーロン力によって、お互いに反発します。同じ材質の金属の場合、電位が低い方は、電位が高い方に比べて、電子が少し多くなっています。そもそもマイナスの電子が少し多いので、電位が低くなっているのです。そのため、電位が低い方は、高い方に比べて、クーロン力によって、より電子どうしが反発しています。左の下の図では、電位が低い方が電子の数が多くて反発が強いことを✧の数で表しています。

要点BOX

- 電気機器の端子は同じ材質
- 電源プラグやコンセントは真鍮をニッケルめっきしている
- 同符号は反発して、異符号は引き合う～クーロン力

電気エネルギーを取り込むには金属端子が2つ必要

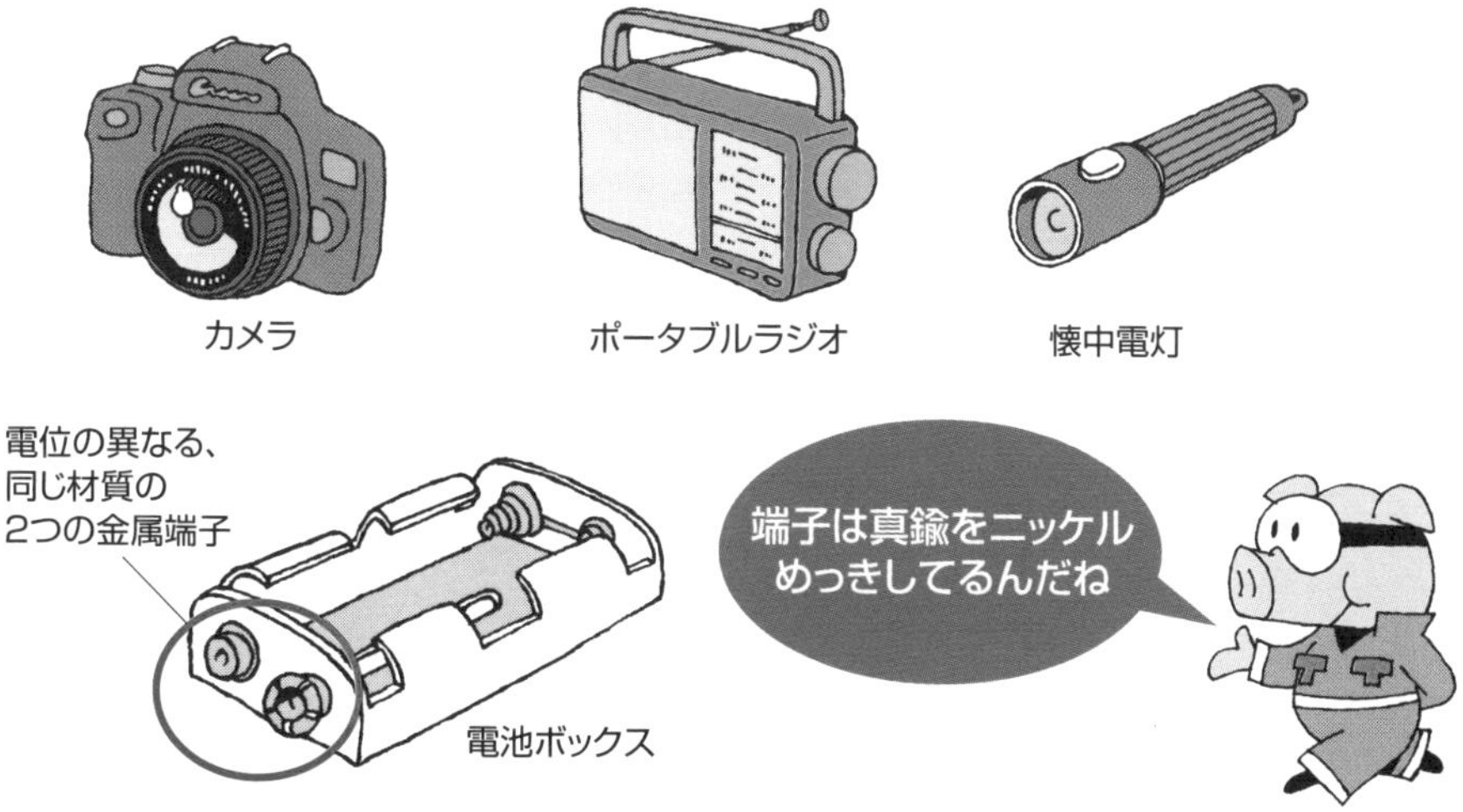

電位が低い方がマイナスの電子が反発している

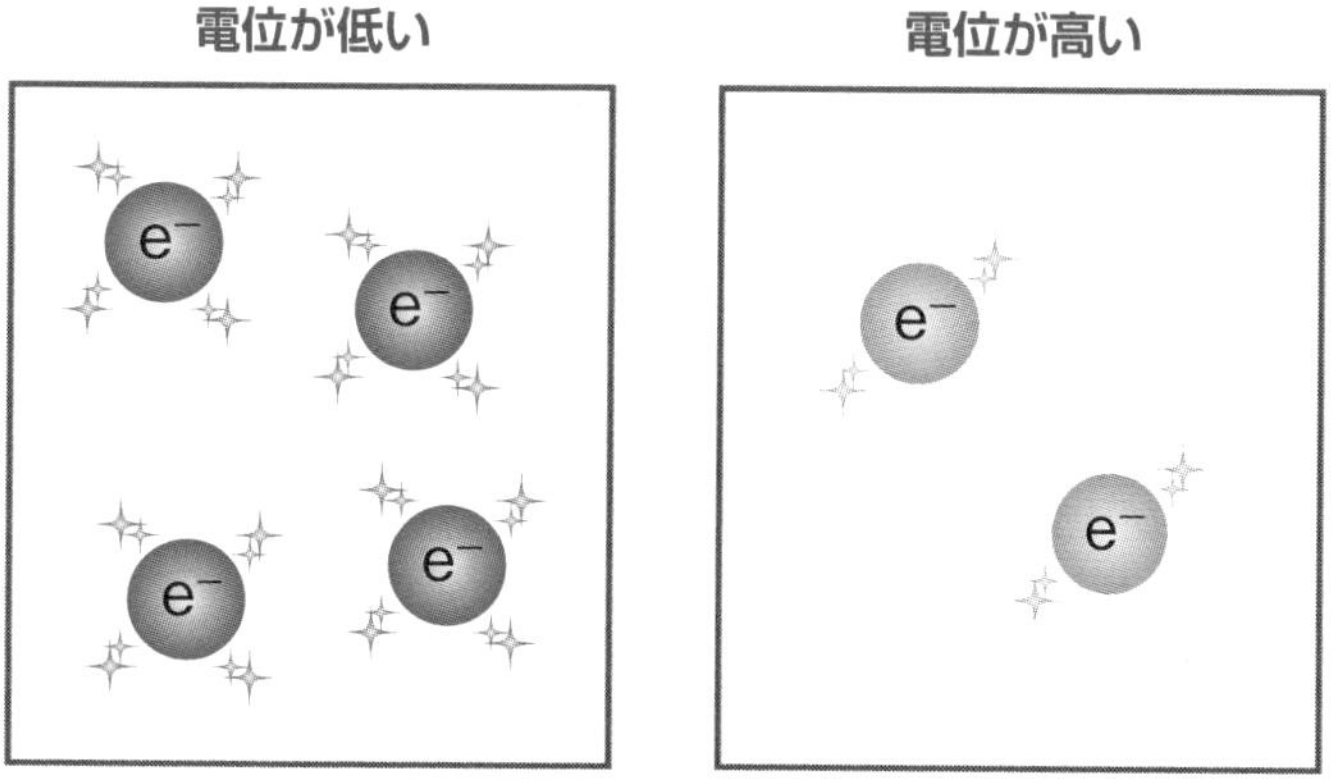

同じ材質の金属

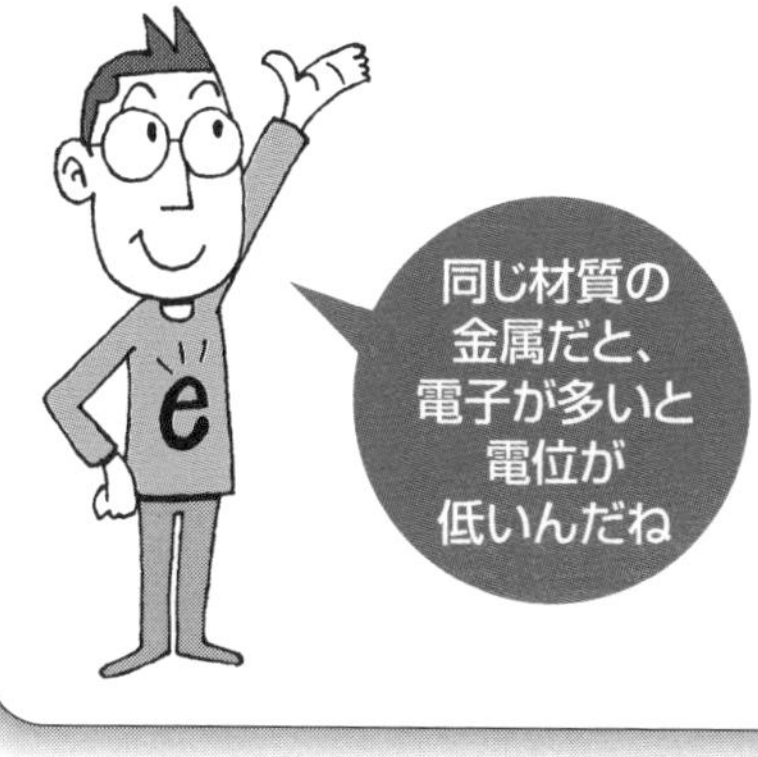

電荷とは?

物理の用語で、電子や陽子などの粒子やモノが帯びている電気量を意味します。それなら電気量と言えばよさそうですが、電気量は移動した電荷の総量(電流×流れた時間)を表すなど、もっと広い意味でも使われるので、帯電している状態を表すときは「電荷」という用語を使います。

7 反発を避けたいのは電子も同じ

電子は電位の低い方から高い方に移動する

同じ材質の金属端子で、電位の低い端子と高い端子をくっつけて、電子が移動できるようにするとどうなるでしょうか。電位の低い方の電子はお互いにより強く反発しているので、移動できる状態になって、くっつけた先がより反発の少ない状態であれば、瞬時にそちらに移動します。つまり、**電子は反発の強い電位の低い方から、反発のより弱い電位の高い方に、自発的に移動するのです**。そして、移動することによって2つの端子の電位は等しくなり、移動が止まります。

ここで注意しておきましょう。電位の低い方は、高い方に比べて電子が多いと言いましたが、これは、そこに存在する電子の絶対数が多いという意味ではありません。原子は原子核に正の電荷を持つ陽子と電荷を持たない中性子を持っています。1個の陽子の持つ電荷は、1個の電子が持つ電荷と符号が異なりますが、大きさは同じです。そして原子は、陽子と同数の電子を持っています。したがって、原子は、電気的には正負の電気量が釣り合っています。

モノは原子が集まっているので、電気的に中性のモノ（これを帯電していないと言います）は、そのモノに存在している陽子と同じ数の電子を持っています。そのため、電子の数は、まずはモノを構成している元素の種類（陽子の数は原子番号で決まります）によって変わります。同じ材質であれば、元素の種類は同じになりますが、当然、そのモノの大きさによっても異なってきます。モノが大きければ大きいほど、モノに含まれる原子の数が増えるので、モノが持っている絶対数としての電子も多くなります。

もちろん、この電子の絶対数も重要ですが、電位の高低は、モノが持っている陽子の数と電子の数の差にも大きく影響されます。それが同数でない場合、そのモノは帯電していると言います。実は、ごくわずかの数の差でモノは簡単に帯電してしまうのです。

要点BOX

- ●モノの帯電状態が大きく影響
- ●陽子と電子のごくわずかな差で容易に帯電する
- ●同じ電位になって電子の移動は止まる

電子のふるまい

電子は反発の強い電位の低い方から、
反発のより弱い電位の高い方に、自発的に移動します。

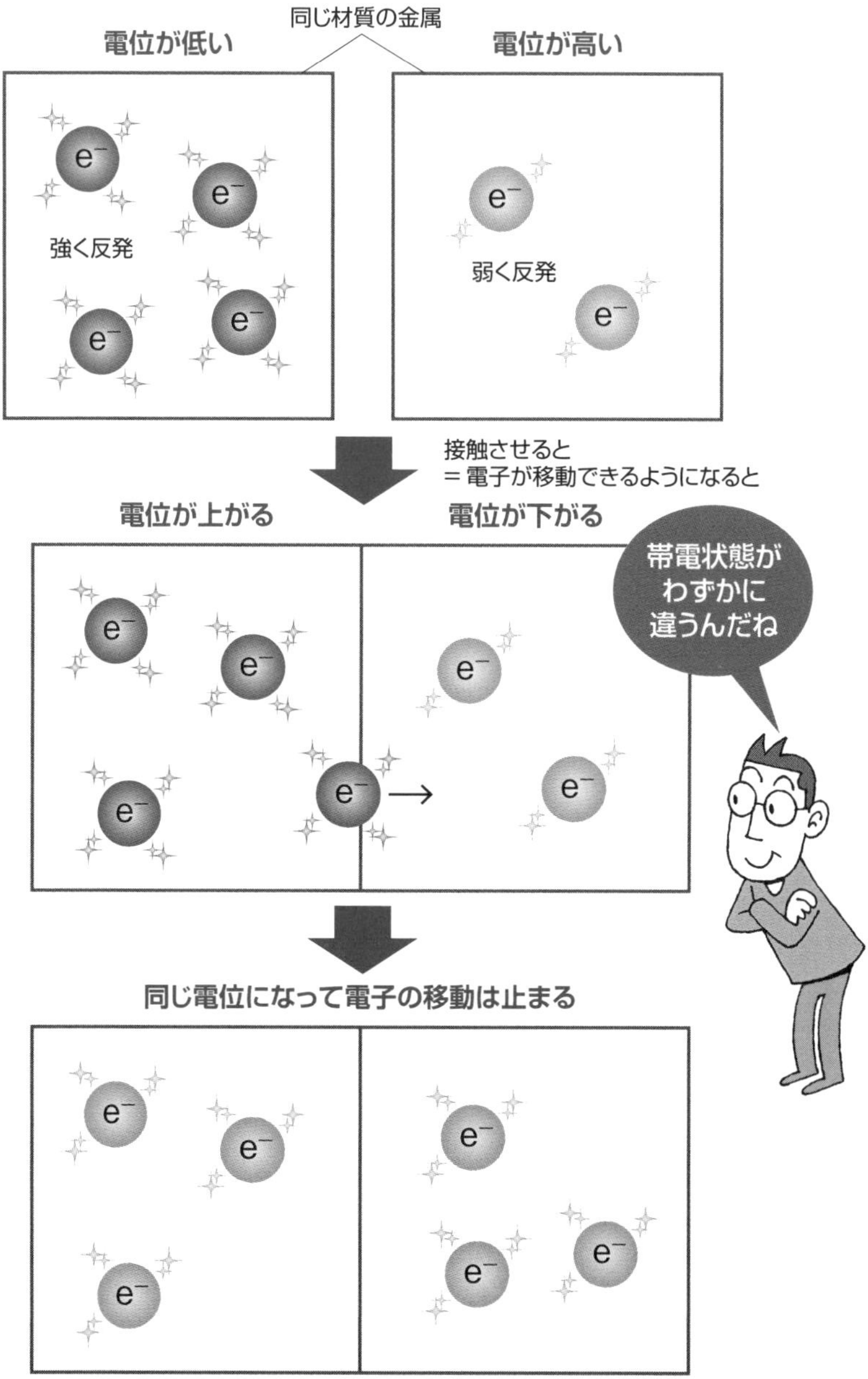

8 エネルギーを放出してリラックス

電位が低い方が電子のエネルギーが高い

同じ材質の金属の場合、電位が低い方は高い方に比べて、ごくわずかですが、電子が多くて負に帯電しています。電子はお互いに反発します。この反発によって、電位が低い方の電子は高い方に比べて、エネルギーの高い状態にあります。このエネルギーを、電子が持つクーロン力によるポテンシャルエネルギーと呼びます。マイナスの電子がわずかに多いため、緊張が高まっている状態と言えばよいでしょうか。

同じ材質の金属の場合に、電子が電位の低い方から高い方へ移動することは、（今後、「クーロン力による」という言葉は省略しますが）ポテンシャルエネルギーの立場から見ると、ポテンシャルエネルギーの高い方から低い方へ移動することになります。

同じ材質の金属どうしで、電子が移動できる状態にあれば、ポテンシャルエネルギーの高い方から低い方へ、自発的に移動します。これが重要です。なぜかというと、この電子の持つポテンシャルエネルギーの差が、取り出せる電気エネルギーに相当するからです。

電気機器を動かすためには、電源につないで、電気機器内に電流を流す、すなわち、電子を移動させることが必要です。電子が移動できる金属のような材料を、電子伝導体と言います。そして、電流を流すためには、電子伝導体の間に、電位差（電圧）が必要になります。電位の差は、電位の高低差を意味するので、電源とは、同じ材質の2つの金属（電子伝導体）端子に、ポテンシャルエネルギーの異なる状態の電子を作る装置とも言えます。「同じ材質」ということを繰り返してきましたが、電源から出ている金属端子は、ほとんどの場合、同じ材質でできているので、普通はあまり強調されません。

よく目にする電池は、電源の一種ですが、まさに電子のポテンシャルエネルギーの異なる状態の電子伝導体端子を作っているのです。なぜそんなことができるのかを解き明かすことが本書の目的の1つです。

要点BOX
- ●電子はエネルギーの高い方から低い方へ移動する
- ●電源は、ポテンシャルエネルギーの異なる電子を作る装置
- ●電子が移動できる材料が電子伝導体

電子はポテンシャルエネルギーの高い方から低い方へ移動する

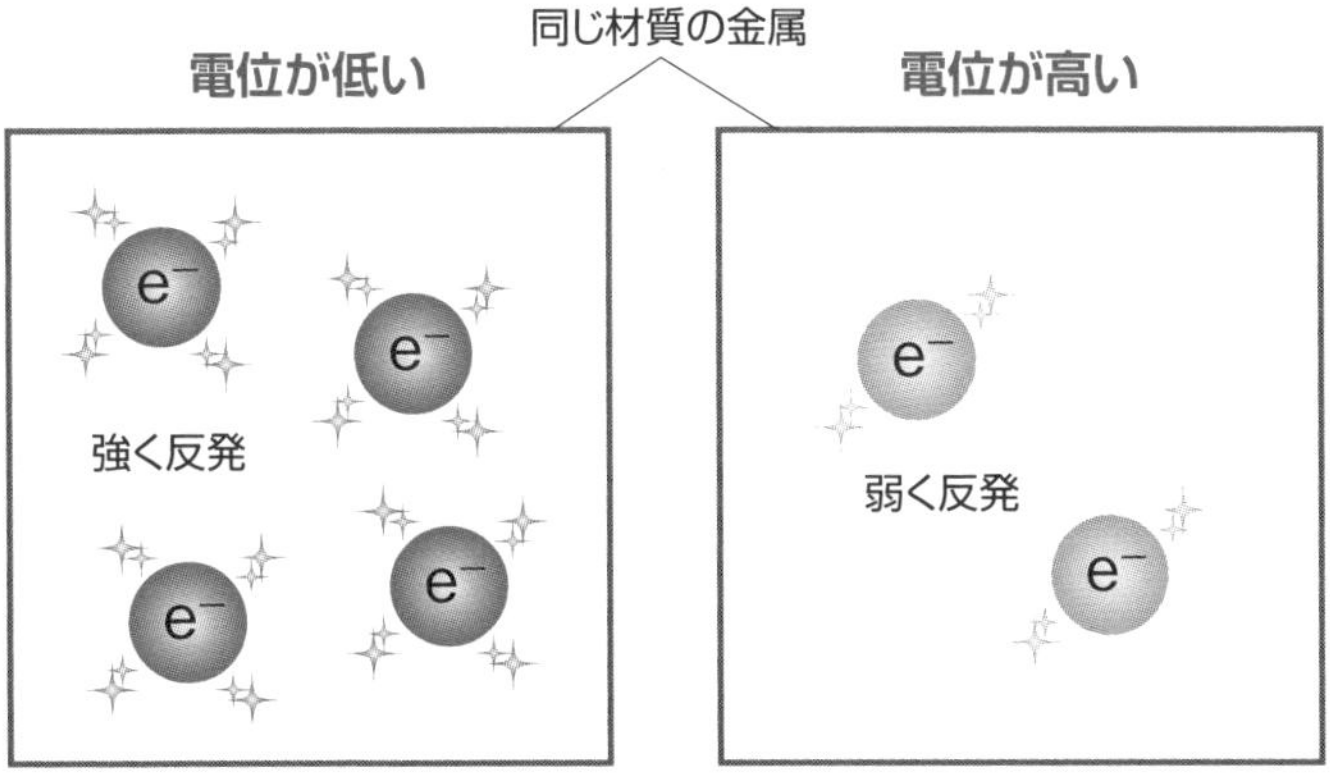

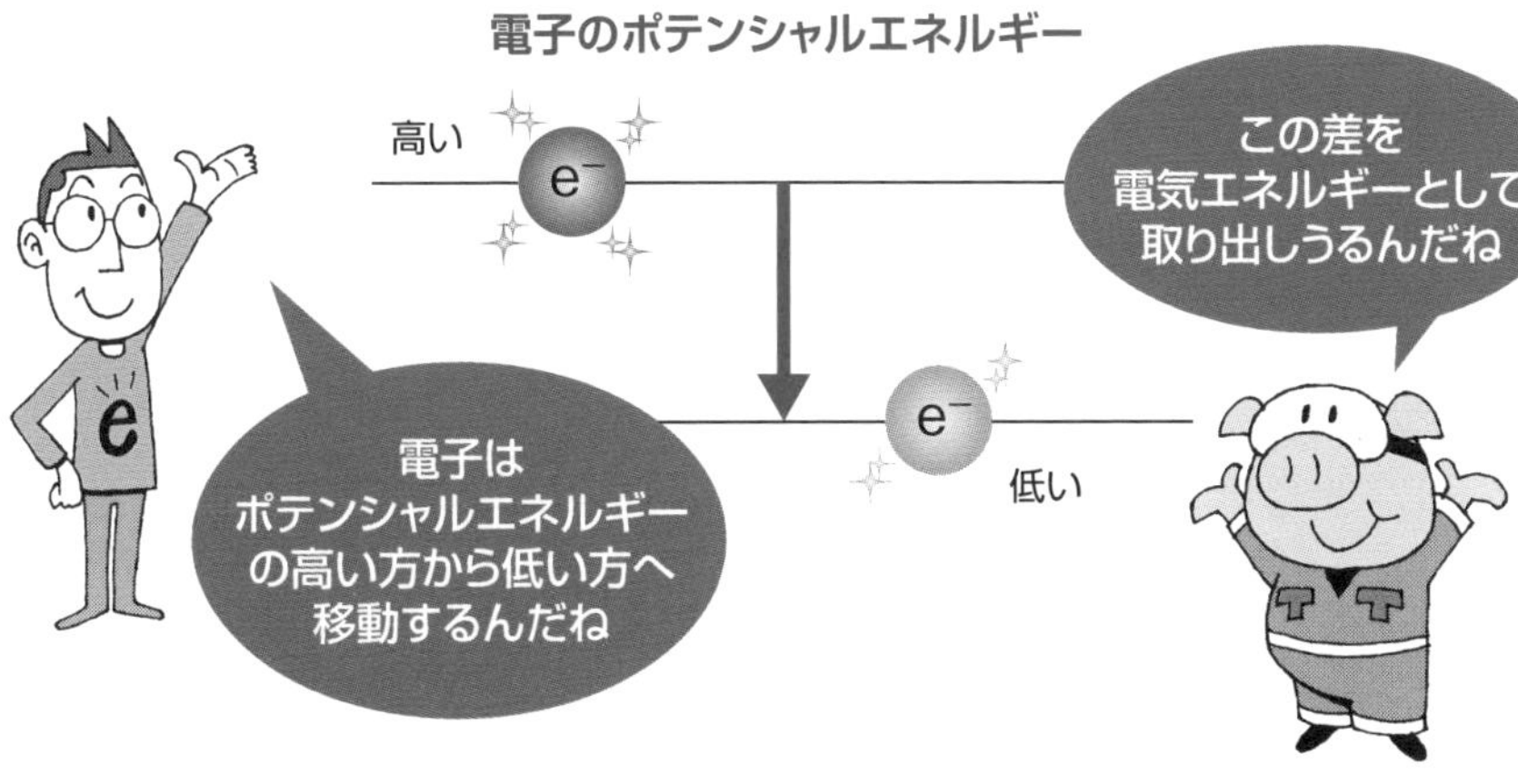

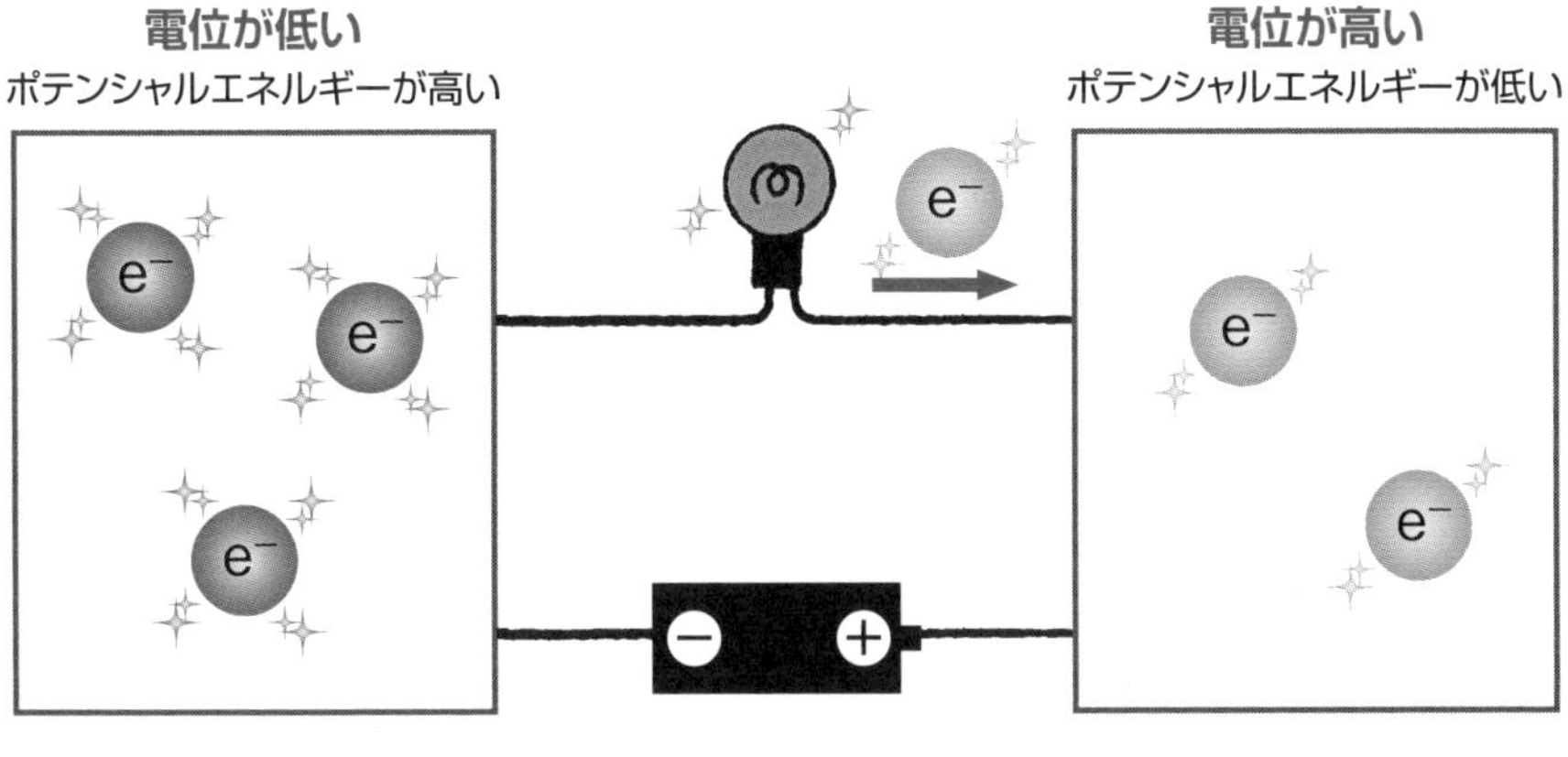

9 電気機器には電子がたくさん必要

大量の電子が移動しないと使えない

電気機器を動かし続けるということは何を意味するでしょう。電気機器は一瞬だけ動けばいいわけではなく、ある程度継続的に動き続けなければ意味がありません。電気機器を動かすには、電気エネルギーが必要です。その電気エネルギーは、電位の低い方から電位の高い方へ、電子が電気機器内を移動する際に、失うポテンシャルエネルギーから取り出されます。言い方を変えると、電子は、電気機器内を、電位の低い方から高い方へ移動する際に、その高いポテンシャルエネルギーを電気エネルギーに変えて電気機器を動かして、ポテンシャルエネルギーを低くして電気機器から出ていくことになるのです。

電気機器が継続的に動くためには、大量の電子が移動し続けて、その電子のポテンシャルエネルギーを電気エネルギーに変え続けなければなりません。まず、大量に電子が移動しなければならない理由を考えてみましょう。いま6Wの消費電力のタブレットを使ったとしましょう。ワット[W]は電力で、単位時間当たりに消費される電気エネルギーです。したがって、1秒当たりに必要な電気エネルギーは、

6[W]×1[s]=6[J]

となります。タブレットの電池の電圧が7・6Vとすると、流れる電気量としては、

6[J]/7.6[V]=0.8[C]

となります。かたや、電子1個の電気量は、e=1.6×10^{-19}Cなので、1秒の間に移動する電子の数は5×10^{18}個となります。電子1個の電気量は小さいので、大量に移動しないと、たった6Wのタブレットも動かせないことがわかるでしょう。

そして、これだけの大量の電子が移動する間、電子のポテンシャルエネルギーの異なる状態を維持し続けなければならないのです。電子のポテンシャルエネルギーの異なる状態は、電位差が存在する状態であり、これが電源の電圧で、起電力にほかなりません。

要点BOX

- ●電子はポテンシャルエネルギーを電気エネルギーに変えて電気機器を動かす
- ●ポテンシャルエネルギーの差を保って移動

電子のポテンシャルエネルギーを使って電気機器は動いている

電気のエネルギーは、電子が電気機器に移動して、電気機器内でなくなってエネルギーに変わったわけではありません。電子は、その存在する周りの環境は変わりますが、通常の環境では、決してなくなることはありません。

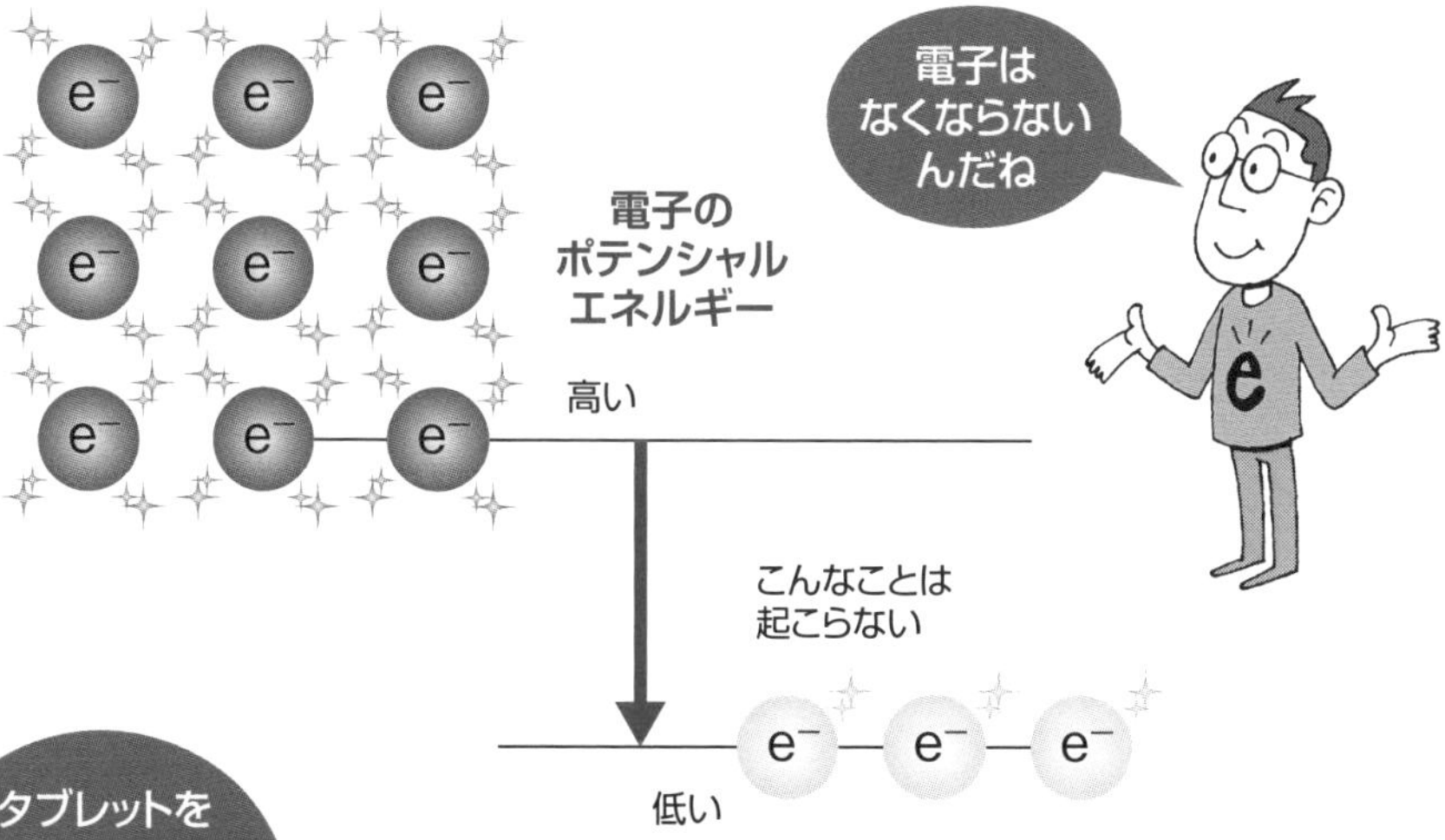

大量の電子の移動が必要

消費電力 6W
1 秒間に 6J の電気エネルギーが必要

⬇

電池電圧を 7.6V とすると
1 秒間に 0.8 クーロン（C）流れる必要がある

⬇

1 秒間に 5000000000000000000 個！
の電子の移動が必要

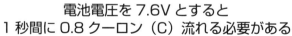

10 電子はくっつけたら瞬時に移動

すぐに帯電してごくわずかしか移動しない

電気エネルギーを供給する電源の中で、家庭用交流電源の電圧100Vは、電気化学とは別の電磁気学の原理により産み出されています。これは電気化学の対象ではありません。本書では、電気化学の原理を使っている電源である電池を考えます。

例として、中学校の理科で学習するダニエル電池を考えてみましょう。ダニエル電池は、硫酸亜鉛水溶液に亜鉛板を浸漬し、硫酸銅水溶液に銅板を浸漬し、水溶液どうしを素焼き板で区切った電池です。

まず、電池の特徴を理解するために、亜鉛板と銅板を水溶液に浸漬させずに直接くっつけてみましょう。亜鉛板と銅板が帯電していなければ、その中に存在する電子の一番高いエネルギー（ポテンシャルエネルギーとは違っています。詳しくはこの章の最後のコラムを参照してください）は、化学的な性質によって決まります。そのモノが持っている電子の中で、いちばん高いエネルギーのことを本書では「エネルギー準位」と呼ぶことにします。亜鉛と銅は別の元素なので、電子のエネルギー準位は異なっています。電子のエネルギー準位は亜鉛の方が高くて、電位差で表すとおよそ0・7Vに相当します。

電子はそのエネルギー準位の高い方から低い方へ移動するので、亜鉛板と銅板を直接くっつけると、亜鉛板から銅板に電子が移動します。ただ、わずか一瞬で移動して、すぐに移動しなくなります。亜鉛板から銅板に電子が移動したので、亜鉛板はプラスに、銅板はマイナスに帯電します。もともとの電子のエネルギー準位は銅が低くて、亜鉛が高かったのですが、電子が移動して帯電したので、マイナスに帯電した銅の電子のエネルギー準位が上がり、プラスに帯電した亜鉛の電子のエネルギー準位が下がって、それらが等しくなったために、それ以上、電子が移動しなくなったのです。その移動量はごくわずかなので、実用的に使うレベルではありません。

要点BOX

- 本書ではいちばん高い電子のエネルギーをエネルギー準位と呼ぶ
- あまりにわずかな電子移動は利用できない

亜鉛板と銅板を直接くっつけると・・・

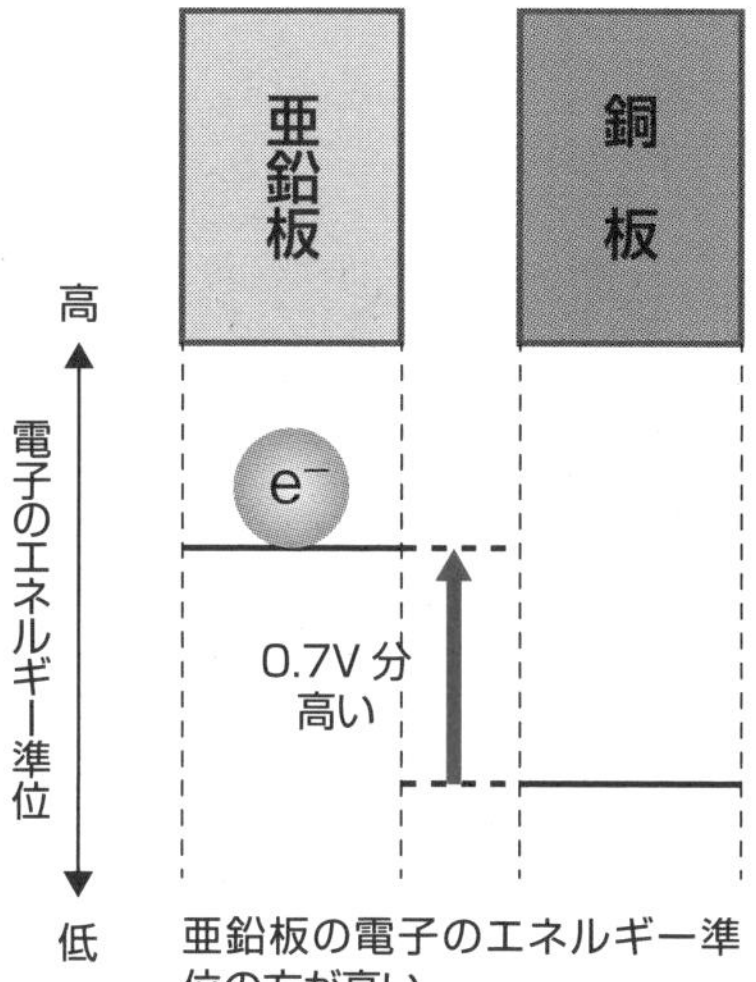

亜鉛板の電子のエネルギー準位の方が高い

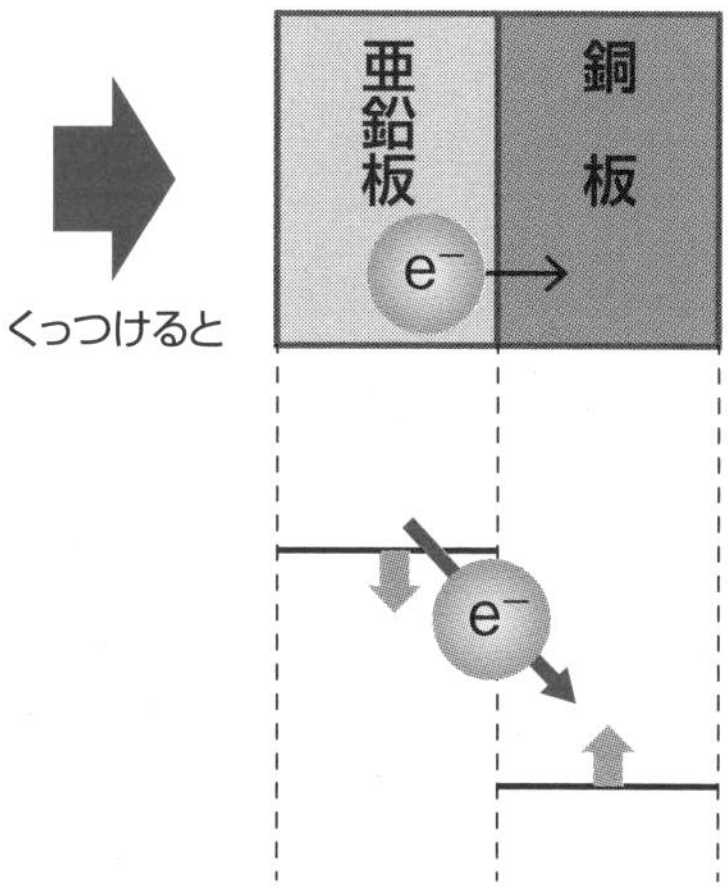

亜鉛板から銅板に電子が移動するとともに、亜鉛板の電子のエネルギー準位は上がり、銅板の電子のエネルギー準位は下がる

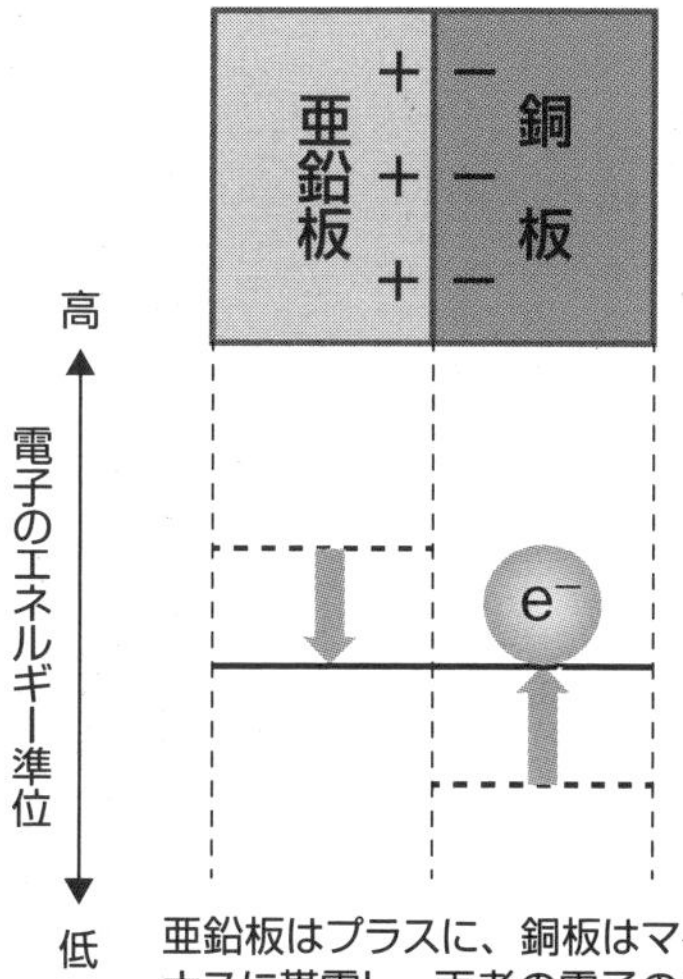

亜鉛板はプラスに、銅板はマイナスに帯電し、両者の電子のエネルギー準位は等しくなった

この電子の移動もエネルギー準位の差に基づく電子の移動なので、原理的には、電気エネルギーに変えることができます。しかし、あまりにわずか過ぎて、実用レベルの電気エネルギーとして利用できないのです。

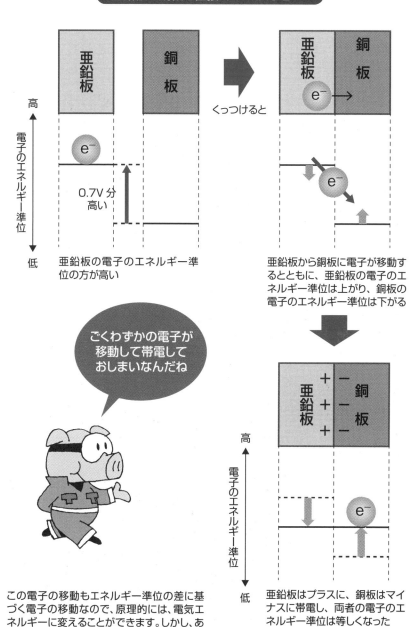

Column

電子のエネルギー準位とポテンシャルエネルギーの違いはあるけど……

第1章と第2章では、電子のエネルギーを議論する際に、「ポテンシャルエネルギー」と「エネルギー準位」を使い分けています。電子は実体のある粒子としての化学的性質と、電荷を持つことによる電気的性質の2つを合わせ持っています。本書では、電気的性質のみに着目する場合は「ポテンシャルエネルギー」を、両方を合わせた性質を議論する場合は「エネルギー準位」を使っています。電気化学において重要なのは、両方の性質を合わせた「エネルギー準位」です。例えば、電子がエネルギー準位の高い方から低い方へ移動するという場合の「エネルギー準位」は、両方の性質を合わせ持った量のことです。電子がどちらに移動するかは、化学的性質と電気的性質の両方を含めた性質で決まるからです。まさに、「電気化学」です。

実は、「電位」という用語も、正確には「静電的電位」と「電極電位」に区別して使い分けなければなりません。正確には、静電的電位はポテンシャルエネルギーに、電極電位はエネルギー準位に対応します。しかし、本書では、「電位」を「電極電位」として扱っていて使い分けていません。

さらにややこしいのは、電池の電位差、すなわち電圧は、実は、同じ材料の金属の静電的電位の差として定義されているということです。もうこうなると、何がなんだかわかりません。

でも安心してください。電気化学システムでは、酸化反応と還元反応に関与する電子の「エネルギー準位」の差が、それぞれが起こっている電極とつないだ同じ種類の金属内の電子の「ポテンシャルエネルギー」の差として現れるのです。たいていの場合、同じ材質の導線(銅線)を、両方の電極につなぐので、特に意識することなく、その条件が満たされてしまいます。したがって、厳密さはともかくとして、とりあえず「エネルギー準位」と「ポテンシャルエネルギー」は同じと考えていただいてかまいません。このあたりも、電気化学がわかりにくい理由の1つだと思います。

さらに進んで学習される方は、本書の電子やイオンの「エネルギー準位」を「電気化学ポテンシャル」と置き換えていただければスムーズだと思います。

ポテンシャル
エネルギー
=
エネルギー準位

第2章

これが電気化学システムだ

11 いよいよ電池の登場

どこもかしこも電子だらけ

われわれがいろいろなモノに触れたり、モノどうしが接触したり離れたりすることで、電子はあっちこっちに移動しまわっています。乾燥している冬にドアノブを触ったときにバチッと感じる静電気で起こる火花放電は、その特別な場合です。ただ、バチッという静電気であっても、そのエネルギーはおよそ5～10mJ（=0・005～0・01J）です。タブレットを動かすには1秒間に6Jの電気エネルギーが必要であることを考えると、エネルギーの量から見て、静電気ではまったくタブレットは動かないことがわかります。

このように、身近ないたるところで、電子の移動は起こっているのですが、ごくわずかに移動するだけで、移動元と移動先は帯電して、電子のエネルギー準位が等しくなってしまうため、実際の移動量が少なすぎて、電気機器を動かすにはほど遠いのです。

つまり、継続的に電子を移動させて電気エネルギーを得るには、電子が移動しても、実用的な電気エネルギーを得ている間は、電子のエネルギー準位の変わらない2つの端子が必要だということがわかります。

そこで電池の登場です。ダニエル電池は、硫酸亜鉛水溶液に亜鉛板を浸漬し、硫酸銅水溶液に銅板を浸漬し、水溶液どうしを素焼き板で区切った電池です。亜鉛板と銅板は、各々ワニ口クリップで挟んで銅線につないで、銅線を端子として電圧を測ったり、電流を取り出します（これで端子は同じ材質です）。

この電池の両端子間の電位差（電池電圧あるいは起電力）は、両水溶液に溶けている亜鉛イオンと銅イオンの濃度によって変わるのですが、亜鉛イオンの濃度を薄く、銅イオンの濃度を濃くすると、亜鉛板の端子に対して、銅板の端子の方が、電位が高くなり、およそ1・15Vとなります。2つの端子の電子のポテンシャルエネルギーとしては、亜鉛板側の方が高くて、銅板側が低く、端子をつなぐと、電子は亜鉛側から銅側に移動することになります。

要点BOX

- ●いたるところで電子は移動している
- ●外部に電気機器を取り付けていない状態が電池の開回路状態

いたるところで電子は移動している

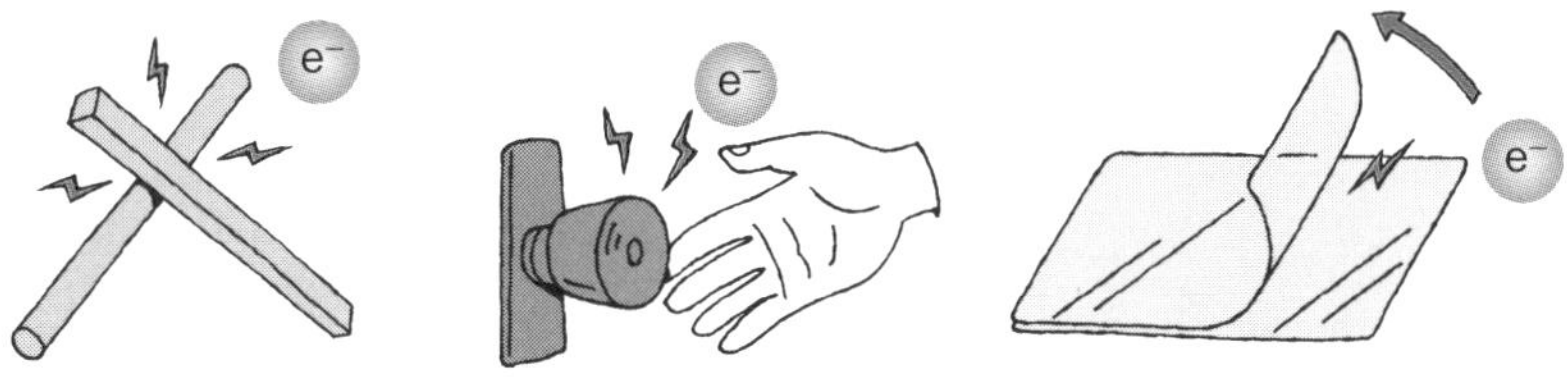

金属と金属
金属と人体
化学製品と化学製品

布と布

ダニエル電池の開回路状態

外部に電気機器を取り付けていない状態を電池の開回路状態と言います。

電圧計は、電気エネルギーを取り出す電気機器ではなく、2つの端子間の電圧を測ります。

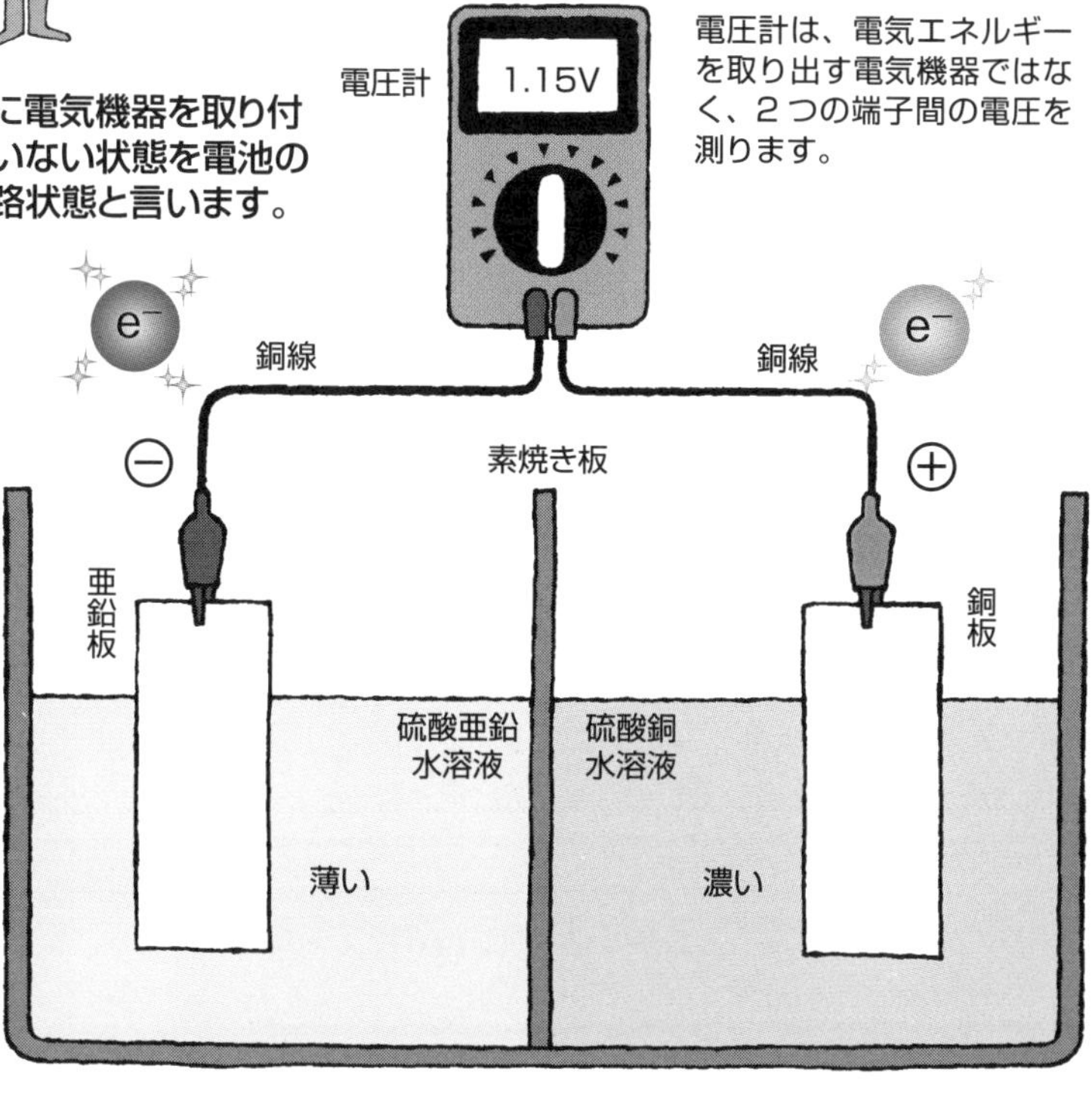

12 モノががっちり決める電子のエネルギー

電気化学のミソはここ

ダニエル電池の起電力の元は何で、どうして両端子を接続してもすぐに電子の移動が止まらず、移動し続けて電気エネルギーを取り出すことができるのでしょうか。これらの謎に迫っていきましょう。

まず、両端子間の電位差(起電力)が生じる元を考えてみましょう。亜鉛板を硫酸亜鉛水溶液に浸漬したとき、次の反応が起こります。

Zn^{2+}(水溶液)+ $2e^-$(亜鉛板)= Zn(亜鉛板)　(1)

括弧の中は、そのモノが存在する場所を示します。亜鉛板を硫酸亜鉛水溶液に浸漬しただけでは、見かけ上は何も変化が起こりません。しかし、実は、その右向きの反応と左向きの反応は起こっているのですが、それらの速さは等しくて、その結果、見かけ上、何も起こっていないように見えるのです。それを反応式では=で表しています。

(1)式の左向きは、亜鉛板の中の亜鉛原子が、電子を2個亜鉛板に残して、自分は2価の陽イオンになって水溶液に溶け出す反応です。右向きはその逆です。

亜鉛イオンの濃度は、硫酸亜鉛を溶かす量で変えられるので、最初は少量溶かして、低い濃度にしておきましょう。このように最初の水溶液中の亜鉛イオンの濃度は、われわれが決めることができます。これは(1)式のZn^{2+}(水溶液)の状態を決めることになります。一方、亜鉛板は純物質なので、組成を変えることはできず、(1)式のZn(亜鉛板)の状態は、亜鉛板を用いた時点で決まってしまいます。そうすると、(1)式に関与する3つのモノ(Zn(亜鉛板)とZn^{2+}(水溶液)とe^-(亜鉛板))のうち、2つの状態が決まってしまうことになります。そして、(1)式が成り立つので、必然的に残りの1つのe^-(亜鉛板)の状態も決まってしまうのです。e^-(亜鉛板)の状態が決まるとはどういうことかというと、そのエネルギー準位が決まるということです。

要点BOX
- Zn(亜鉛板)は亜鉛板で決まり、Zn^{2+}(水溶液)は濃度で決まる
- 反応に関わる電子のエネルギー準位が決まる

亜鉛板を硫酸亜鉛水溶液に浸漬すると

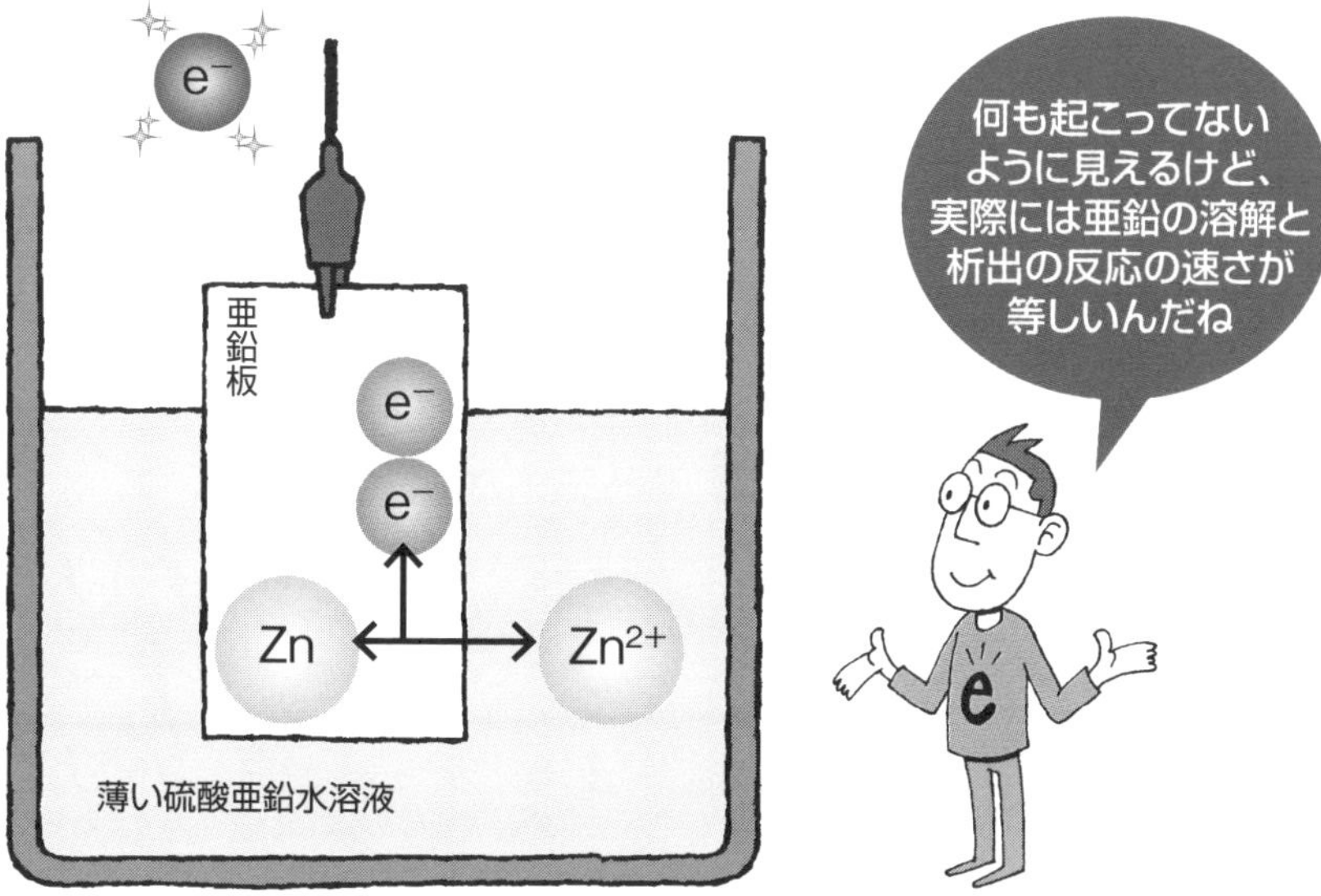

反応に関与する電子を支えるモノ

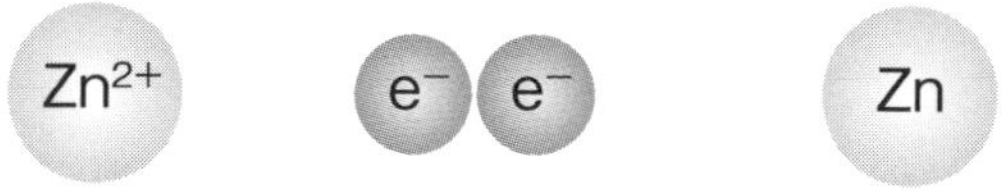

Zn^{2+}（水溶液）＋ $2e^-$（亜鉛板）＝ Zn（亜鉛板）

水溶液中の亜鉛イオンの濃度で状態が決まる	➡	電子のエネルギー準位が決まる	⬅	亜鉛板で状態が決まる

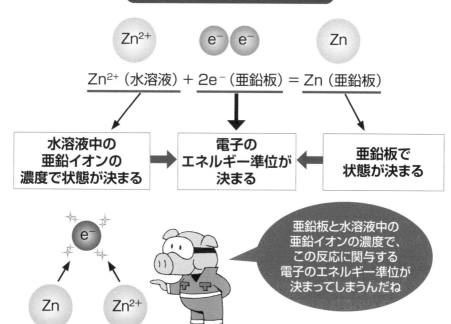

13 銅と亜鉛では違うんだ

反応が異なれば電子のエネルギー準位は異なる

ダニエル電池のもう一方の、銅板を硫酸銅水溶液に浸漬すると、次の反応が起こります。

Cu^{2+}（水溶液）＋$2e^{-}$（銅板）＝Cu（銅板）　（2）

この場合も亜鉛板を浸漬したときと同じように、見かけ上は何も起こってないように見えますが、実際にはこの右向きと左向きの反応は起こっていて、速さが等しいのです。そして、銅の状態は銅板を用いたことで決まっていて、銅イオンの濃度は、硫酸銅を溶かす量によってわれわれが決めることができるので、（2）式に関与する3つのモノ（Cu（銅板）とCu^{2+}（水溶液）とe^{-}（銅板））のうち、2つの状態が決まってしまうことになります。そして、（2）式が成り立つので、必然的に残りの1つのe^{-}（銅板）のエネルギー準位も決まってしまうのです。このとき、どちら向きの反応も進行していることに注意しておきましょう。

このようにして、e^{-}（亜鉛板）もe^{-}（銅板）のエネルギー準位も決まってしまいますが、（1）式と（2）式の反応はまったく異なるので、当然、それらに関与する電子のエネルギー準位も異なっています。どれだけ異なっているかは、それらを同じ材質の銅線に接続したとき、その銅線の間の電位差を測定することによって知ることができます。2つの銅線に電位差計をつけると、亜鉛板と接続されている銅線の方が、銅板と接続されている銅線よりも、およそ1・15V電位が高いことがわかります。

同じ材質どうしの電子のエネルギー準位の差は、電子のポテンシャルエネルギーの差として測定できます。そして、そのとき、電位の高低と電子のポテンシャルエネルギーの高低は、電子が負の電荷を持つことから、逆になるので、ダニエル電池の場合は、亜鉛板に接続されている銅線の電子の方が、銅板に接続されている電子よりも、電位でいうと1・15Vに相当する分だけポテンシャルエネルギーの高い状態にあることがわかりました。

要点BOX

- ●電子のポテンシャルエネルギーの差になる
- ●その差は電位差として測定できる
- ●e^{-}（亜鉛板）はe^{-}（銅板）よりも1.15V分高い

銅板を硫酸銅水溶液に浸漬すると

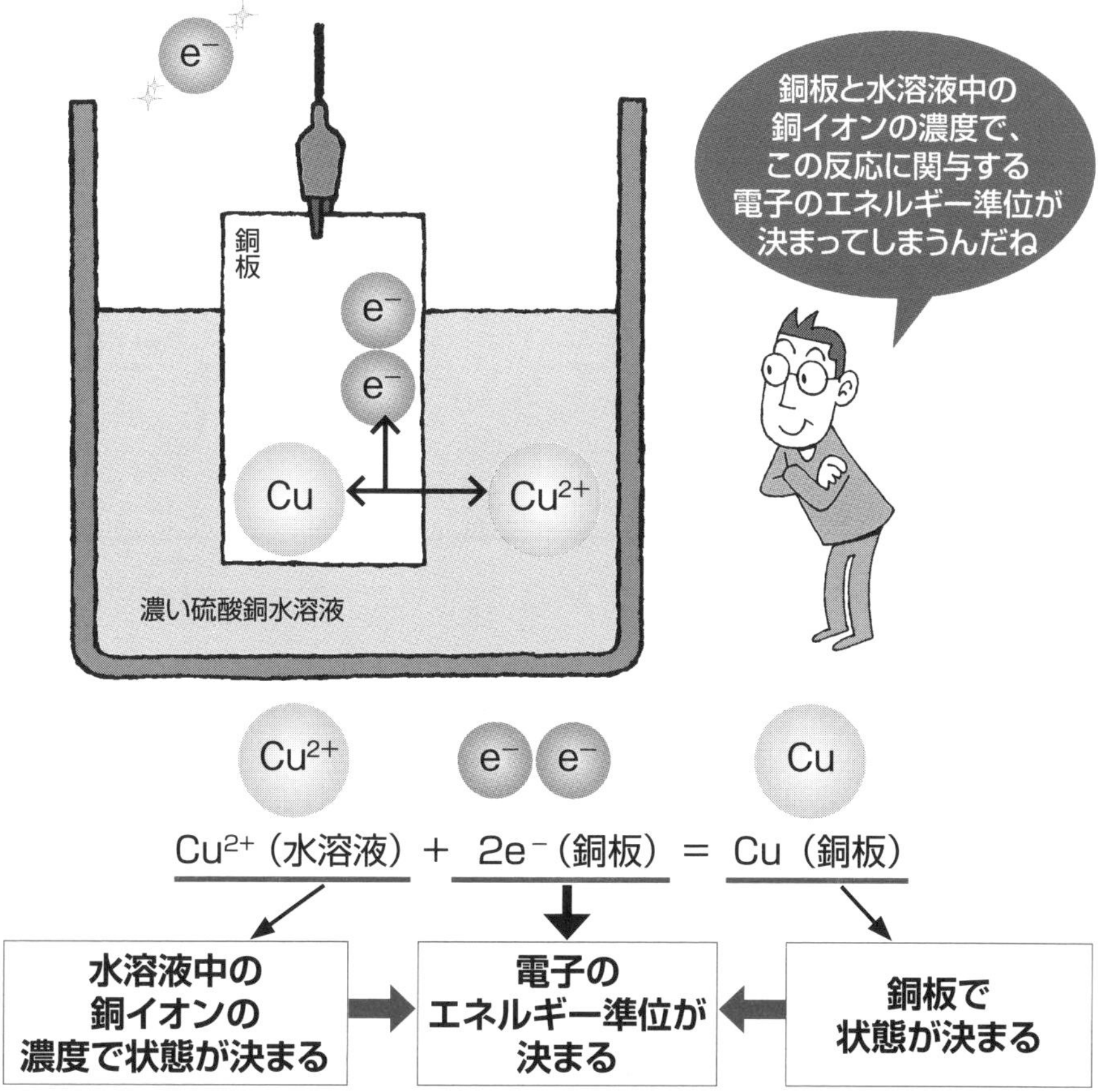

反応に関与する電子のエネルギー準位は支えるモノによって異なる

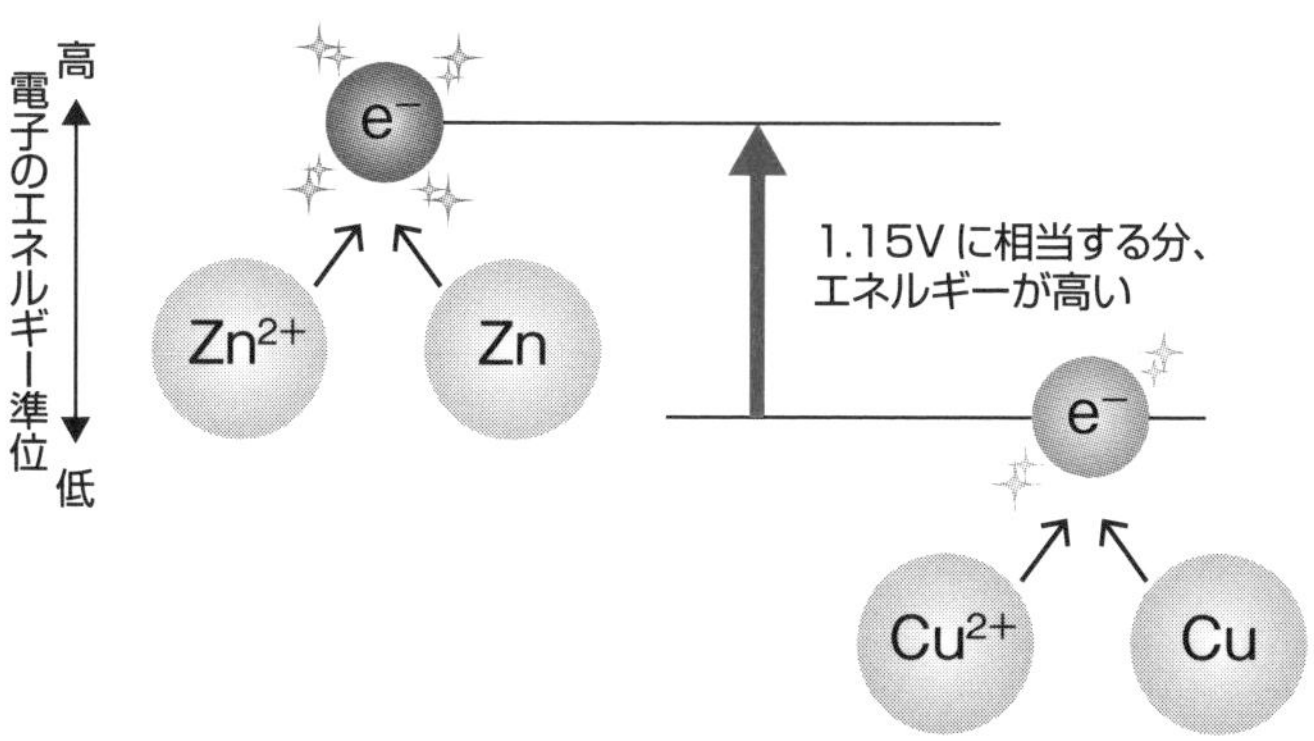

14

イオンは裸でいられない

水分子をまとえばOK

ダニエル電池の起電力は、1・15V程度であることがわかりましたが、結局、その大元はなんだったのでしょうか。それは、亜鉛板と銅板の表面で起こっている(1)式と(2)式の反応です。

Zn^{2+}(水溶液)＋$2e^-$(亜鉛板)＝Zn(亜鉛板)　(1)

Cu^{2+}(水溶液)＋$2e^-$(銅板)＝Cu(銅板)　(2)

(1)式と(2)式の反応に関与する電子のエネルギー準位が違っていて、それが起電力として現れたのです。

ここで、イオンの重要性に注意しておきましょう。そもそも(1)式と(2)式の反応が起こらなければ、起電力は発生しません。(1)式と(2)式が起こるためには、水溶液中で亜鉛イオンと銅イオンが存在することが必須です。これが水溶液ではなくて、周りが空気中や真空中であると、亜鉛イオンや銅イオンは存在しません。亜鉛板の中の亜鉛原子と銅板の中の銅原子は、いずれも、電子を残して、空気中や真空中にイオンとして出ていくことができません。それは空気中や真空中でイオンとして単独で存在する状態になるためには、非常に大きなエネルギーを必要とするからです。普通は、そのような大きなエネルギーを亜鉛原子や銅原子が得ることはありません。

それではなぜ、水溶液には溶け出してイオンとして存在できるのでしょうか。それは、水分子を周りにまとうことによって非常に安定になるからです。反応式では、Zn^{2+}やCu^{2+}と書くので、あたかもこのようなイオンが水の中で、裸で存在しているように思うかもしれません。しかし、これは実際の状態を正確に表しているのではなく、記号として表しただけであって、実際には、Zn^{2+}やCu^{2+}という裸のイオンは存在しません。いずれも周りに水分子をビシッとまとっているのです。このように、水溶液中のイオンが周りに水分子をまとうことを、「水和」と言います。Zn^{2+}やCu^{2+}は、水和イオンなのです。水分子の水和のおかげで、Zn^{2+}やCu^{2+}が水溶液中で存在できるのです。

要点BOX

- ●裸のイオンは存在しない
- ●Zn^{2+}やCu^{2+}は記号として表しているだけ
- ●水溶液中でイオンは水和している

ポテンシャルエネルギーの差

それぞれにつないだ銅線の電子の
ポテンシャルエネルギーの差が起電力になります。

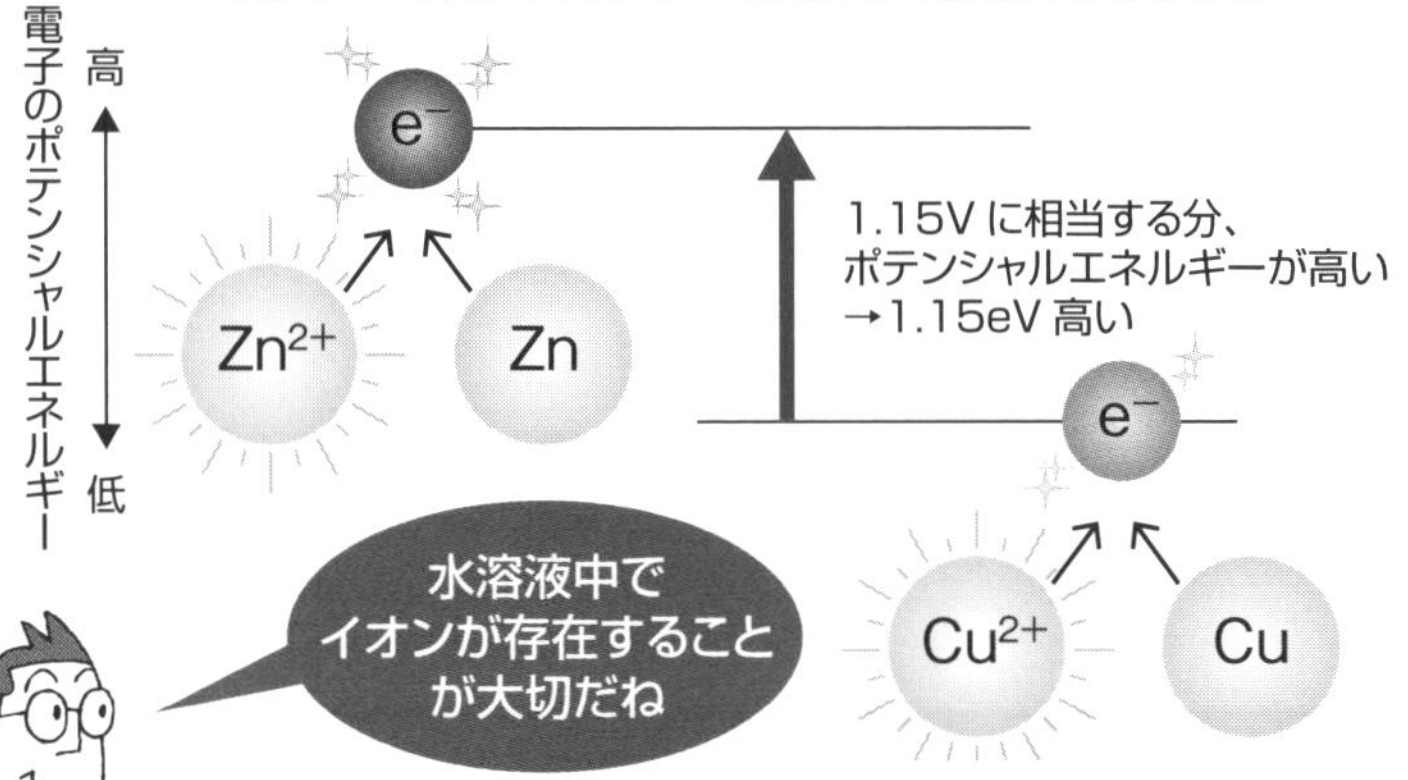

[電位差と電子のエネルギー準位の差]

1.15V に相当する電子のエネルギー準位の差は
1.15V に素電荷をかければ求まります。つまり、
$1.15V \times 1.60 \times 10^{-19} = 1.84 \times 10^{-19}J$
ただし、あまりに小さくてわかりにくいのでこれを
1.15eV と書いて「エレクトロンボルト」と呼びます。

イオンは水溶液中で水分子をまとって安定になっている

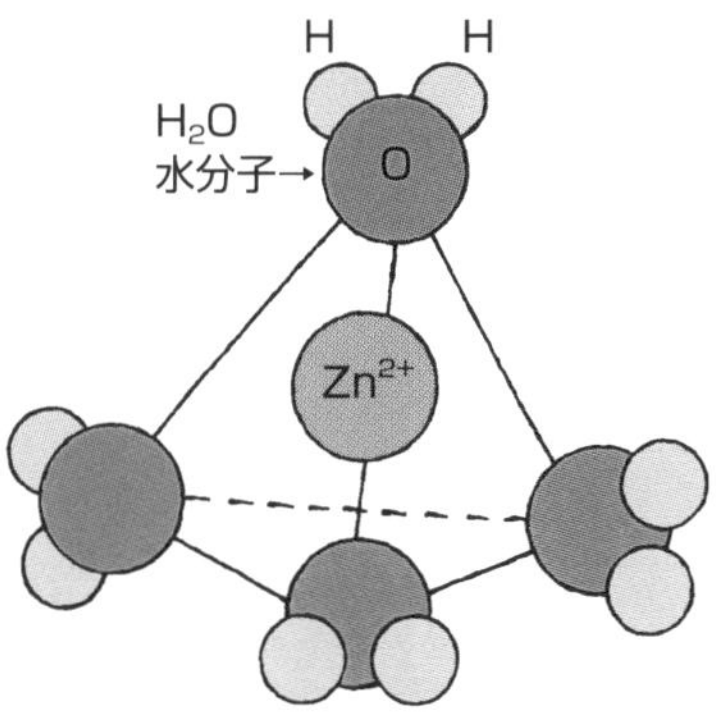

水和した亜鉛イオン

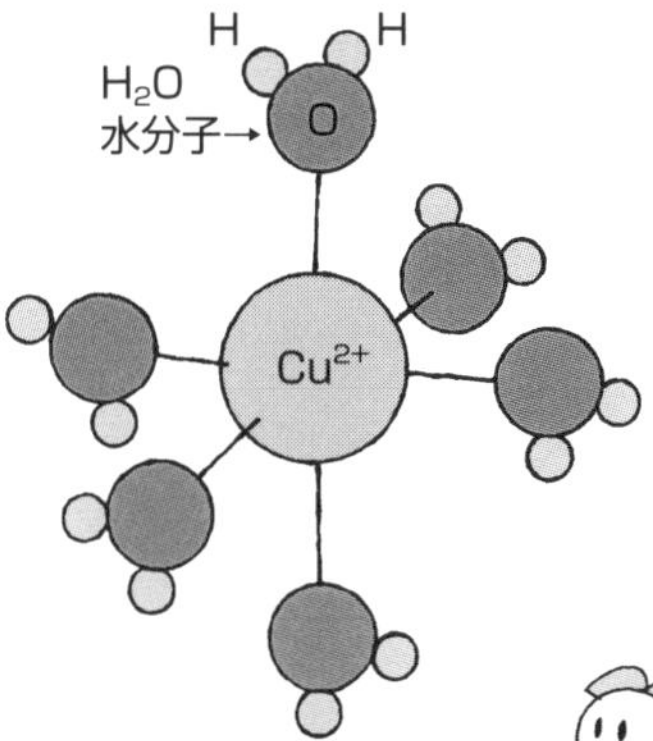

水和した銅イオン

15 溶けたい、それは電子のエネルギー準位が高いから

イオン化傾向は陽イオンのなりやすさ

亜鉛原子と銅原子の、水溶液への溶けやすさ、言い換えると、水和イオンへのなりやすさは異なります。元素によって異なる、金属原子の水和イオンへのなりやすさは、溶ける前の金属状態の原子の安定性と、水和したイオンの安定性の兼ね合いで決まります。金属状態の原子がより安定であれば溶けにくく、水和イオンがより安定であれば、溶けやすいということになります。そして、**その溶けやすさは、その溶解反応に関与する電子のエネルギー準位で決まるのです。**相対的に溶解しやすいほど、溶解反応に関与する電子のエネルギー準位が高いのです。

亜鉛と銅の場合では、亜鉛の方が、銅に比べて、溶解反応に関与する電子のエネルギー準位が高くなります。つまり、相対的に亜鉛の方が溶けやすいのです。そして、この溶解のしやすさの差が、電子のエネルギー準位で決まることを利用して、電池の起電力が生まれています。このように、**ダニエル電池の起電力が生まれるのは、溶解のしやすさの差が、電子のエネルギー準位の差から生じるためということがわかりました。**

亜鉛と銅だけでなく、さまざまな元素の、水溶液への溶解のしやすさを表したのが、中学校の理科で学習するイオン化傾向です。イオン化傾向は、金属原子の、水溶液中の陽イオンのなりやすさの順序を表したものですが、それはその溶解反応に関与する電子のエネルギー準位を指標にして並べてあるのです。イオン化傾向に括弧で水素が含まれています。水素H_2は金属ではありませんが、中性分子の水素分子が、水素イオンになる（もちろん水和します）反応は、電子が関与する(3)式で表される反応です。

H^+（水溶液）$+2e^-$（溶けない金属）$=H_2$（気体）　(3)

見かけは溶解反応と同じなので、水溶液に白金などの溶けない金属を浸漬することで、この反応に関与する電子のエネルギー準位も測定できます。

要点BOX
- 溶解しやすいほど、溶解反応に関与する電子のエネルギー準位が高い
- イオン化傾向は電子のエネルギー準位の順

溶けやすさは、金属と水和イオンの安定性の兼ね合いで決まる

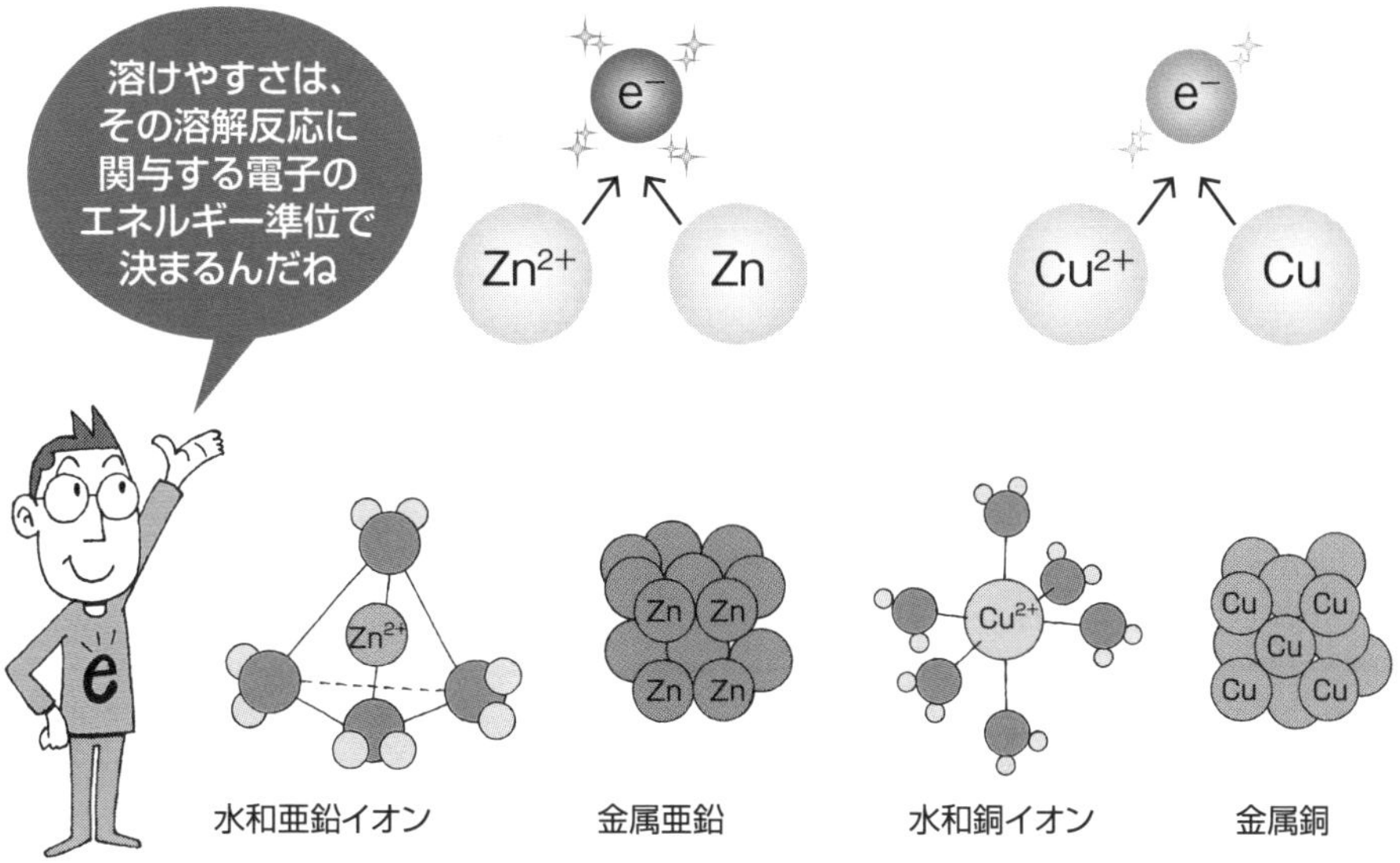

イオン化傾向

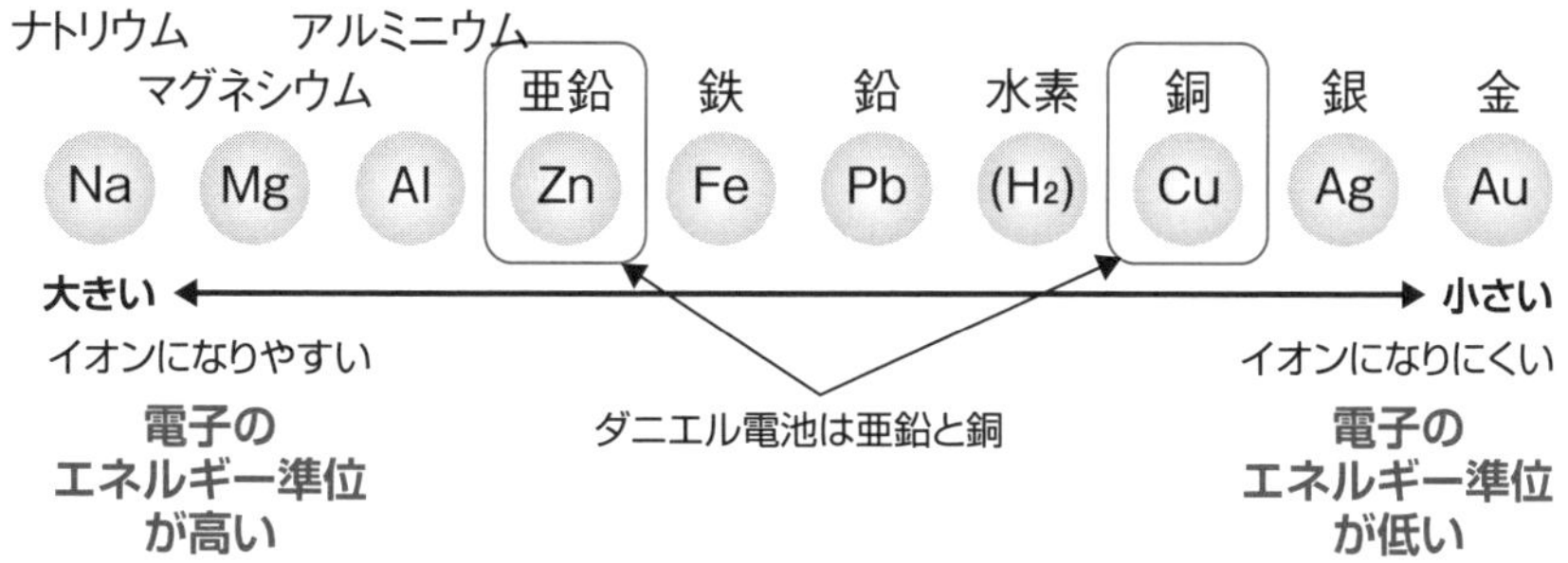

亜鉛の方が銅よりも電子のエネルギー準位が高い

16 エネルギー準位の高い電子は酸化反応がつくる

電池が放電すると反応は一方向に進み続ける

電池の起電力、すなわち電位差が生じる大元は理解できたと思います。次は、電流が流れてもその電位差が保てる秘密を明らかにしていきましょう。

まず電流を流すとどのような反応が進行するか見ておきましょう。ダニエル電池は、外部に何も接続しなければ、亜鉛板側よりも銅板側の方が、電位が1・15V高い起電力を示していました。そこで、ダニエル電池の2つの端子に、低電圧で光るLED豆電球をつないでみましょう。豆電球は光り続けます。これは、電流が電位の高い銅板側から流れ続けて、実体的には、電子が亜鉛板側から銅板側へ移動し続けていることを示しています。電子が、亜鉛板側から豆電球を通って、銅板側に移動し続けるということは、それぞれ以下の反応が、一方向に進んでいると言えます。

Zn（亜鉛板）→Zn^{2+}（水溶液）+$2e^-$（亜鉛板）　（1'）

$2e^-$（亜鉛板）→$2e^-$（亜鉛側銅線）→豆電球（光らせて電子のポテンシャルエネルギーが低下）→$2e^-$（銅側銅線）→$2e^-$（銅板）　（4）

Cu^{2+}（水溶液）+$2e^-$（銅板）→Cu（銅板）　（2）

豆電球を接続していないときと違って、どの反応も一方向に進行していて、それを→で示しています。

（1'）式は亜鉛原子が電子を放出する反応で、酸化反応と呼ばれ、（2）式は銅イオンが電子を受け取る反応で、還元反応と呼ばれます。ここで改めて、なぜ還元反応が起こることが必要なのでしょうか。電気エネルギーは電子のポテンシャルエネルギーが変化したものなので、エネルギー準位の高い電子を放出する酸化反応だけでよさそうに思いませんか。酸化反応で生じた電子を電気機器に運び込んで、その電子のエネルギーを電気エネルギーに変えればそれでよさそうです。ところが、そうは問屋が卸さないのです。それは、電子はなくならないので、エネルギーを減らした後でも、そのままで1カ所にたくさん貯めることができないためです。

要点BOX

- 電子を放出するのが酸化反応
- 電子を受け取るのが還元反応
- 酸化反応がエネルギー準位の高い電子を作る

ダニエル電池の放電

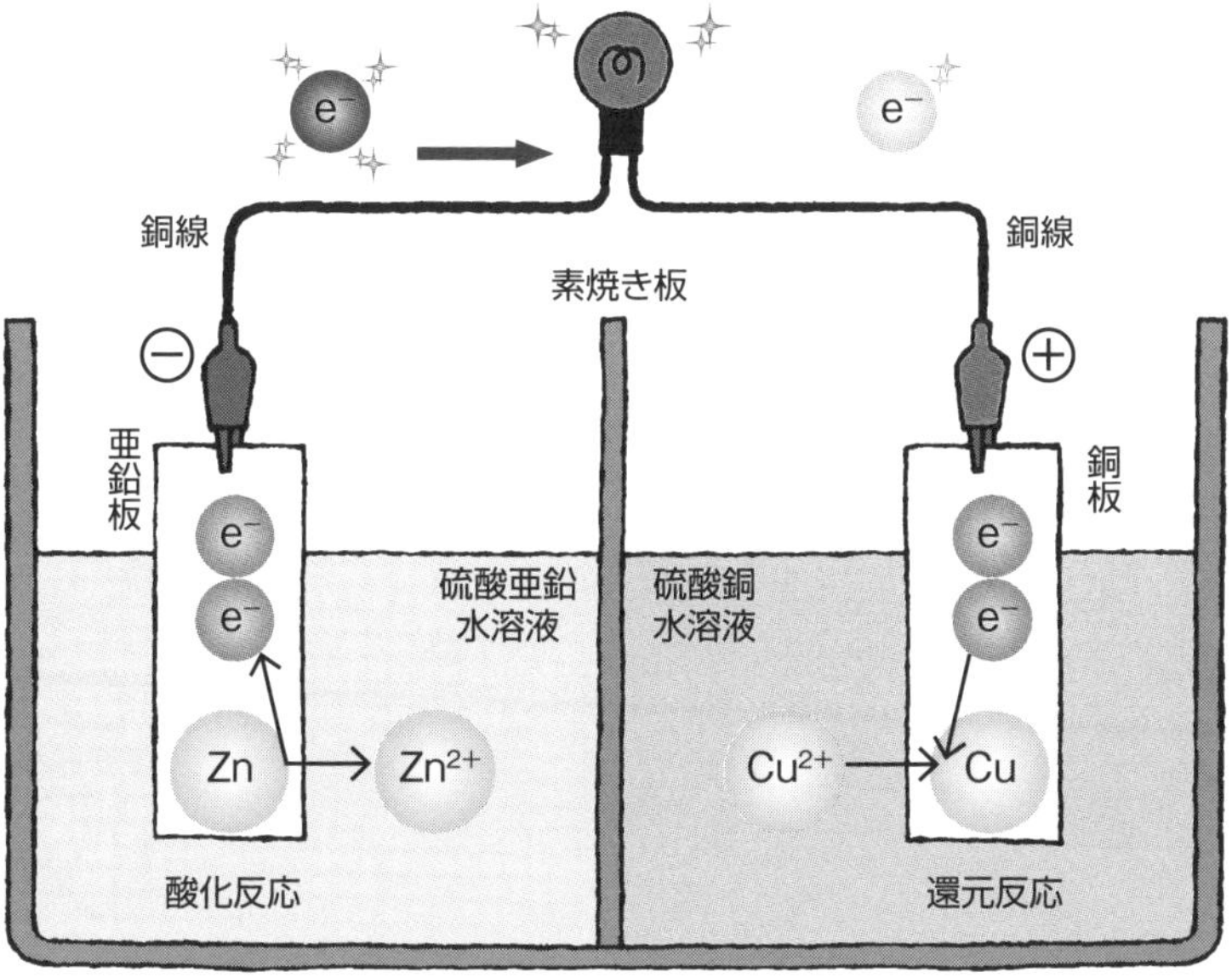

ダニエル電池から電気エネルギーを取り出しているときに進む反応

Zn（亜鉛板）→ Zn^{2+}（水溶液）+$2e^-$（亜鉛板）　(1')

$2e^-$（亜鉛板）→ $2e^-$（亜鉛側銅線）
→豆電球（光らせて電子のポテンシャルエネルギーが低下）
→ $2e^-$（銅側銅線）→ $2e^-$（銅板）　(5)

Cu^{2+}（水溶液）+ $2e^-$（銅板）→ Cu（銅板）　(2)

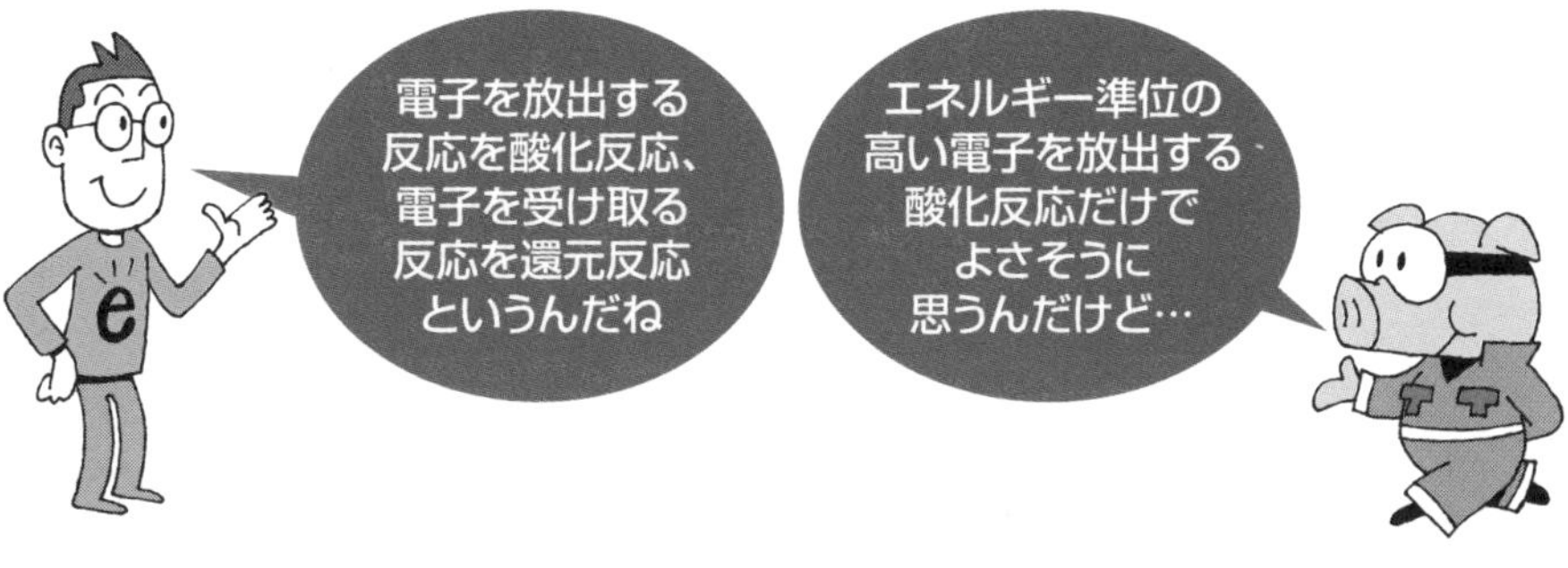

17 エネルギーを失った電子を回収しなきゃ

酸化と還元はペアを組む

電子を1カ所にたくさん貯めることは、マイナスの電荷を1カ所に集中させて、そこの電子のポテンシャルエネルギーを上げることになるので、そんなことは起こせないのです。つまり、電気機器を動かしてエネルギー準位が低くなった電子を、何かで引き取らないと、いくら酸化反応でエネルギー準位の高い電子を作れるとしても、その酸化反応を継続して電子を作り出し続けることができないのです。電気エネルギーを減らした後、電子がなくなってしまえば電荷が貯まることもないのですが、電子はなくならないのです。

そこで、電子のエネルギー準位が低くても反応が進む銅イオンに、電子をもらってもらおうというのが、ダニエル電池です。銅イオンはエネルギー準位の低くなった電子をもらって、自分自身は還元されて金属銅として析出します。銅イオンの還元反応を進ませるために必要な電子のエネルギーは残しておかないといけないので、結局、取り出しうる電気エネルギーは、酸化反応と還元反応に関与する電子のエネルギー準位の差になるのです。

このように、電池から電気エネルギーを取り出すには、エネルギー準位の高い電子を生み出す酸化反応だけではなくて、電気エネルギーを取り出した後のエネルギー準位の低い電子を受け取る還元反応も必要であることがわかったでしょう。

そして、電子がどこかに貯まらないように、産み出される電子の数と受け取られる電子の数がちょうど等しくなるように、酸化反応と還元反応は対になって起こるのです。

さて、ダニエル電池が放電し続ける、すなわち、反応がずっと進み続けるには、反応が進行しても、亜鉛板に接続されている銅線の電子のポテンシャルエネルギーが、銅板に接続されている銅線のポテンシャルエネルギーよりも、つねに高い状態を保っていることが必要です。

要点BOX

- ●電子は1カ所にたくさん貯められない
- ●還元反応がエネルギー準位の低い電子を受け取る
- ●取り出せるのは電子のエネルギー準位の差

酸化反応でエネルギー準位の高い電子は作れるけれど

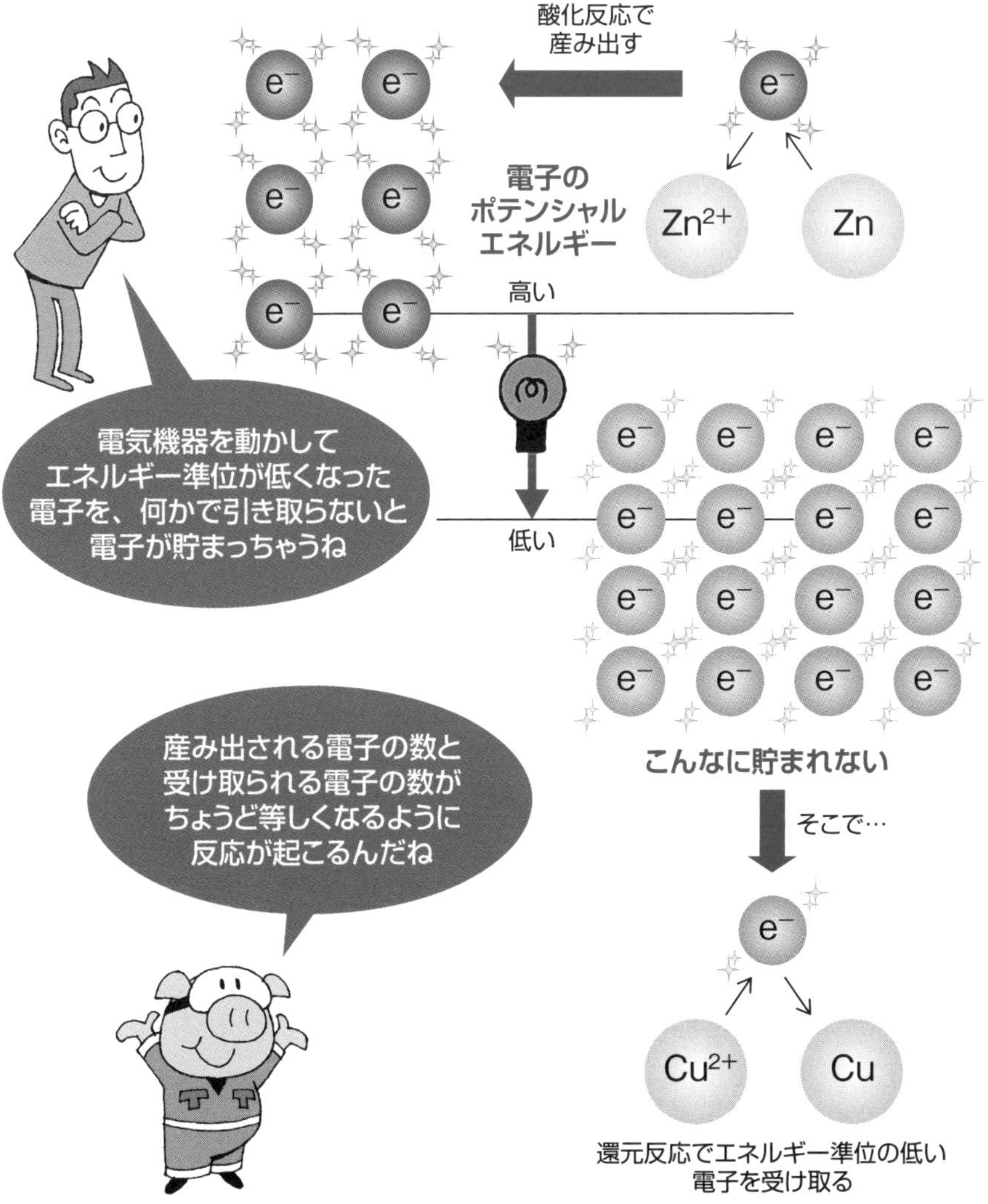
酸化反応で
産み出す
e⁻
Zn²⁺
Zn
電子の
ポテンシャル
エネルギー
高い
低い
電気機器を動かして
エネルギー準位が低くなった
電子を、何かで引き取らないと
電子が貯まっちゃうね
産み出される電子の数と
受け取られる電子の数が
ちょうど等しくなるように
反応が起こるんだね
こんなに貯まれない
そこで…
Cu²⁺
Cu
還元反応でエネルギー準位の低い
電子を受け取る

Zn（亜鉛板）→ Zn^{2+}（水溶液）$+2e^-$（亜鉛板）　(1')

Cu^{2+}（水溶液）$+ 2e^-$（銅板）→ Cu（銅板）　(2)

18 わずかなモノが電子をわさわさ産み出す

電池の秘密

なぜダニエル電池では、電子が移動しても、電子のポテンシャルエネルギーの差を保ち続けられるのでしょうか。その秘密は、反応にあります。

まず、移動する電気量と電子の数を求めておきましょう。いま、0・25Wの消費電力の低電圧LED豆電球を10分間点灯させたとしましょう。それに必要な電気エネルギーは、

0.25[W]（10×60）[s]=150[J]

となります。

電流を流しているときのダニエル電池の電圧は起電力よりも下がるので、およそ0・9Vとしましょう。つまり、電池の電圧0・9Vで電流が流れたとします。すると、150[J]に必要な電気量は、

150[J]/0.9[V]=170[C]

となります。170Cは、電子の素電荷 e=1.6×10^{-19}Cと比べると、ものすごく大きな量で、電子は1×10^{21}個も！移動しなければなりません。

この1×10^{21}個もの電子を移動させるために、亜鉛や銅がどれくらい反応する必要があるか計算してみましょう。

モノが反応する物質量はモルで表されます。電子も1モルはアボガドロ数6.0×10^{23}個なので、1×10^{21}個は0・002モルになります。（1'）式と（2）式より、亜鉛と銅イオンが1モル反応すると、電子が倍の2モルやりとりされることになるので、電子を0・002モル移動させるには、亜鉛も銅も、半分の0・001モル反応すればよいことになります。

溶解する亜鉛の原子量は65・4、析出する銅イオンの式量は63・5なので、その0・001モルは、いずれもおよそ0・06gになります。1gは1円玉1つ分の重さなので、その10分の1以下の重さですね。つまり、わずか0・06gの亜鉛と銅イオンが反応すれば、電気量170Cに相当する電子1×10^{21}個が移動するのです。

要点BOX
- ●電気エネルギーを取り出すには大量の電子が必要
- ●わずかの反応量で大量の電子を産み出す
- ●モノは電子をたくさん持っている

LED豆電球をつけるには大量の電子の移動が必要

0.25W　　170クーロン（C）の電気量が必要
0.9Vで　　$=1 \times 10^{21}$ 個の電子が移動
10分間点灯　　1000000000000000000000個！

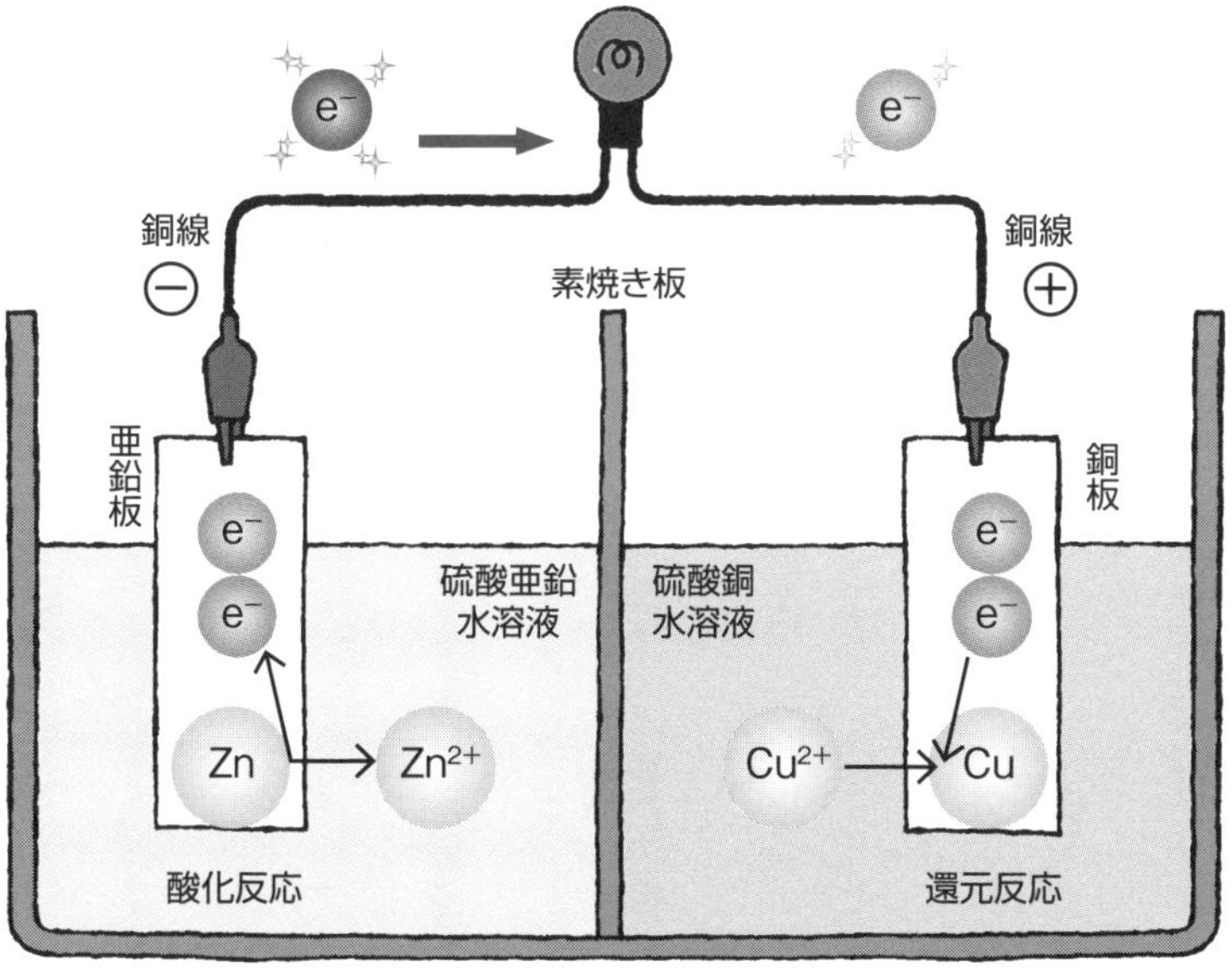

反応に必要な亜鉛と銅イオンの物質量はわずか

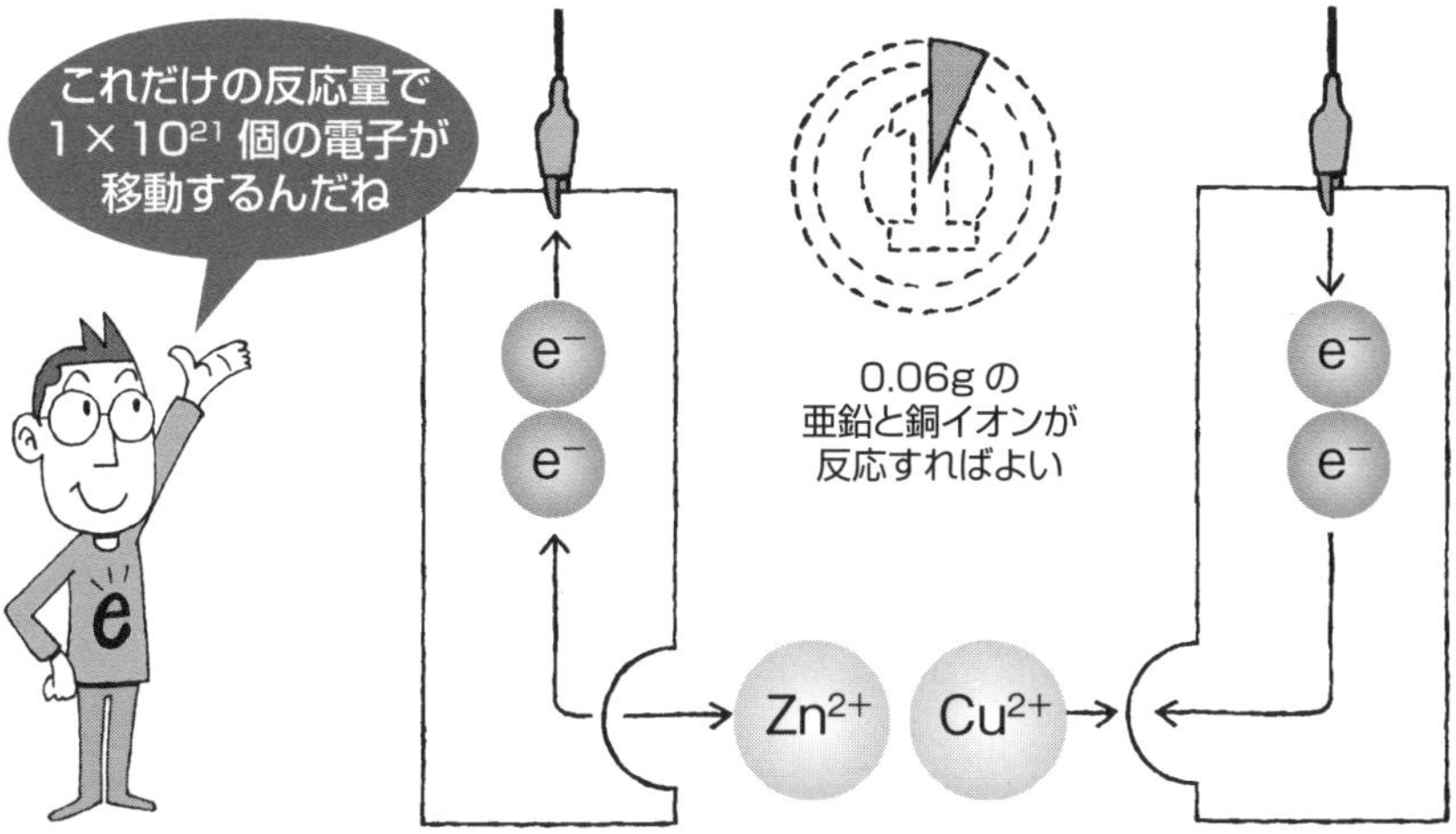

19 ちょっと溶けても変わらない

少し反応してもほとんど状態は変わらない

ダニエル電池を作ったときに、大きめの亜鉛板（0・1gより十分大きい）と濃い硫酸銅水溶液（銅イオンを0・1g以上多く溶解させておく）を作っておけば、0・1gくらい反応しても、反応前とほとんど変わらない状態を作ることができます。

そして、すでに述べたように、e^-（亜鉛板）は、（1'）式に関与するZn（亜鉛板）とZn^{2+}（水溶液）の状態で決まります。最初の硫酸亜鉛水溶液が薄くても、水溶液を十分に多くしておけば、0・1g程度亜鉛が溶けても亜鉛イオンの濃度はほとんど変わりません。つまり、Zn^{2+}（水溶液）の状態はほとんど変わりません。そして大きめの亜鉛板を使えば、少々溶解しても、Zn（亜鉛板）の状態は変わりません。それはつまり、e^-（亜鉛板）がほとんど変わらないということを意味していて、e^-（亜鉛板）のエネルギー準位が、反応前とほぼ同じ状態に保たれるということになります。

もう一方の、e^-（銅板）は、（2）式に関与するCu（銅板）とCu^{2+}（水溶液）の状態で決まります。こちらも、銅板に銅が析出しても銅に変わりはないので、Cu（銅板）の状態は最初と変わりません。そして、濃い硫酸銅水溶液を作っておけば、これも銅イオンが0・1gくらい析出しても、その濃度をほとんど変わらなくできます。つまり、Cu^{2+}（水溶液）の状態はほとんど変わりません。つまり、e^-（銅板）がほとんど変わらないということになり、e^-（銅板）のエネルギー準位が、反応前とほぼ同じ状態に保たれるのです。

このように、e^-（亜鉛板）も、e^-（銅板）のエネルギー準位も、反応が起こっても、反応前とほぼ同じ準位に保たれることがわかりました。それはモノがわずかに反応するだけで、大量の電子を移動させることができるからです。モノの反応を利用すれば、電子のエネルギー準位を変えることなく、電子を大量に移動させることができるのです。これが、「電気化学」の秘密です。

要点BOX
- ●電池の状態を変えない工夫をする
- ●電子のエネルギー準位を変えずに、電子を大量に移動させる

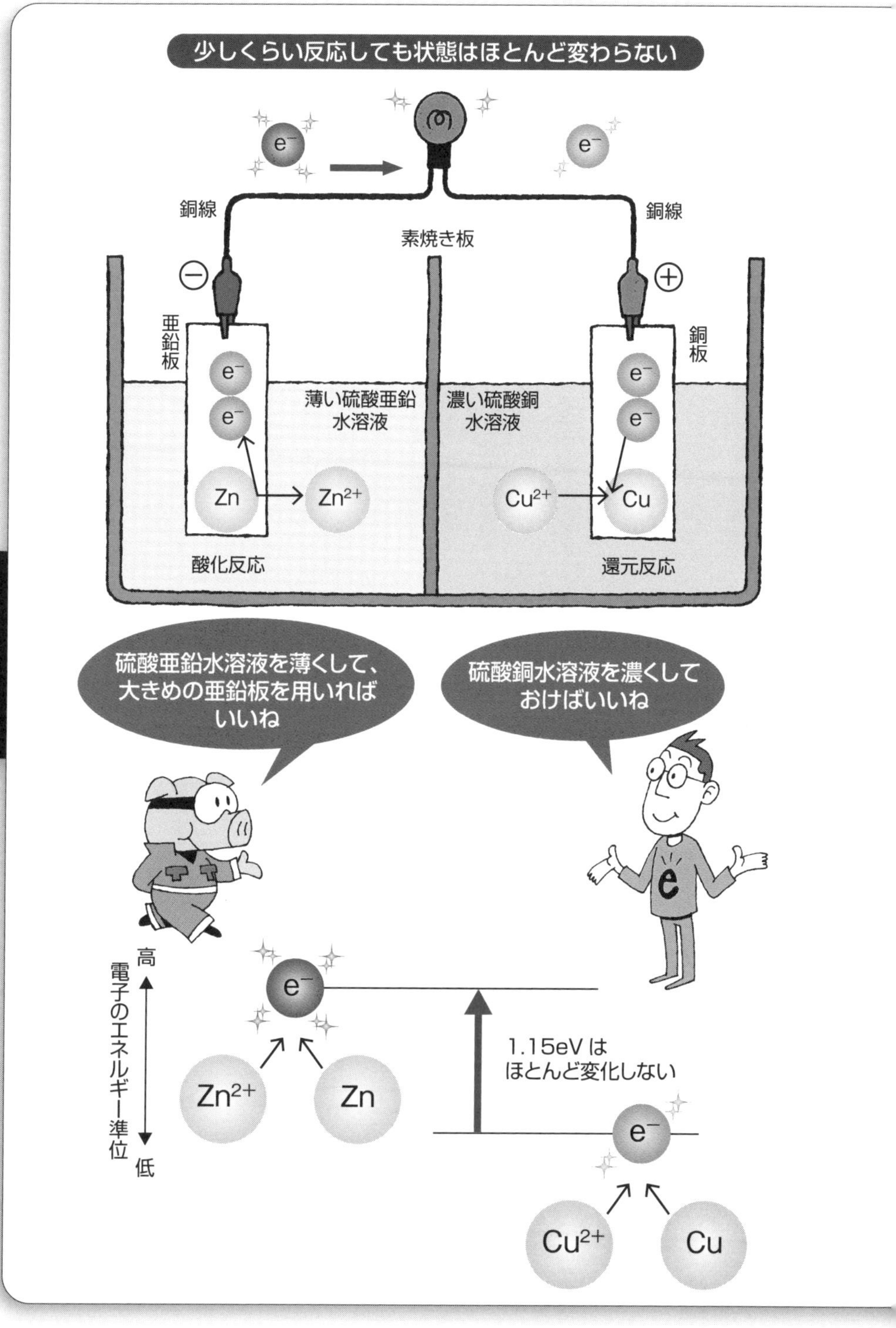

少しくらい反応しても状態はほとんど変わらない
e⁻
e⁻
銅線
銅線
素焼き板
亜鉛板
銅板
e⁻
e⁻
薄い硫酸亜鉛水溶液
濃い硫酸銅水溶液
e⁻
e⁻
Zn
Zn2+
Cu2+
Cu
酸化反応
還元反応
硫酸亜鉛水溶液を薄くして、大きめの亜鉛板を用いればいいね
硫酸銅水溶液を濃くしておけばいいね
高
電子のエネルギー準位
低
e⁻
Zn2+
Zn
1.15eV はほとんど変化しない
e⁻
Cu2+
Cu

20 電子だけじゃダメ～イオンを忘れない

電気的にほぼ中性でないとダメ

イオンの重要性はもう1つあります。それは、電子が移動し続けるには、電流がぐるっと流れる閉じた回路を作らなければならないことにあります。ダニエル電池を作ったときに、なぜ硫酸亜鉛水溶液と硫酸銅水溶液を、素焼き板を介してつながないといけないのか不思議に思ったことはないでしょうか。亜鉛イオンと銅イオンが混ざらないようにするためというのが、回答の1つですが、それなら、水溶液を別々の容器に入れて離しておけばよいのではないでしょうか。

実際に、亜鉛板を浸漬した硫酸亜鉛水溶液と銅板を浸漬した硫酸銅水溶液を別々の容器に入れて離したままにしておいて、2つの端子にLED豆電球をつないでみましょう。予想される通り、豆電球は光りません。なぜでしょうか。

実は、亜鉛板につないだ銅線と銅板につないだ銅線の間にLED豆電球をつなぐと、ごく一瞬に、ごく微量の電子が移動します。その微量の電子の移動に伴って、各々でごくわずかの反応が進行します。亜鉛が溶け出すと、電子は亜鉛板に残って、亜鉛イオンが硫酸亜鉛水溶液に溶け出します。亜鉛板に残った電子は豆電球を通って、銅イオンが受け取れますが、硫酸亜鉛水溶液は、正電荷を持つ亜鉛イオンだけが増えるので、プラスに帯電することになります。

一方の銅側ですが、もともと、硫酸銅水溶液は、正電荷を持つ銅イオンと、硫酸銅を溶かしたときに生成する負電荷を持つ硫酸イオンで、電気的に中性でした。それが、正電荷を持つ銅イオンがごくわずか析出して減少すると、水溶液中には負電荷を持つ硫酸イオンが多くなるので、硫酸銅水溶液はマイナスに帯電することになります。

世の中には、ある空間全体としては、電気的にほぼ中性でないといけないという電気中性の原理があります。水溶液が一方に帯電するとこの原理に反するので、ごくわずかな量以上には反応は進まないのです。

要点BOX
- ●水溶液が別々だと豆電球は点かない
- ●プラスやマイナスに帯電できない
- ●電気中性の原理は破れない

素焼きの板でつながないと

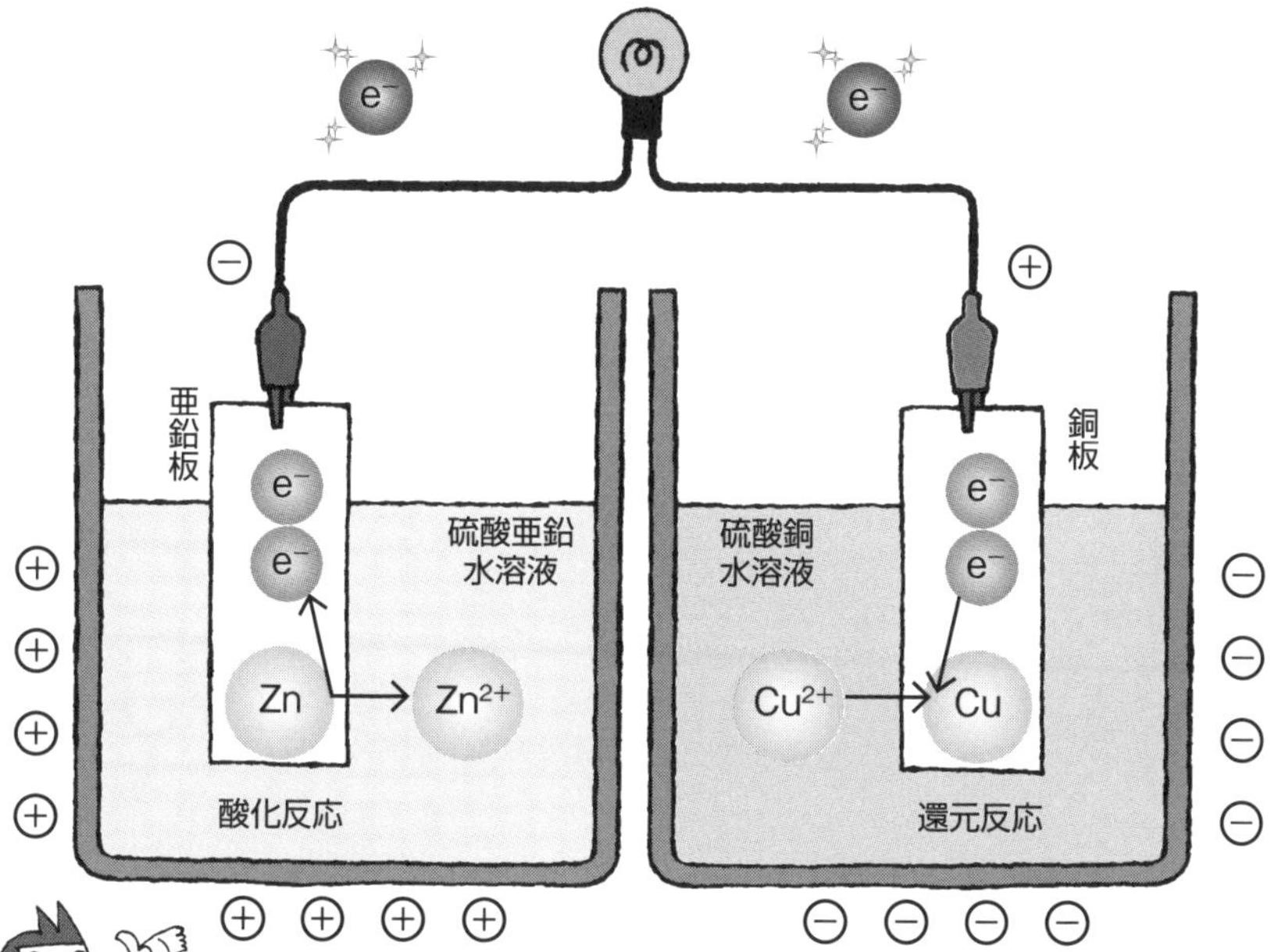

電気中性の原理

ある空間全体としては、
電気的にほぼ中性でないといけない。

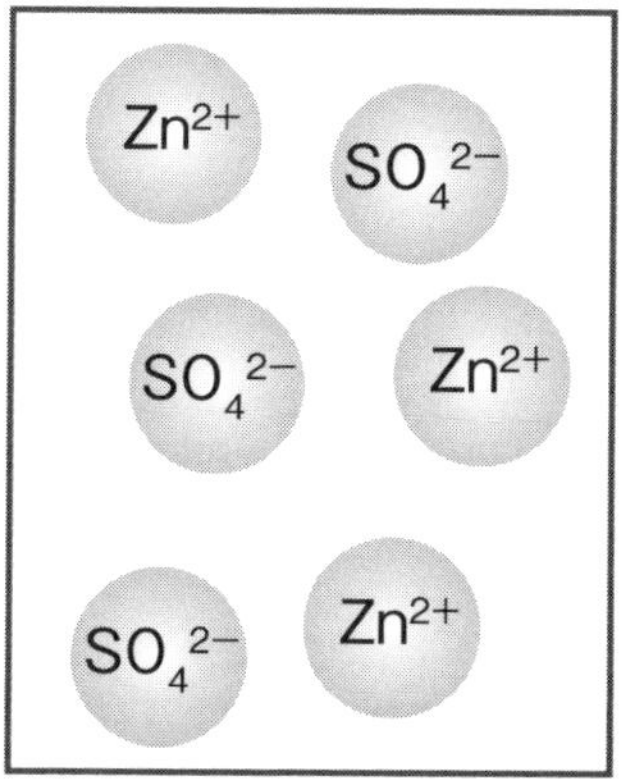

21 プラスとマイナスは釣り合わなきゃダメです

電流はぐるっと回って閉じた回路をつくる

電気中性の原理に反しないように、反応を進ませるには、水溶液中の陽イオンと陰イオンの量を常に等しくしておくことが必要です。そのためには、反応の進行とともに、イオンを移動させればよいことになります。それが素焼き板なのです。

亜鉛側の硫酸亜鉛水溶液に、亜鉛が溶解して亜鉛イオンが1つ増えたら、硫酸亜鉛水溶液から、亜鉛イオンを1つ取り除くか、同じ価数の陰イオンを1つ入れれば電気的な中性は保たれます。実際に、われわれがイオンを1つずつ見つけて取り除いたり、入れたりすることはできないので、素焼き板を通して、イオンが移動できれば、結果として、硫酸亜鉛水溶液の電気中性は保たれます。

一方、銅側を見ると、亜鉛の溶解に伴って生成した電子は、豆電球を通って、銅板に来るので、それを銅イオンに与えれば銅として析出する反応が進行します。亜鉛原子1個が溶解するとき、電子を2個生成して、その2個で銅イオン1個が銅原子として析出すれば、電子の数は釣り合います。ただし、硫酸銅水溶液から銅イオンが1つ減ることになりますが、素焼き板を通して、亜鉛イオンが1つ入ってくれば、あるいは、硫酸イオンが1つ出て行けば、どちらも2価なので、電気的な中性が保たれることになります。

このように、電子は外部につないだ豆電球を通り、イオンは素焼き板を通して、電池内部を移動すれば、反応が進行したとしても、金属部分も水溶液でも電気的中性は守られます。イオンの移動は、電荷が動くことと同じなので、これも電流の流れと見なせます。つまり、電流としては、電池の外部と内部を含めて、ぐるっと一回りして流れる閉じた回路を作れるのです。これが、電流が流れ続けられる理由であり、閉じた回路を作るために、イオンが重要な役割を果たしていることがわかるでしょう。このようにイオンが移動できる材料をイオン伝導体と呼びます。

要点BOX

- ●イオンが移動できる材料がイオン伝導体
- ●電流はぐるっと一回りする
- ●放電するには閉じた回路が必要

素焼き板をイオンが通過する

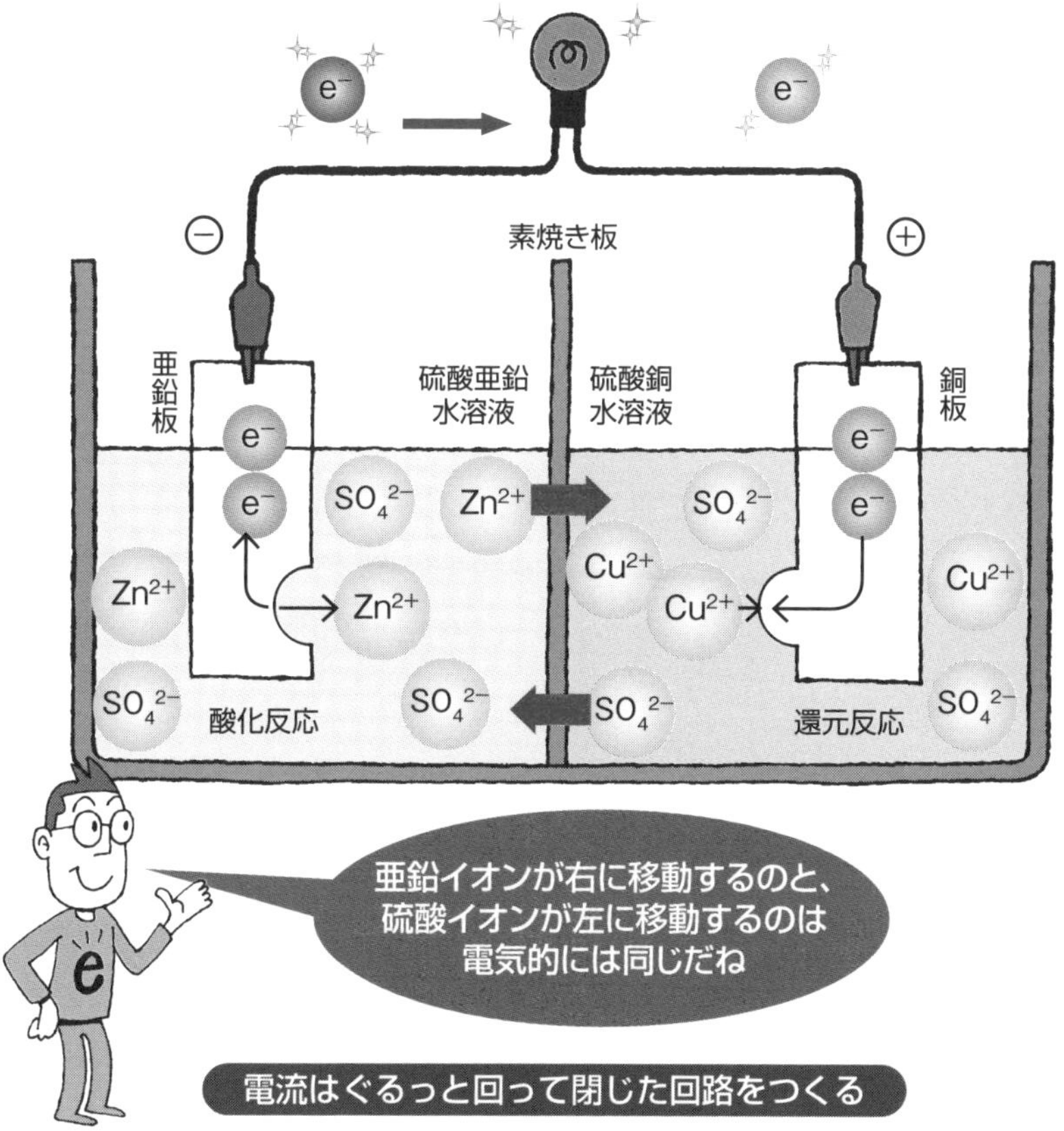

電流はぐるっと回って閉じた回路をつくる

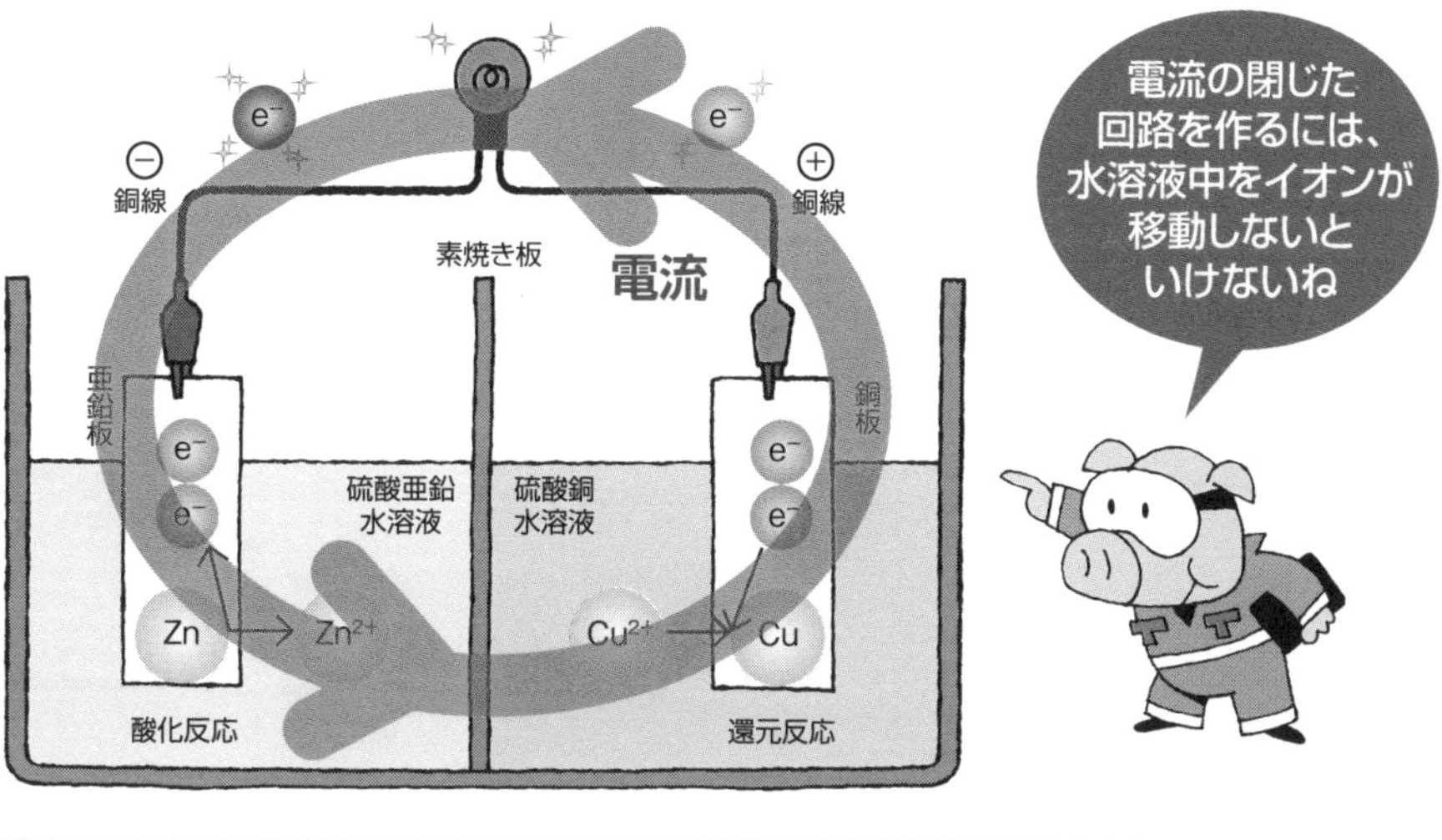

22 酸化と還元を引き裂く

酸化反応と還元反応を別々に起こす

素焼き板の役割を確認しておきましょう。そのために、素焼き板がなかったときのことを考えてみましょう。素焼き板をなくすということは、硫酸亜鉛水溶液と硫酸銅水溶液が混ざってしまうことになります。つまり、硫酸亜鉛と硫酸銅を一緒に溶かした水溶液に、亜鉛板と銅板を浸漬している状態です。

これはややこしいので、少し整理して考えましょう。ダニエル電池では、亜鉛板と硫酸亜鉛水溶液、銅板と硫酸銅水溶液の組み合わせです。この組み合わせでは電池として働くことがわかっています。そこで、亜鉛板と銅板を、お互いに相手の陽イオンが溶けている水溶液に浸漬してみましょう。つまり、亜鉛板は硫酸銅水溶液に、銅板は硫酸亜鉛水溶液に浸漬してみるのです。

まず、亜鉛板を硫酸銅水溶液に浸漬した場合を考えてみましょう。イオン化傾向から見ると、銅よりも、亜鉛の方がイオンになりやすいですね。そのため、亜鉛板から亜鉛が亜鉛イオンになり、水溶液中の銅イオンが亜鉛板に析出してきます。起こる反応は、

$$Zn(亜鉛板) + Cu^{2+}(水溶液) \rightarrow Zn^{2+}(水溶液) + Cu(亜鉛板) \quad (5)$$

になります。この反応は、亜鉛板を硫酸銅水溶液に浸漬するだけで、自発的に起こる反応なのです。

一方、銅板を硫酸亜鉛水溶液に浸漬した場合はどうなるでしょうか。水溶液中にはすでに銅よりもイオン化傾向の大きな亜鉛イオンが溶けています。したがって、銅が銅イオンとして溶解して、亜鉛イオンが銅板に析出するということは起こりません。

つまり、素焼き板をなくしたダニエル電池では、亜鉛板の上に、銅が析出してしまって、電池として働かなくなります。電池として働くためには、酸化反応と還元反応を別々の場所で進ませて、しかも、イオンは移動できないといけません。素焼き板を用いれば、それが可能になるのです。

要点BOX
- ●硫酸銅水溶液に亜鉛板を入れると銅が析出
- ●素焼き板は酸化と還元を分ける
- ●酸化と還元を分けるが、イオンは移動できる

素焼き板がなかったら

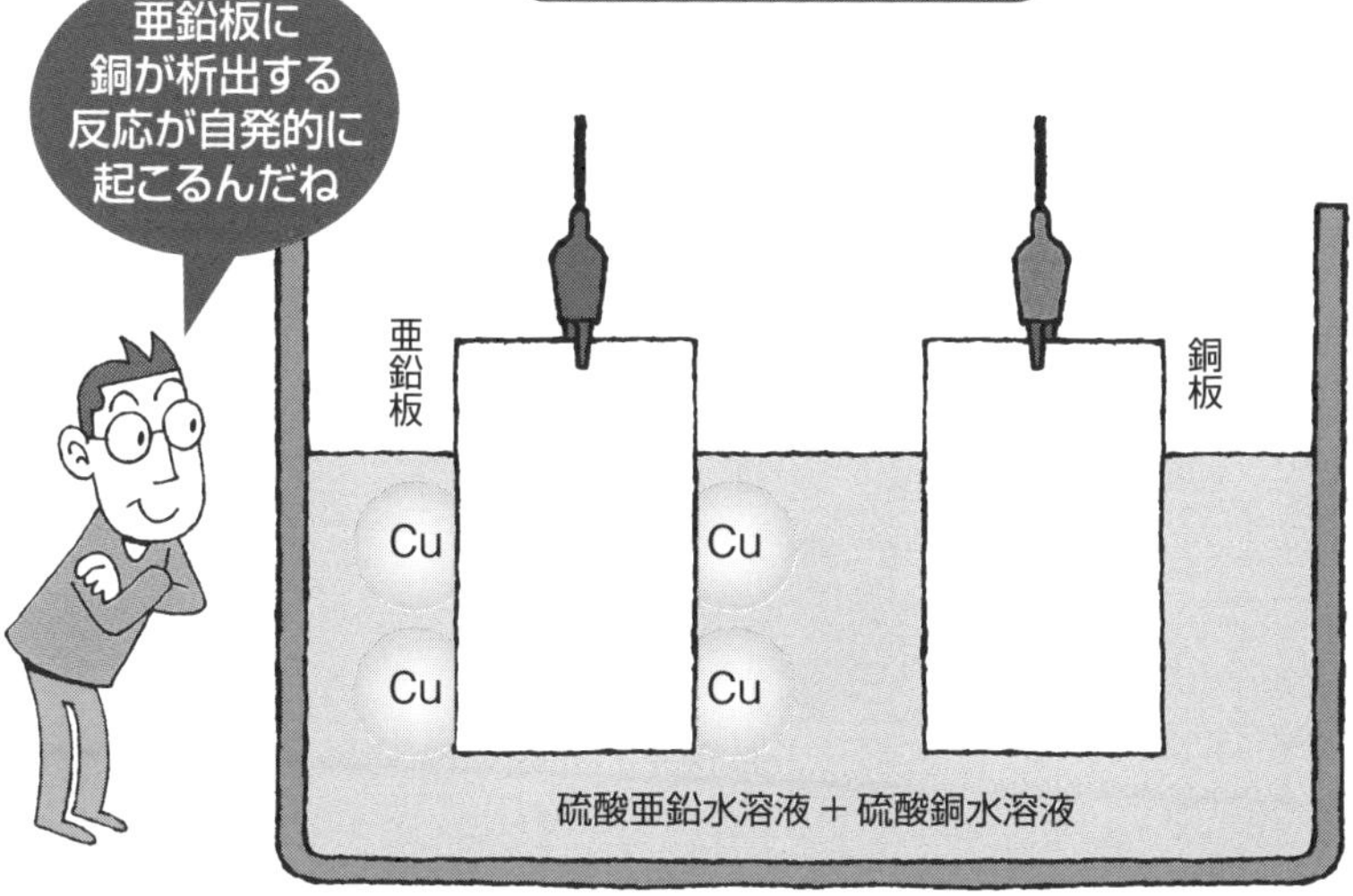

銅板を硫酸亜鉛水溶液に浸漬

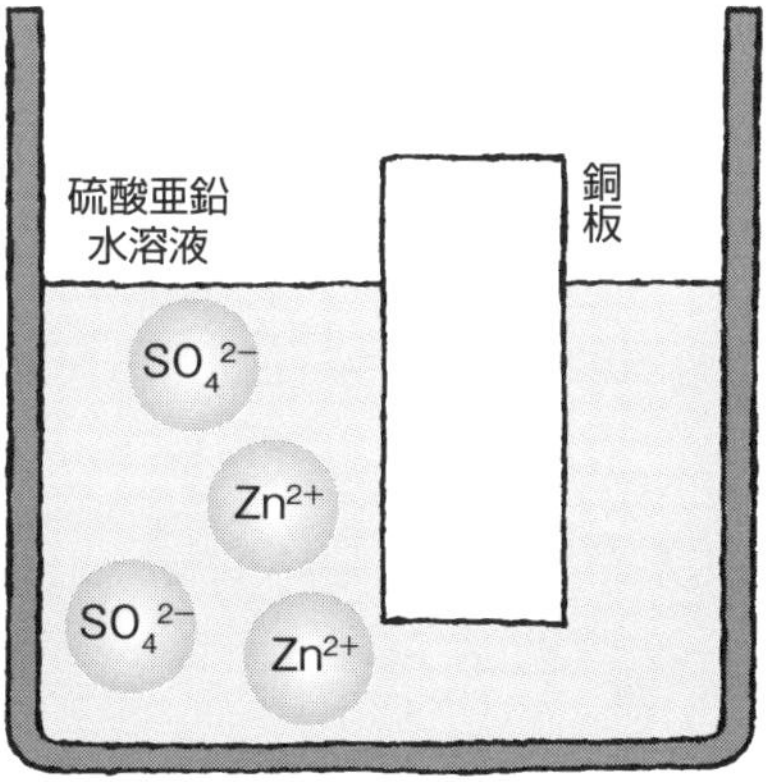

何も起こらない

亜鉛板を硫酸銅水溶液に浸漬

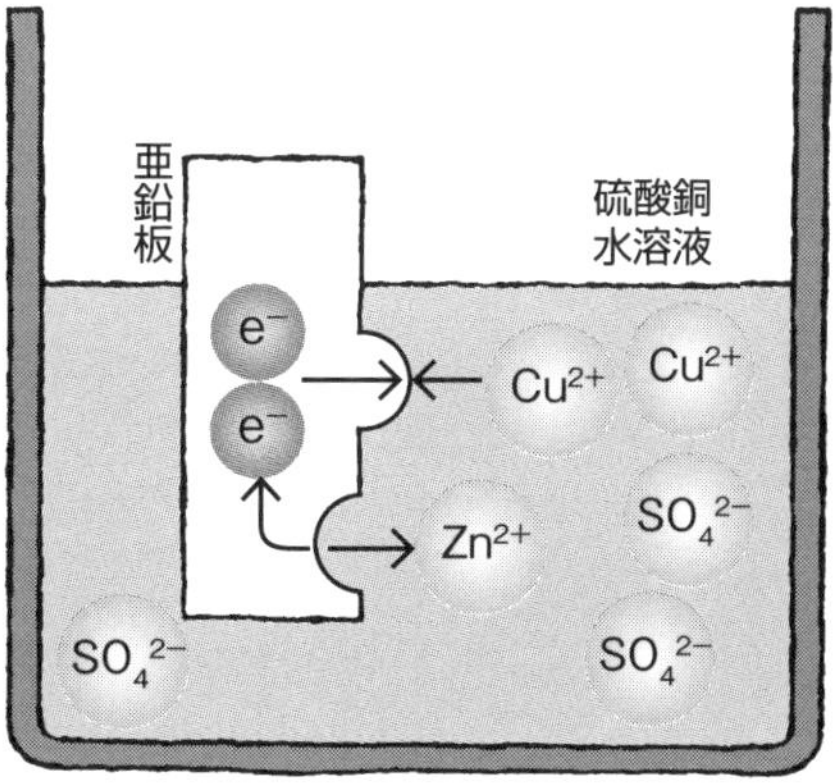

亜鉛板に銅が析出

$$Zn + Cu^{2+} \rightarrow Zn^{2+} + Cu \quad (5)$$

イオン化傾向

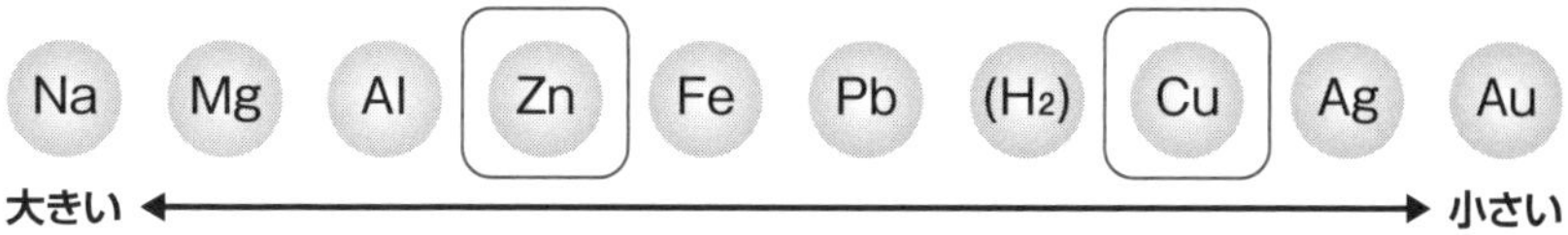

亜鉛は銅よりも溶けやすい

23 モノの持つエネルギーを直接電気エネルギーに変える

ダニエル電池から電気エネルギーを取り出すときに進む反応は左の（1'）、（2）式でした。2つの式を足すと（5）式になります。そして、（5）式は、自発的に進む反応でした。

（5）式は、硫酸銅水溶液に亜鉛板を浸漬したら進んでしまうので、外部に電気エネルギーを取り出していません。そのとき、（1'）式の電子のエネルギー準位と（2）式の電子のエネルギー準位の差はどうなってしまったのでしょうか。世の中には、エネルギーはなくならないというエネルギー保存則があります。

エネルギー保存則から考えると、そもそも、ダニエル電池で電気エネルギーを取り出せるのは、ダニエル電池を構成しているモノが、なんらかのエネルギーを持っていたからです。そのモノが持つエネルギーを、化学エネルギーと呼びます。電池とは、化学エネルギーを電気エネルギーに変えて取り出す装置と言えるのです。

電気エネルギーを取り出さなかった場合も、エネルギーがなくなってしまうということはありません。化学エネルギーはすべて熱になってしまったのです。実は、身の回りで化学反応の進行に伴って、熱が出る反応はたくさんあります。モノが燃えるのはその典型例ですが、携帯用カイロのように、鉄が錆びるときにも熱が出ます。モノが燃えるのも、鉄が錆びるのも、いずれも自発的に進行する化学反応で、モノの持つ化学エネルギーが熱エネルギーに変わっています。

電池は、このような自発的に進む化学反応に伴う化学エネルギーを、うまく工夫をすることによって、電気エネルギーに変えて取り出しているのです。この化学エネルギーを、電気エネルギーに直接変えることが、電池の特性であり、電気化学の特徴になります。

電池とは逆に、電気エネルギーを化学エネルギーに直接変えることもできて、それが電池の充電や電気分解になります。

要点BOX

●エネルギーはなくならない
●電池にしないと化学エネルギーは熱になる
●自発的に進む反応から電気エネルギーを取り出す

電気エネルギーを取り出さなかったら、化学エネルギーは熱に変わる

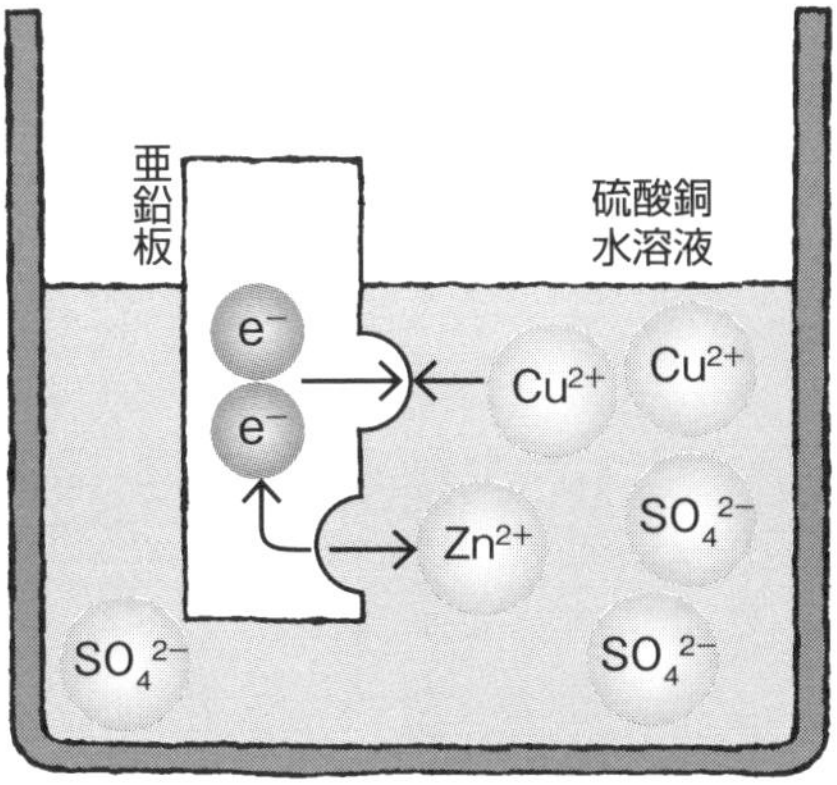

$$Zn + Cu^{2+} \rightarrow Zn^{2+} + Cu \quad (5)$$

Zn（亜鉛板）
$\rightarrow Zn^{2+}$（水溶液）$+2e^-$（亜鉛板）（1'）

Cu^{2+}（水溶液）$+2e^-$（銅板）
$\rightarrow Cu$（銅板）　（2）

化学エネルギーを電気エネルギーに直接変換

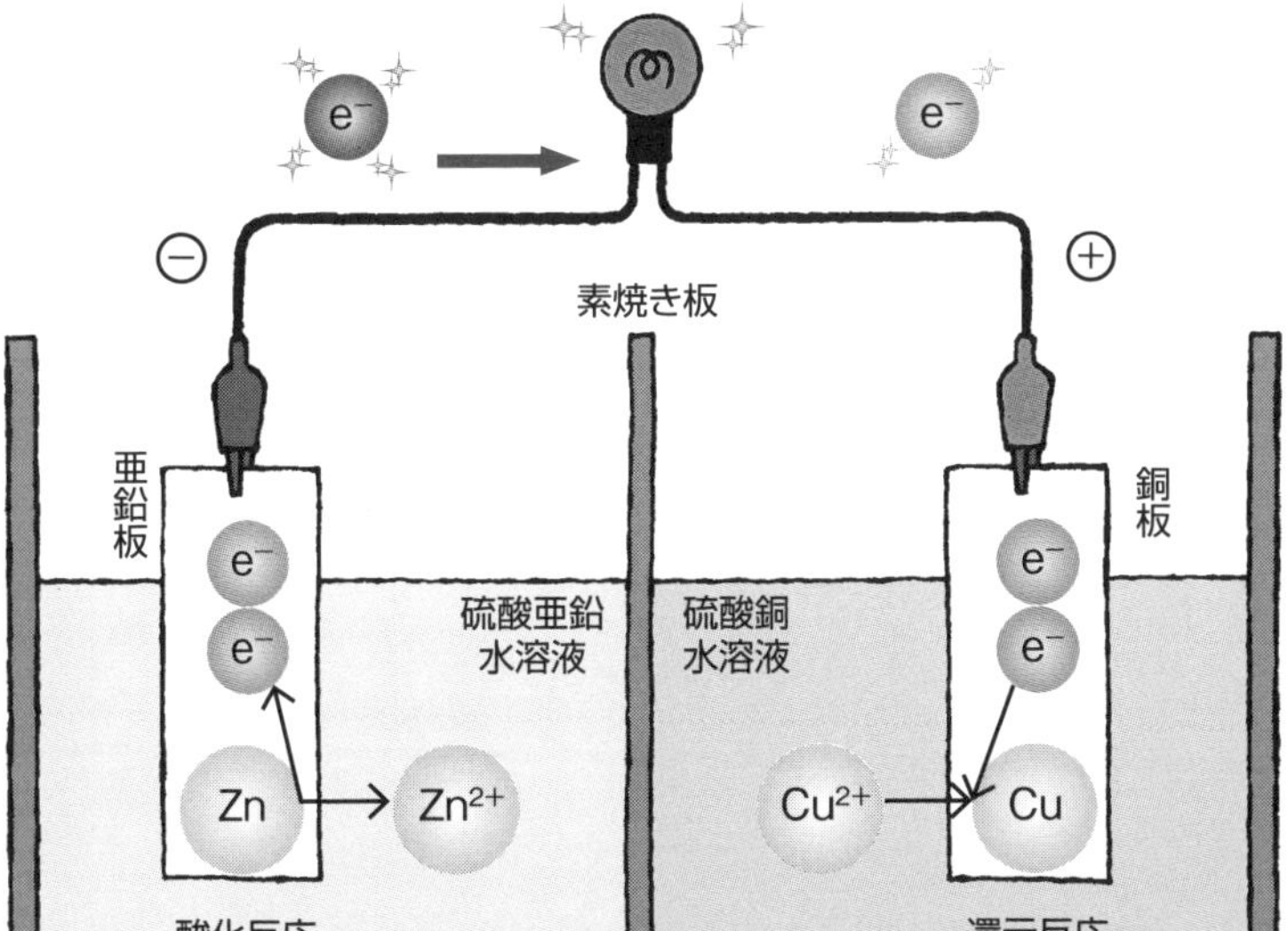

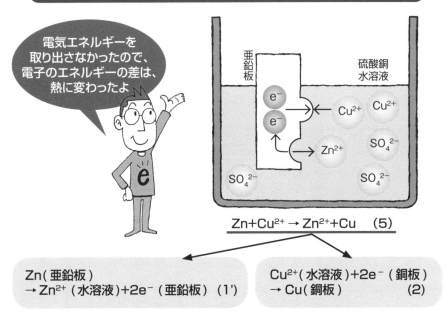

24 電流を流し続けて行きつく先は？

電子のエネルギー準位は等しくなる

ダニエル電池の理解も進みました。最後に、ダニエル電池から電流を取り出し続けたらどうなるか考えておきましょう。ダニエル電池にLED豆電球を接続すれば点灯しますが、そのうち光らせるために必要な電圧がなくなって、光らなくなります。それでもまだわずかながら電池の両端子間に電位差があるので、さらに、両端子の銅線どうしを直接つないで、短絡させると（実際の電池では決してやらないでください。発熱して危険です）、電流はだらだらと流れ続けますが、そのままずっと短絡し続けていると、いずれ電流が流れなくなります。これは電池が完全に放電しきった状態です。

その完全に放電しきった状態で、短絡をやめて、両端子間の電位差を測ってみるとどうなるでしょうか。みなさんが予想される通り、電位差はゼロです。そもそも短絡させるということは、両端子をむりやり同じ電位にするということなので、そのままずっと放置すれば、両端子が同じ電位になるまで反応が進んでおしまいです。

そのとき、電池の様子を見ると、亜鉛板から亜鉛がたくさん溶け出し、それに伴って硫酸亜鉛水溶液中に亜鉛イオンが増えています。一方の銅板には、金属銅がたくさん析出して、それに伴って硫酸銅水溶液中の銅イオンがなくなっています。

亜鉛イオンがたくさん溶け出して、水溶液の亜鉛イオン濃度が高くなると、亜鉛は溶け出しにくくなります。それに伴って、亜鉛板の電子のエネルギー準位が下がります。逆に、銅イオンがたくさん析出して、水溶液の銅イオン濃度が薄くなると銅が析出しにくくなります。それに伴って銅板の電子のエネルギー準位は高くなります。そして、いずれそれらの電子のエネルギー準位が等しくなって、反応が止まるのです。実際の電池はできるだけたくさんの電気エネルギーを取り出すためにいろいろな工夫がされています。

要点BOX
- 短絡は両端子を同じ電位にする
- 亜鉛イオンが濃くなると溶け出しにくくなる
- 銅イオンが薄くなると析出しにくくなる

ずっと短絡させておくと完全に放電しきる

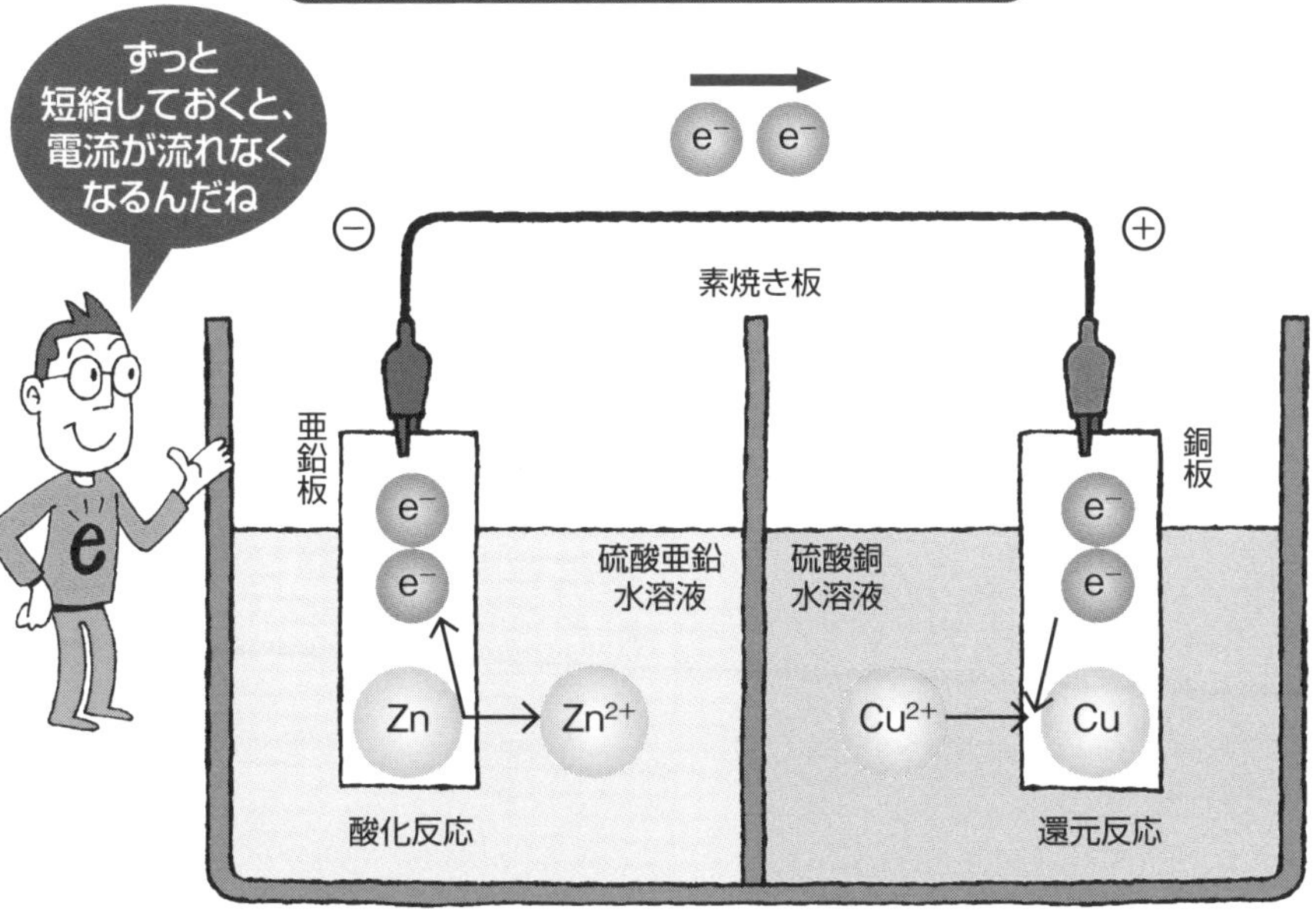

完全放電後は電子のエネルギー準位は同じになる

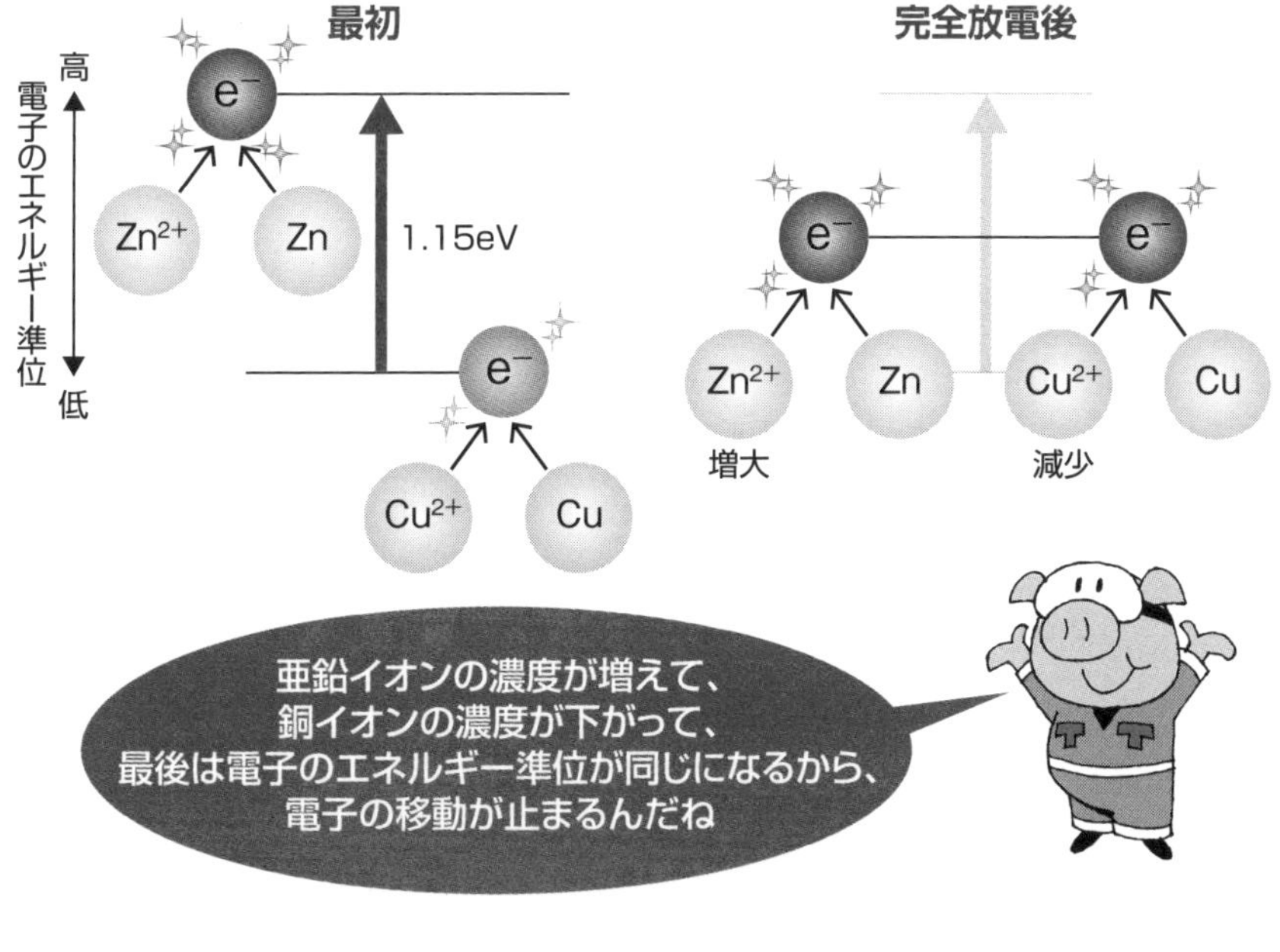

25 これが電気化学システムだ

電子をモノで支える

ダニエル電池を例にとったので、電流が流れると、亜鉛板が溶解して、銅イオンが析出する反応が進行することになりましたが、もともとは、エネルギー準位の異なる電子が存在する同じ材質の電子伝導体端子を2つ作ればよく、その電子のエネルギー準位が、モノによってがっちりと固定されていれば、電池として使えるのでした。

そして、反応には必ず1つはイオンが関与していて、電流を継続的に流すためには、電池内部にイオン伝導体が存在して、その中をイオンが移動する必要があります。このように電子伝導体とイオン伝導体が組み合わさって、電池はできあがっています。

また、反応から見ると、電池のプラス極は酸化反応、マイナス極は還元反応が起こります。酸化反応や還元反応は、金属の溶解や金属イオンの析出だけではありません。燃料電池では、水素の酸化反応と酸素の還元反応を利用します。電池は起電力が大きい方が、取り出しうる電気エネルギーが大きくなるので、電子のエネルギー準位が大きく異なる反応どうしで電池を組むと有利です。そのため、反応に関与する電子のエネルギー準位が高い反応は酸化反応として使いやすく、逆に、エネルギー準位の低い反応は還元反応として使いやすいと言えます。酸化反応や還元反応を起こす、電子伝導体を**電極**と呼びます。それに対して、イオン伝導体を電解質あるいは**電解液**と呼ぶことがあります。ダニエル電池では、亜鉛板や銅板が電極、2つの水溶液が電解液です。

原理的には、自発的に進行するどのような反応でも、酸化反応と還元反応に分けて電池を組めば、電気エネルギーを取り出せます。左に、身近で使われている電池の、マイナス極で起こる、エネルギー準位の高い電子を作り出す反応(酸化反応)とプラス極で起こる、エネルギー準位が低くなった電子を受け取る反応（還元反応）、および用いられる電解液をまとめました。

要点BOX
- ●酸化反応や還元反応を起こす、電子伝導体を電極と呼ぶ
- ●イオン伝導体を電解質あるいは電解液と呼ぶ

酸化反応と還元反応を別々に起こす電気化学システム

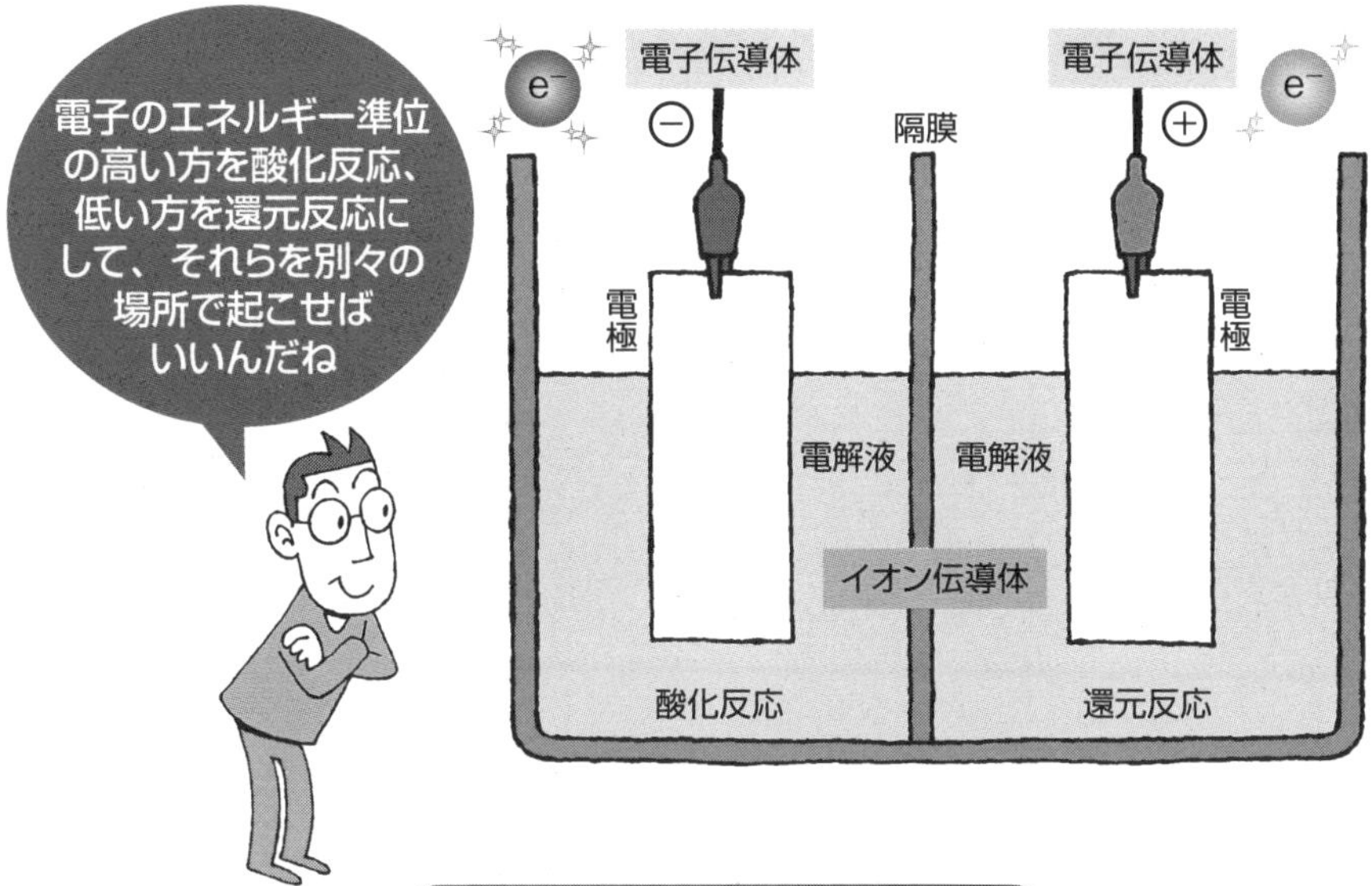
電子のエネルギー準位の高い方を酸化反応、低い方を還元反応にして、それらを別々の場所で起こせばいいんだね
e⁻
電子伝導体
⊖
電子伝導体
⊕
e⁻
隔膜
電極
電極
電解液
電解液
イオン伝導体
酸化反応
還元反応

いろいろな電池の反応と電解質

電池	マイナス極 エネルギー準位の高い電子を作りだす反応(酸化反応)	プラス極 エネルギー準位が低くなった電子を受け取る反応(還元反応)	電解液
マンガン電池	$Zn \rightarrow Zn^{2+} + 2e^-$	$MnO_2 + H^+ + e^-$ $\rightarrow MnO(OH)$	$ZnCl_2$溶液
ニッケル水素電池	$MH + OH^- \rightarrow M + H_2O + e^-$ M：水素吸蔵合金	$NiOOH + H_2O + e^-$ $\rightarrow Ni(OH)_2 + OH^-$	KOH溶液
鉛蓄電池	$Pb + SO_4^{2-}$ $\rightarrow PbSO_4 + 2e^-$	$PbO_2 + SO_4^{2-} + 4H^+ + 2e^-$ $\rightarrow PbSO_4 + 2H_2O$	H_2SO_4溶液
リチウムイオン電池	$Li_xC_6 \rightarrow C_6 + xLi + xe^-$	$Li_{1-x}CoO_2 + xLi + xe^-$ $\rightarrow LiCoO_2$	有機溶媒
水素酸素燃料電池(固体高分子形)	$H_2 \rightarrow 2H^+ + 2e^-$	$\frac{1}{2}O_2 + 2H^+ + 2e^-$ $\rightarrow H_2O$	水素イオン交換膜

電子のエネルギー準位が大きく異なるモノで電池を作るといいのだ

Column

本質を見抜く天才 〜マイケル・ファラデー

ファラデーの法則といえば、物理の人は電磁誘導の法則を思い浮かべ、化学の人は電気分解の法則を思い浮かべるでしょう。ファラデーは、優れた実験家で、化学の分野でもベンゼンを発見したり、塩素の液化を行ったり、水分子のかごの中に入っている塩素（包接水和物）を見つけたりして、優れた業績を残しました。もともと、ファラデーの電気分解の法則は、今では当たり前と思われている電気の本質を問うものでした。当時は、電子はもちろん知られていませんでしたし、電気的な現象も、静電気、ボルタの電池、ウナギやエイなどが出す動物電気などが個別に知られており、それらが同じ電気から生じる現象とは認識されていませんでした。

そこで、まずファラデーは、さまざまな電源から生まれた電気が同じ性質を持つことを示しました。つまり、電気はみな同じであって、その量と強さが異なるだけであることを示したのです。そのための実験の1つが電気分解でした。ファラデーは、電気分解でカリウムやナトリウムなどの元素を見つけたデービーの弟子でした。そのため、電気分解は身近な実験だったのでしょう。多くの実験を繰り返し、次のような結論を得ました。まず「電気分解の作用は、電気の一定量に対して常に一定で、電源、電極の大きさ、電流を通す導体の性質などの条件には一切寄らない」ことです。つまり、電気に種類はないということを示したのです。これは大発見です。

そして、「電気分解によって生じる物質の量は、通過する電気量に比例する」ことを示しました。これが電気分解の法則として知られています。例えば、ダニエル電池が放電するときのマイナス極の亜鉛の反応は、当たり前のように、$Zn \rightarrow Zn^{2+} + 2e^-$ と書きますが、このe^-の前に2をつけることを見つけ出したのです。このことから、反応速度が、単位時間当たりの電子の移動量、すなわち、電流で観測できることになり、物理化学の発展に大いに貢献しました。

また、ファラデーは、電気化学の分野で使われる、電極、電解質、電気分解、イオン、アノード、カソード、陽イオン、陰イオンなどの用語を定義しました。科学的な議論には、共通に理解している用語が必要ですが、その重要性をよくわかっていたんですね。ファラデーは貧しい家の出身だったので、高等教育は受けていませんが、物事の本質を見抜く鋭い眼をもっていた天才でした。

第3章

界面に注目する電気化学

26 くっつけると無理やり変わる

金属内の電子のエネルギー状態は同じになる

重要な電池である二次電池は、自発的に進行する化学反応の化学エネルギーを電気エネルギーに変える放電を行った後に、逆の反応を起こす充電を行って、何度も繰り返して使える電池のことです。ここでは、次章で二次電池の説明をする前に、充電という現象を理解しておきましょう。充電の原理は、電気分解と同じで、酸化反応や還元反応を制御するという電気化学の本質に深くつながっています。実は、反応の方向の制御という意味では、放電も同じ原理に基づいています。本章は少し難しいかもしれませんが、できるだけていねいに説明したいと思います。

ダニエル電池を例にしましょう。ダニエル電池に電気機器を接続すると、自発的に反応が進行し、電子が亜鉛板側から銅板側へ、電気機器内を移動して、電気エネルギーを取り出せます。これが放電です。電気機器を接続するには、電子伝導体である金属を用いて、ダニエル電池の両端子につなぎます。このとき、電子伝導体が持つ、重要な性質があります。それは、電子伝導体をつなぐと、その中の電子のエネルギー準位がすべて同じになるということです。

ダニエル電池がもっとも大きく放電する、すなわち、もっとも多く電子が移動するのは、両端子を短絡させたときです。短絡させたとき、亜鉛板も、亜鉛板につながっている銅線も、銅板も、銅板につながっている銅線も、すべて電子伝導体なので、その中の電子のエネルギー準位はすべて等しくなります。つまり、開回路状態で銅板側に対して、高かった亜鉛板側の電子のエネルギー準位は、銅板とつなげた（短絡した）ことによって、無理やり下げられるのです。逆に、開回路状態では亜鉛板側に比べて低かった銅板側の電子のエネルギー準位は、亜鉛板とつなげた（短絡した）ことによって、無理やり上げられるのです。このように、電子伝導体どうしをつなぐことによって、その電子のエネルギー準位が変わるのです。

要点BOX

- ●電池のプラスとマイナスをつなぐのが短絡
- ●電子伝導体をつなぐと、電子のエネルギー準位が変わる

ダニエル電池を短絡してみる

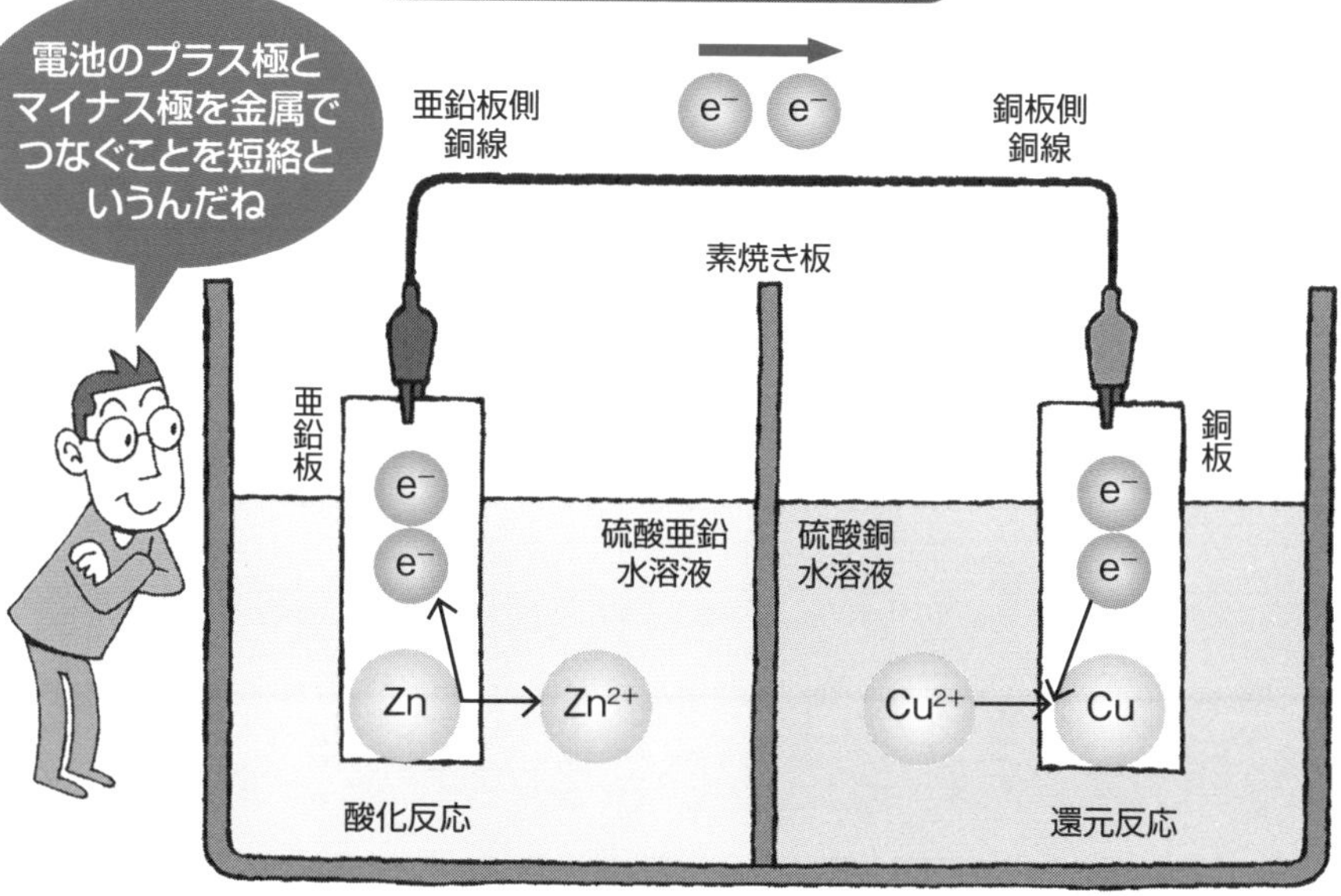

開回路状態と短絡したときの電子伝導体の電子のエネルギー準位

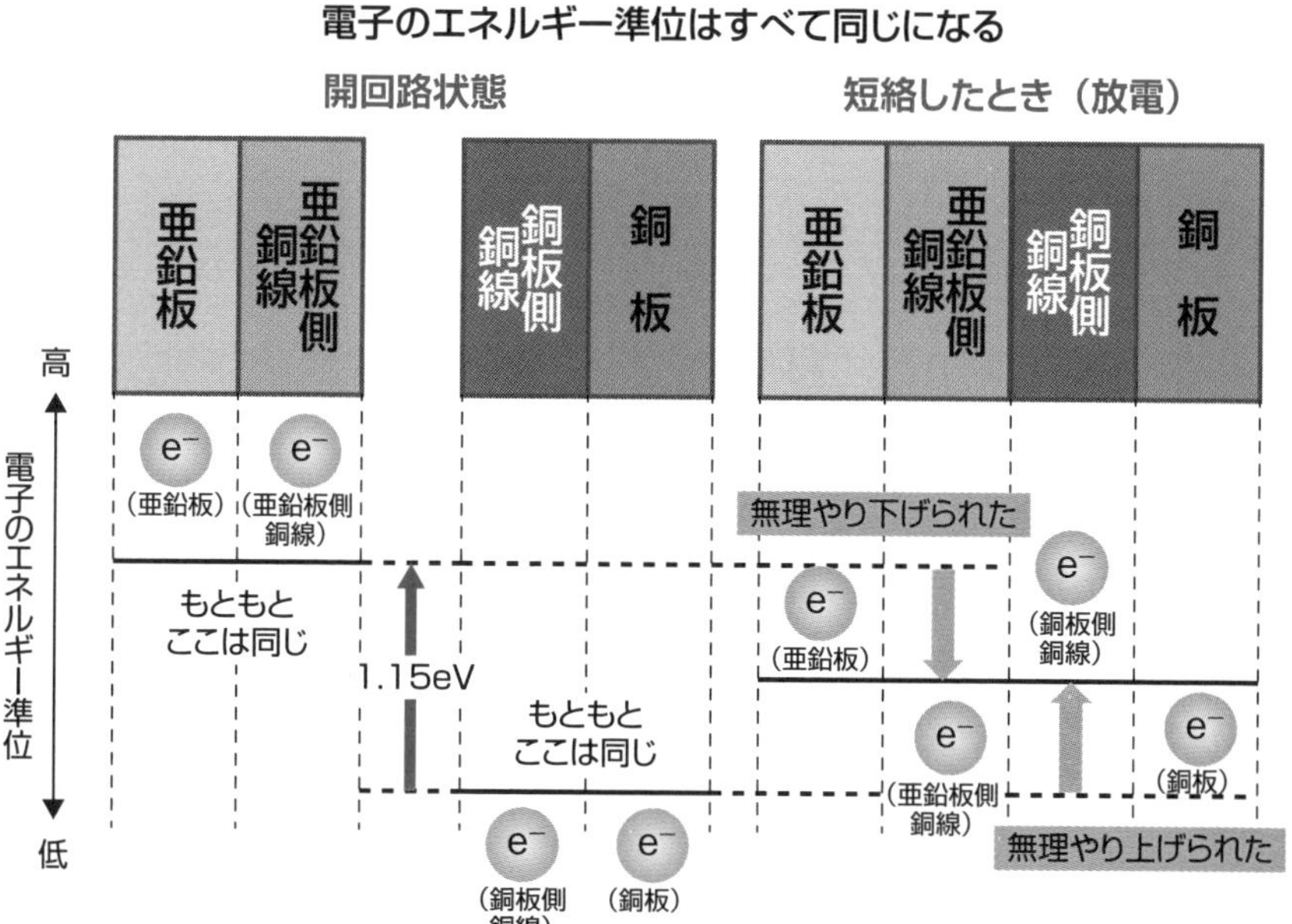

※実際の電池では絶対に短絡しないでください

27 電池にむりやり電圧をかける

電池の両端も外部からかけた電圧になる

外部電源を使って、ダニエル電池に、起電力よりも大きな電圧をかけてみましょう。この操作は充電しにくい電池ですが、ダニエル電池は充電になります。例えば、2・5Vかけたとしましょう。外部電源というのは、電池の起電力よりも大きな電圧を出せる装置です。電池を複数個直列につなげば立派な外部電源です。また、外部電源の電圧は理想的には、何をつないでも、かけた電圧が変わりません。そのような理想的な外部電源を考えましょう。ダニエル電池につねに2・5Vの電圧をかけられるということです。

充電するときは、電池のプラス極とマイナス極に、それぞれ外部電源のプラス極とマイナス極をつなぎます。このとき、もちろん、電源から出ている端子は電子伝導体で、それをダニエル電池の電子伝導体の両端子にそれぞれつなぐことになります。

さて、このとき何が起こるでしょうか。外部から電圧をかけても、電子伝導体の性質は変わりません。すなわち、亜鉛板と亜鉛板につながっている銅線は、外部電源のマイナス極と同じ電子のエネルギー準位になり、一方、銅板と、銅板につながっている銅線は、外部電源のプラス極と同じ電子のエネルギー準位になります。そして、外部電源の性質により、つねに2・5Vの電圧がかかることになるので、電池の両端の電子のエネルギー準位の差も、2・5eVになります。

亜鉛板側を見ると、ダニエル電池の起電力よりも、外部からかけた電圧の方が大きかったので、亜鉛板側の電子のエネルギー準位は無理やり上げられることになります。一方、銅板側の電子のエネルギー準位は、反対に無理やり下げられることになります。もとの起電力1・15V以上の電圧をかけたために、亜鉛板側の電子のエネルギー準位が上がり、銅板側の電子のエネルギー準位が下がって、2・5eVのエネルギー差を生じているのです。これも外部電源の端子と電池の端子を電子伝導体でつないだために起こったのです。

要点BOX
- 外部電源は、電池の起電力よりも大きな電圧をだせる装置
- 外部電源でかけた電圧は変わらない

外部電源を使って外部から電圧をかける

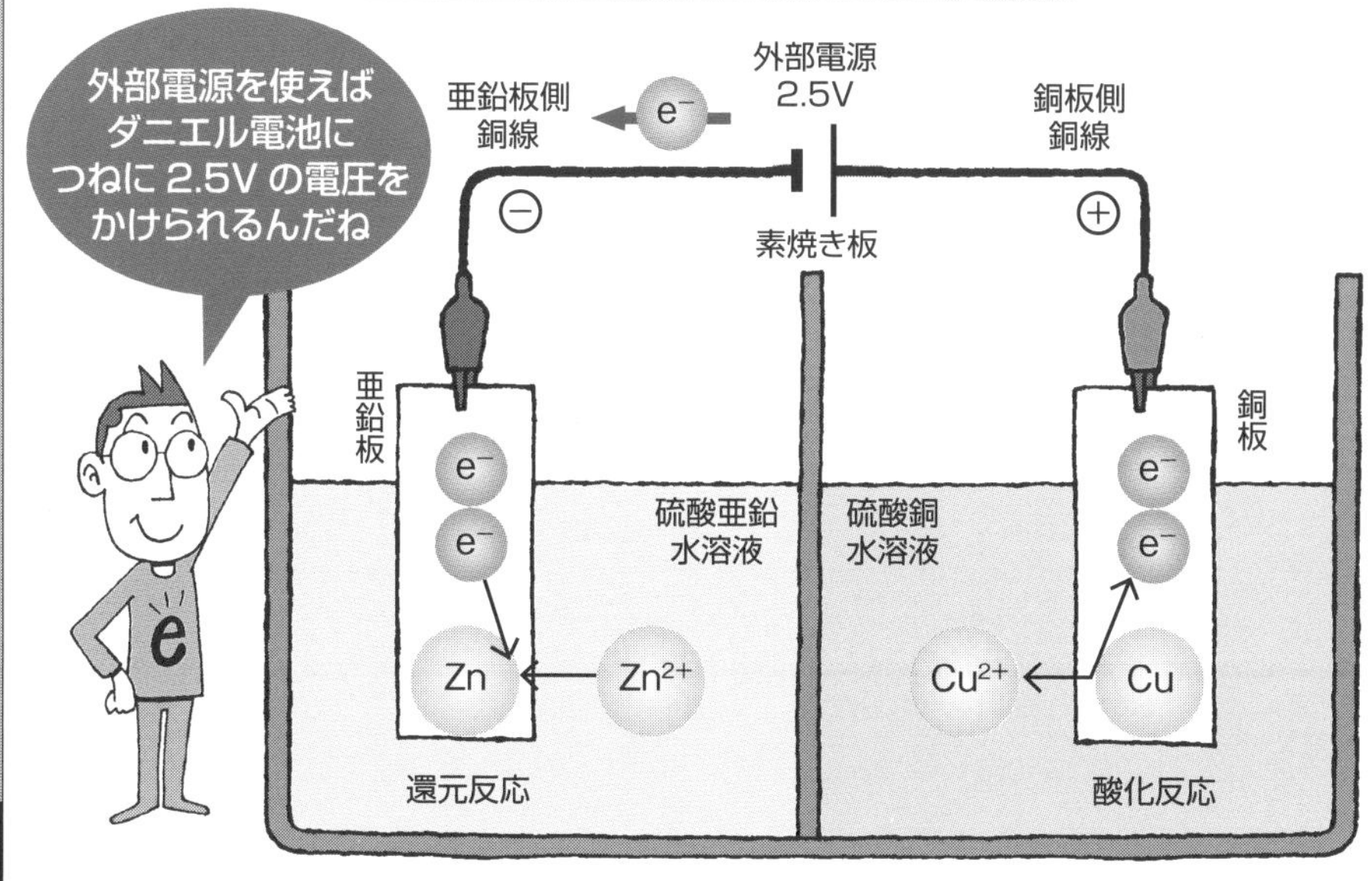

開回路状態と外部電源をつないだときの電子伝導体の電子のエネルギー状態

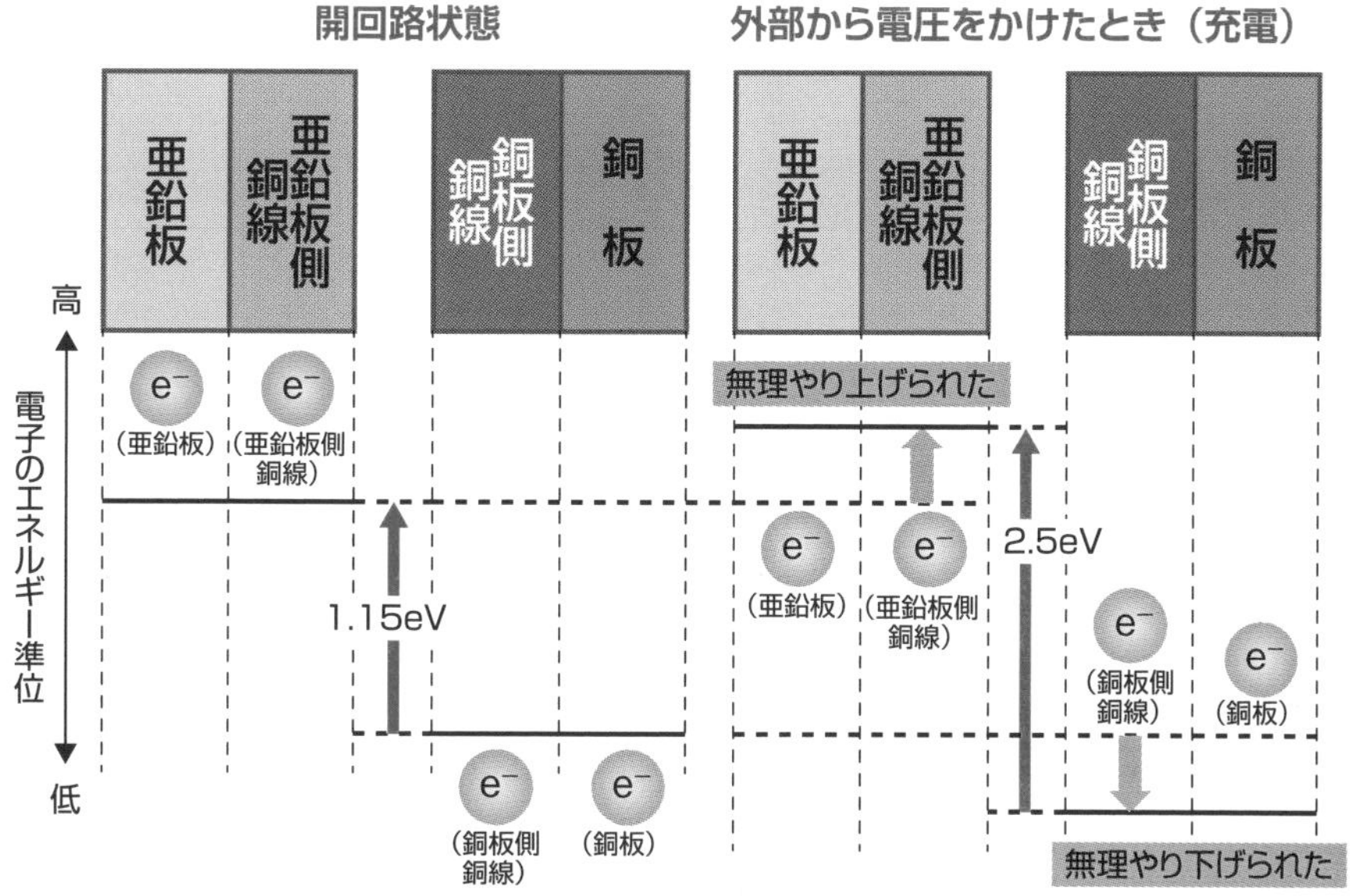

※実際の電池では二次電池以外では絶対に充電しないでください

28 放電と充電は真反対

放電と充電で電子のエネルギー準位の変わる向きは逆になる

放電と充電を行ったときに、ダニエル電池を構成する電子伝導体の中の電子のエネルギー準位がどう変わるかを見ました。いったん整理しましょう。ただし、亜鉛板と銅板につないでいる銅線の電子のエネルギー準位は、それぞれ亜鉛板と銅板の電子のエネルギー準位と等しくなるので、この節では省略します。

まず、開回路状態では、亜鉛板と銅板の電子のエネルギー準位には、1・15eVの差があり、亜鉛板の方が高い状態でした。それを放電させるために、短絡させると、電子のエネルギー準位の高かった亜鉛板側の電子のエネルギー準位は無理やり下げられ、電子のエネルギー準位の低かった銅板側の電子のエネルギー準位は無理やり上げられました。短絡させたとき、それらの電子のエネルギー準位は一致しました。

放電とは逆に、外部電源を用いて、外部から起電力1・15V以上の電圧2・5Vをかけました。そのときは、亜鉛板側の電子のエネルギー準位は開回路状態では高かったのですが、さらに高くなり、無理やり上げられました。銅板側の電子のエネルギー準位は、開回路状態では低かったのですが、さらに低く下げられました。放電でも、充電でも、亜鉛板と銅板の電子のエネルギー準位は無理やり変えられるのですが、その変えられ方は、放電と充電で逆でした。

いずれにしても、ダニエル電池の両端子に、放電させるために電気機器の端子をつないだり(この極端な場合が短絡です)、外部電源の端子をつないだりすることで、ダニエル電池の亜鉛板と銅板の電子のエネルギー準位を変えられることがわかりました。

亜鉛板と銅板の電子のエネルギー準位が変わると、何が起こるのでしょうか。前章で見たように、短絡されたときは、放電と同じなので、亜鉛の溶解と銅の析出が起こりました。充電のときは何が起こるでしょうか。またさらに、なぜそれらが引き起こされるのでしょうか。その本質に迫っていきましょう。

要点BOX

- **放電も充電も、両電極の電子のエネルギー準位を無理やり変える**
- **放電は差を小さく、充電は差を大きくする**

放電あるいは充電したときの、亜鉛板と銅板の電子のエネルギー準位の変化

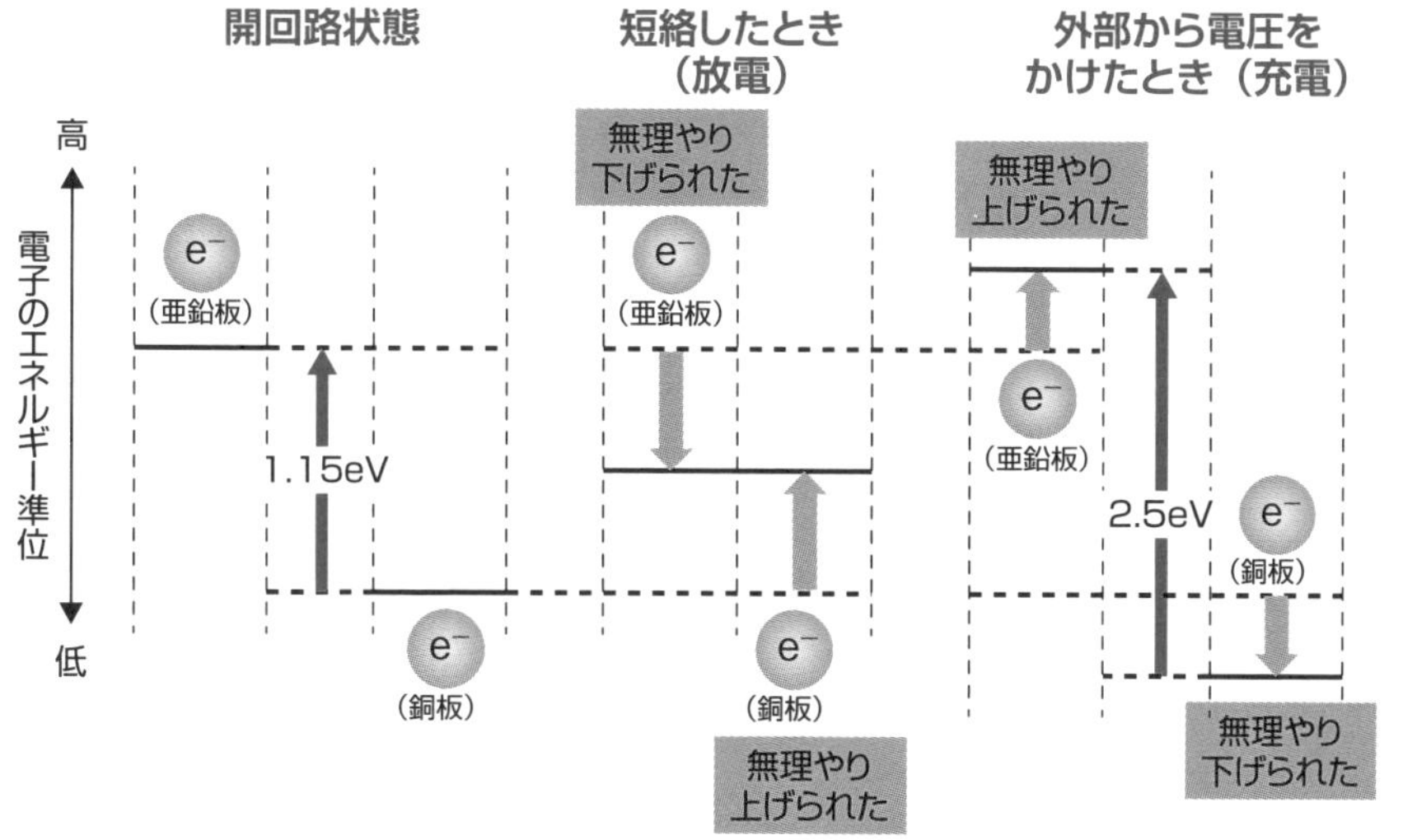

亜鉛板と銅板それぞれの電子のエネルギー準位の変化

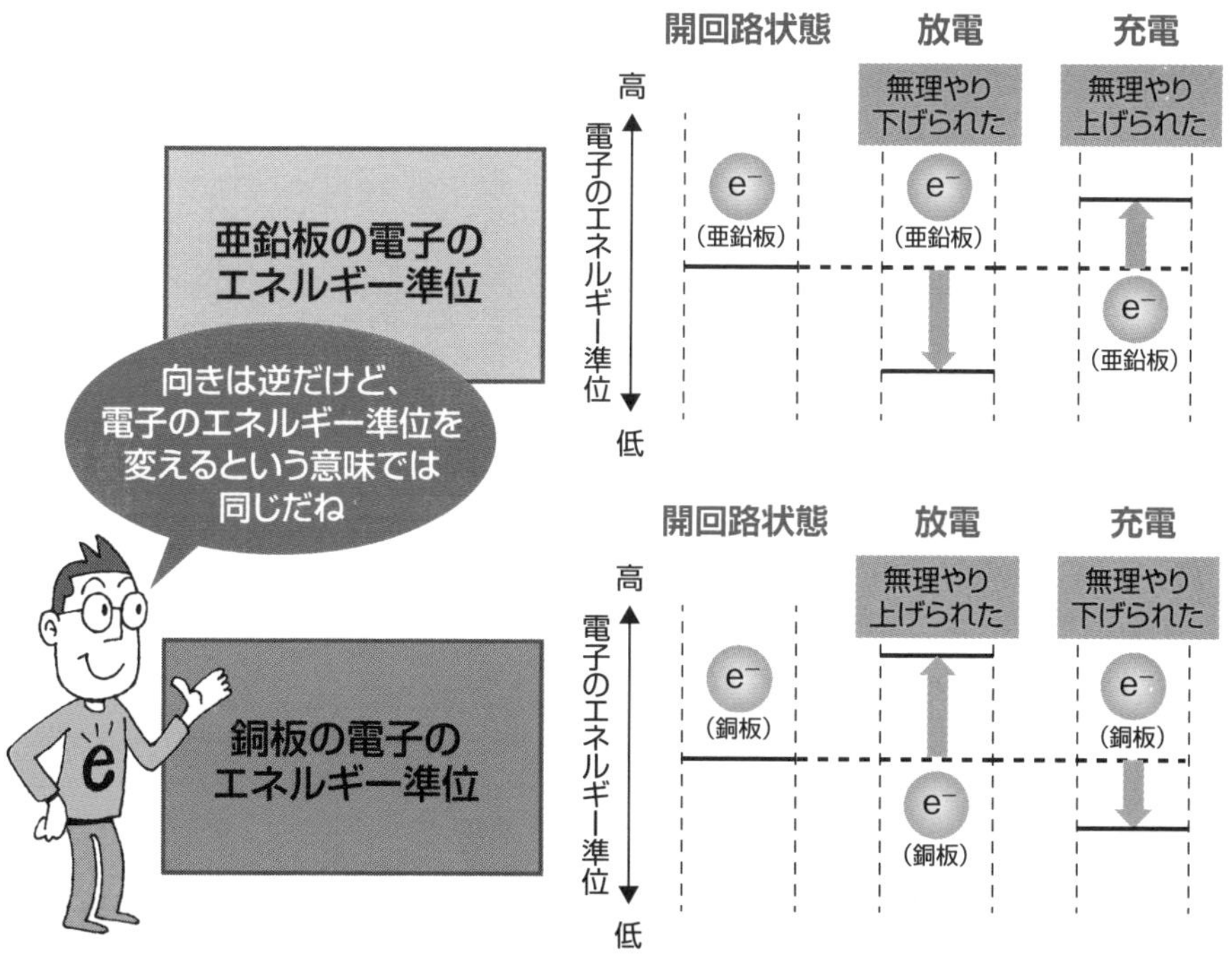

29 電気化学は界面だ！

電極と電解液の界面を横切るのは……イオン！

電流を取り出していない開回路状態のダニエル電池から始めましょう。これが基準です。亜鉛板を硫酸亜鉛水溶液に、銅板を硫酸銅水溶液に浸漬して、両水溶液を素焼き板でつないだ状態です。それぞれの電極表面では、次の反応が釣り合っています。

Zn^{2+}（水溶液）＋ $2e^-$（亜鉛板）＝ Zn（亜鉛板）　（1）

Cu^{2+}（水溶液）＋ $2e^-$（銅板）＝ Cu（銅板）　（2）

理科や化学の教科書には、（　）で状態が書いてないことが多いのです。右に進むと還元反応、左に進むと酸化反応なので、酸化還元反応と呼ばれます。

電気化学では、**電極と電解液の界面に注目する**ので、少し変わった見方をします。その見方とは、（1）式を例に取れば、次の2つの式に分けることです。

【亜鉛板と硫酸亜鉛水溶液の界面で】

Zn^{2+}（水溶液）＝ Zn^{2+}（亜鉛板）　（1-1）

【亜鉛板の中で】

Zn^{2+}（亜鉛板）＋ $2e^-$（亜鉛板）＝ Zn（亜鉛板）　（1-2）

（1-1）式と（1-2）式の両辺を足すと（1）式になります。しかし、（1）式と、（1-1）式と（1-2）式の足し算とは、モノの見方として、大きく異なっています。電気化学では、**電極と電解液の界面を横切るモノ**に注目します。金属の亜鉛板の中に、亜鉛イオンを考えて、亜鉛イオンが界面を横切って移動するとみなします。つまり、（1-1）式で左向きの金属中の亜鉛イオンが、電極（亜鉛板）と電解液（硫酸亜鉛水溶液）の界面を横切って、水溶液中の水和亜鉛イオンになる反応を、亜鉛の溶解とみなすのです。

逆に、（1-1）式の右向きの、水溶液中の水和亜鉛イオンが、電極と電解液の界面を横切って、金属亜鉛中の亜鉛イオンになる反応は、亜鉛の析出とみなされます。（1-2）式は、金属亜鉛内で、亜鉛原子と亜鉛イオンと電子が共存して存在しているとみなしています。

要点BOX
- 界面を横切るモノに注目する電気化学
- 金属中に陽イオンを考える
- 亜鉛イオンが界面を横切る

電気化学ではこんなモノの見方をする

よく見る　$Zn^{2+}+2e^- = Zn$

Zn^{2+}（水溶液）$+2e^-$（亜鉛板）$=$ Zn（亜鉛板）　(1)

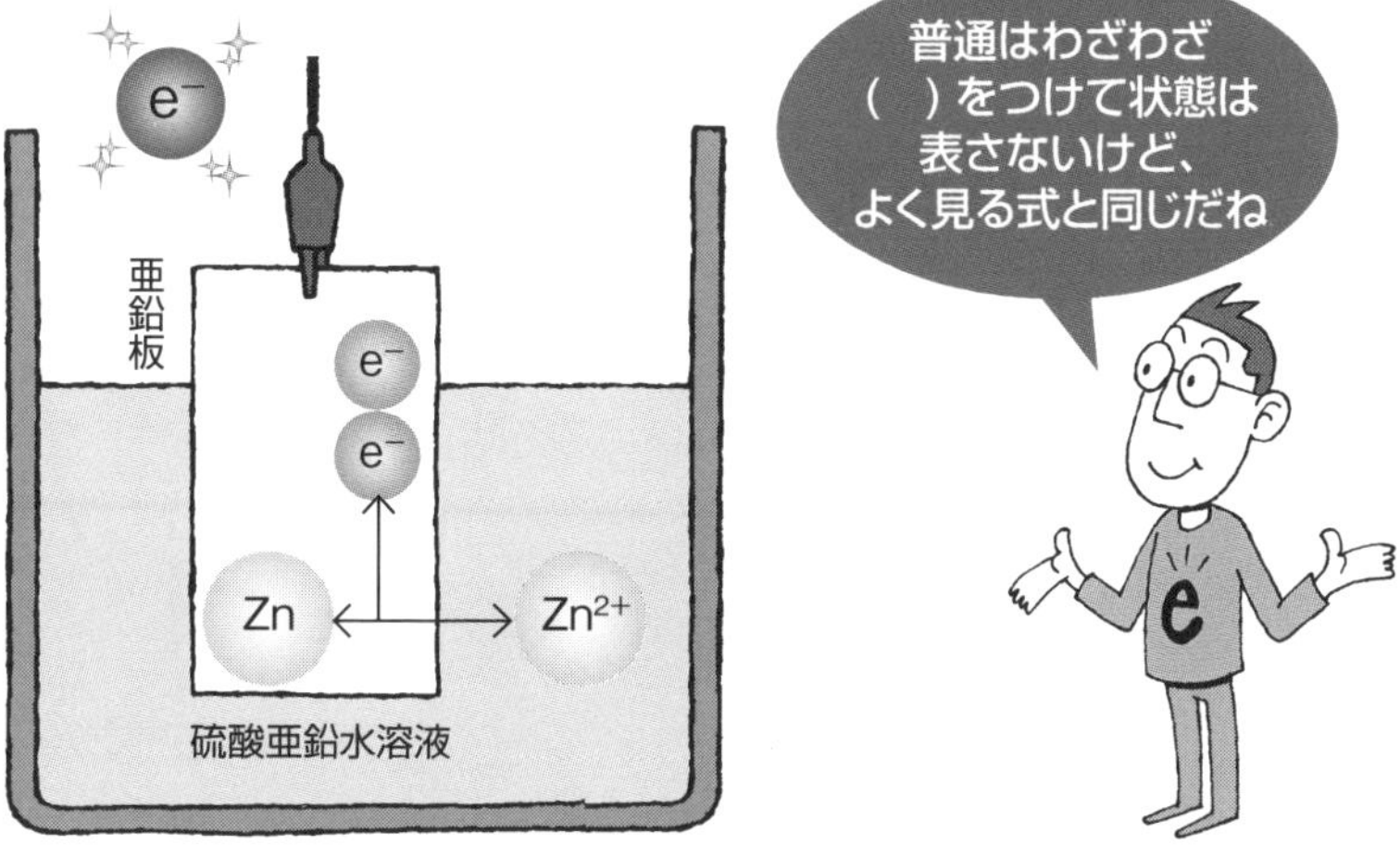

e⁻
亜鉛板
e⁻
e⁻
Zn
Zn²⁺
硫酸亜鉛水溶液
普通はわざわざ
（　）をつけて状態は
表さないけど、
よく見る式と同じだね

【亜鉛板と硫酸亜鉛水溶液の界面で】

Zn^{2+}（水溶液）$=Zn^{2+}$（亜鉛板）　(1-1)

【亜鉛板の中で】

Zn^{2+}（亜鉛板）$+2e^-$（亜鉛板）$=$Zn（亜鉛板）　(1-2)

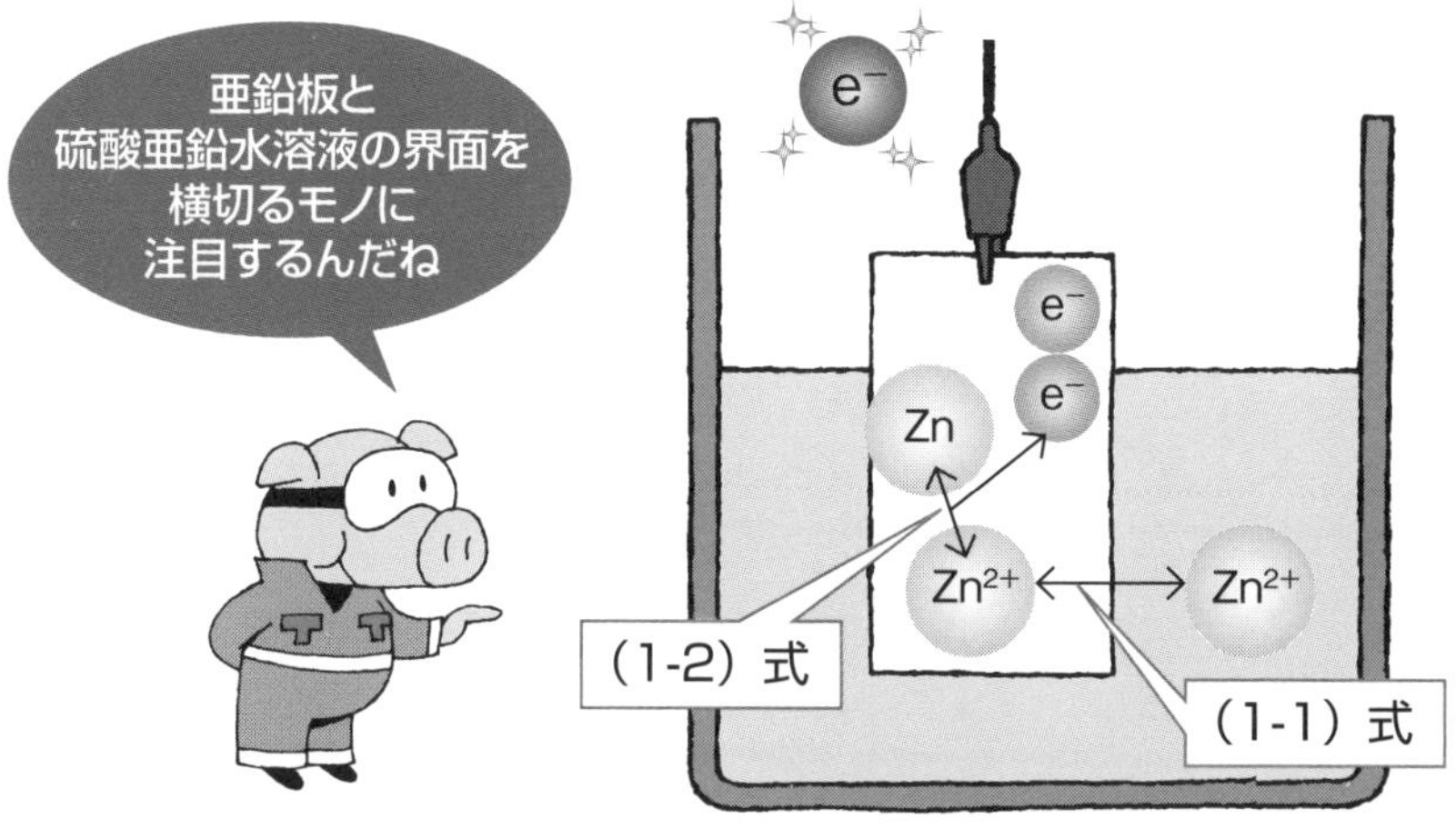

亜鉛板と
硫酸亜鉛水溶液の界面を
横切るモノに
注目するんだね
e⁻
e⁻
e⁻
Zn
Zn²⁺
Zn²⁺
(1-2) 式
(1-1) 式

30 イオンだってエネルギーで決まる

エネルギー準位の高い方から低い方へ移動する

次の（2）式で表される銅の酸化還元反応も同じように、（2-1）式と（2-2）式に分けて考えます。

Cu^{2+}（水溶液）+2e^-（銅板）＝Cu（銅板）　（2）

【銅板と硫酸銅水溶液の界面で】

Cu^{2+}（水溶液）＝Cu^{2+}（銅板）　（2−1）

【銅板の中で】

Cu^{2+}（銅板）＋2e^-（銅板）＝Cu（銅板）　（2−2）

ダニエル電池の開回路状態では、（2−1）式が釣り合っているとみなします。そのとき、銅板中の銅イオンのエネルギー準位と水溶液中の水和銅イオンのエネルギー準位が等しいとするのです。銅イオンが、金属銅の中にいても、水溶液中にいても、居心地の良さは同じになって、見かけ上、イオンの移動は起こりません。

Cu^{2+}（水溶液）のエネルギー準位が、Cu^{2+}（銅板）のエネルギー準位よりも高ければ、（2−1）式の釣り合いが破れて、界面を横切って、

Cu^{2+}（水溶液）→Cu^{2+}（銅板）

の移動が起こると考えます。そして、いったん金属銅中の銅イオンができると、すぐさま銅板中で（2−2）式の反応が右向きに、

Cu^{2+}（銅板）＋2e^-（銅板）→Cu（銅板）

が起こると考えて、結局、全体として、

Cu^{2+}（水溶液）+2e^-（銅板）→Cu（銅板）

が起こります。これは、金属銅の析出です。

逆に、Cu^{2+}（水溶液）のエネルギー準位が、Cu^{2+}（銅板）のエネルギー準位よりも低ければ、界面を横切って、

Cu^{2+}（銅板）→Cu^{2+}（水溶液）

の移動が起こります。そして、銅板中では、Cu^{2+}（銅板）が移動してなくなっていきますが、移動と同時に、

Cu（銅板）→Cu^{2+}（銅板）＋2e^-（銅板）

が起こると考えるので、全体として、

Cu（銅板）→Cu^{2+}（水溶液）＋2e^-（銅板）

が起こります。これは金属銅の溶解にあたります。

要点BOX

- 電極と水溶液中の金属イオンのエネルギー準位の高低で決まる
- 開回路状態では釣り合っている

金属の中に陽イオンを考える

【銅板と硫酸銅水溶液の界面で】

Cu^{2+}（水溶液）$=Cu^{2+}$（銅板）　　(2-1)

【銅板の中で】

Cu^{2+}（銅板）$+2e^-$（銅板）$=Cu$（銅板）　　(2-2)

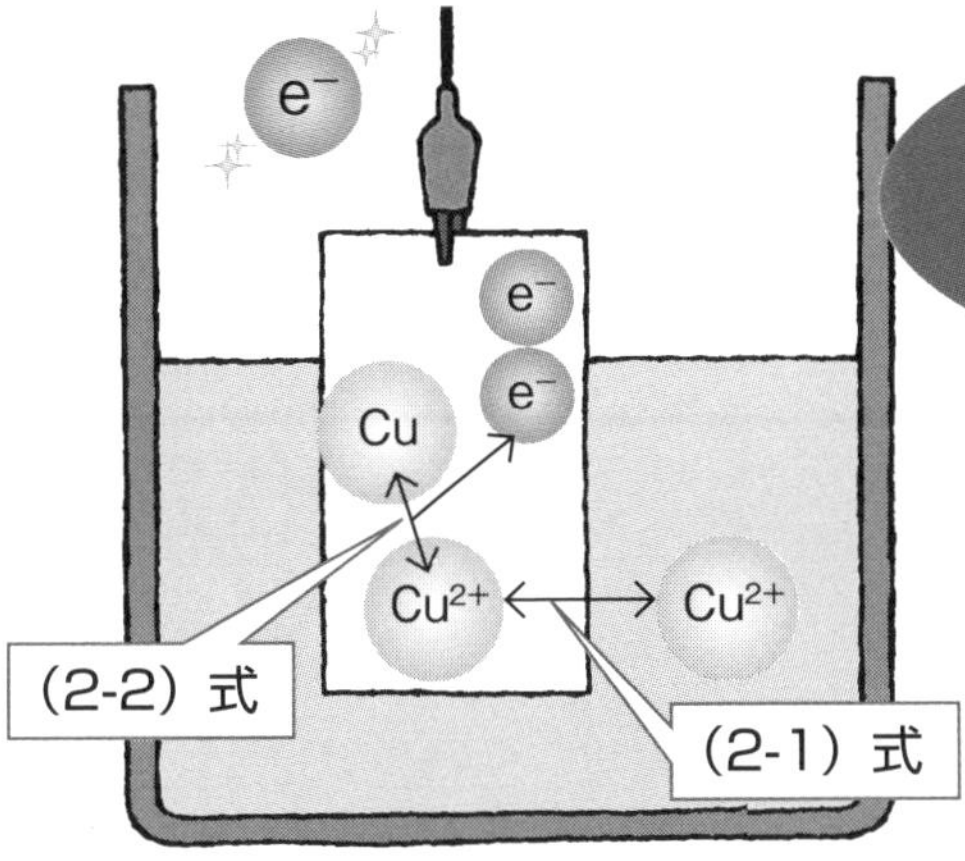

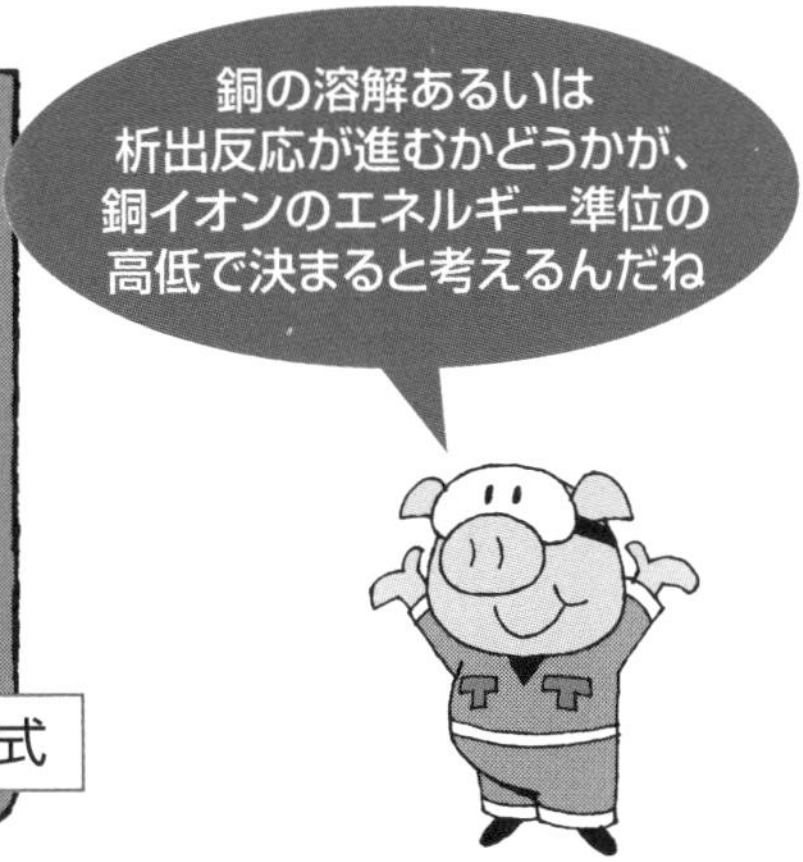

銅イオンのエネルギーの高低で、イオンの移動の向きが決まる

Cu^{2+}（水溶液）のエネルギー準位 ＞ Cu^{2+}（銅板）のエネルギー準位		Cu^{2+}（水溶液）のエネルギー準位 ＜ Cu^{2+}（銅板）のエネルギー準位
Cu^{2+}（水溶液）→ Cu^{2+}（銅板）	界面	Cu^{2+}（銅板）→ Cu^{2+}（水溶液）
Cu^{2+}(銅板)$+2e^-$(銅板)→Cu(銅板)	銅板	Cu(銅板)→Cu^{2+}(銅板)$+2e^-$(銅板)

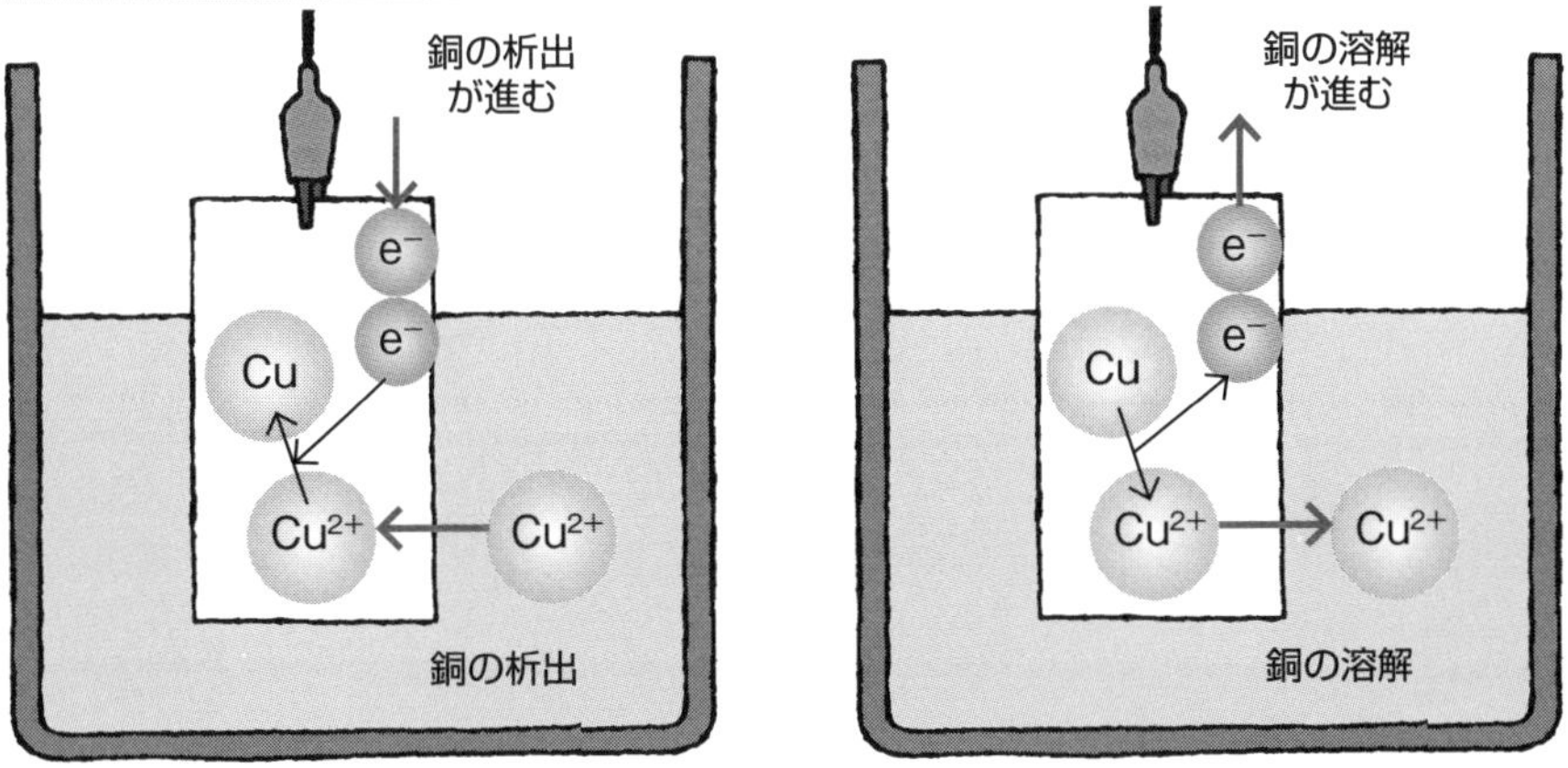

31 金属中の陽イオンと電子のエネルギー準位の絶妙なバランス

エネルギーダイアグラムが便利

銅板の中で起こっていると考える（2-2）式は、直接、銅イオンの移動の向きを決めるのではありません。

【銅板の中で】

Cu^{2+}（銅板）＋$2e^{-}$（銅板）＝Cu（銅板）　（2-2）

銅板は、銅原子の集まりで、銅原子は+2価の銅イオンと2個の電子からできていると見なして、（2-2）式が、いつも成り立っていると考えます。

この等式は、エネルギーの立場から見たときに、重要です。銅板中の銅イオン、電子、銅原子のエネルギー準位を考えたとき、それらのエネルギー準位の間に、（2-2）式に対応する関係がつねに成り立っていると考えるのです。すなわち、銅板の中では

［Cu^{2+}（銅板）のエネルギー準位］＋2×［e^{-}（銅板）のエネルギー準位］＝［Cu（銅板）のエネルギー準位］

がいつでも成り立っていると考えるのです。

この3つのエネルギー準位のうち、Cu（銅板）のエネルギー準位だけは変化しません。電子も銅イオンも、電荷を持っているので、銅板の帯電状態によって、そのエネルギー準位が変化します。Cu（銅板）は、電気的に中性なので、帯電の影響を受けずに、一定値になります。

（2-1）式と（2-2）式を、ある基準からのエネルギー準位を縦軸にとったエネルギーダイアグラムで表してみます。ダニエル電池の開回路状態では、見かけ上、溶解も析出も起こりません。これらのエネルギー準位はマイナスの値をとることに注意してください。それを下向きの矢印で表しています。左側の3つの矢印が、（2-2）式の等式を示しています。そして、右の2つの太い矢印が（2-1）式を示しています。いま何も起こっていないので、（2-1）式に対応する等式がエネルギー準位に関しても成り立つことを示しています。ここで、水溶液中の銅イオンの状態は、硫酸銅水溶液中の銅イオンの濃度で決まるので、Cu^{2+}（水溶液）のエネルギー準位は一定値となります。

要点BOX

- ●銅原子と水和銅イオンのエネルギー準位は変わらない
- ●銅原子は銅イオンと電子で釣り合う

金属では、原子と陽イオンと電子のエネルギーが釣り合っている

【銅板の中で】
Cu^{2+}（銅板）$+2e^-$（銅板）$=Cu$（銅板） (2-2)

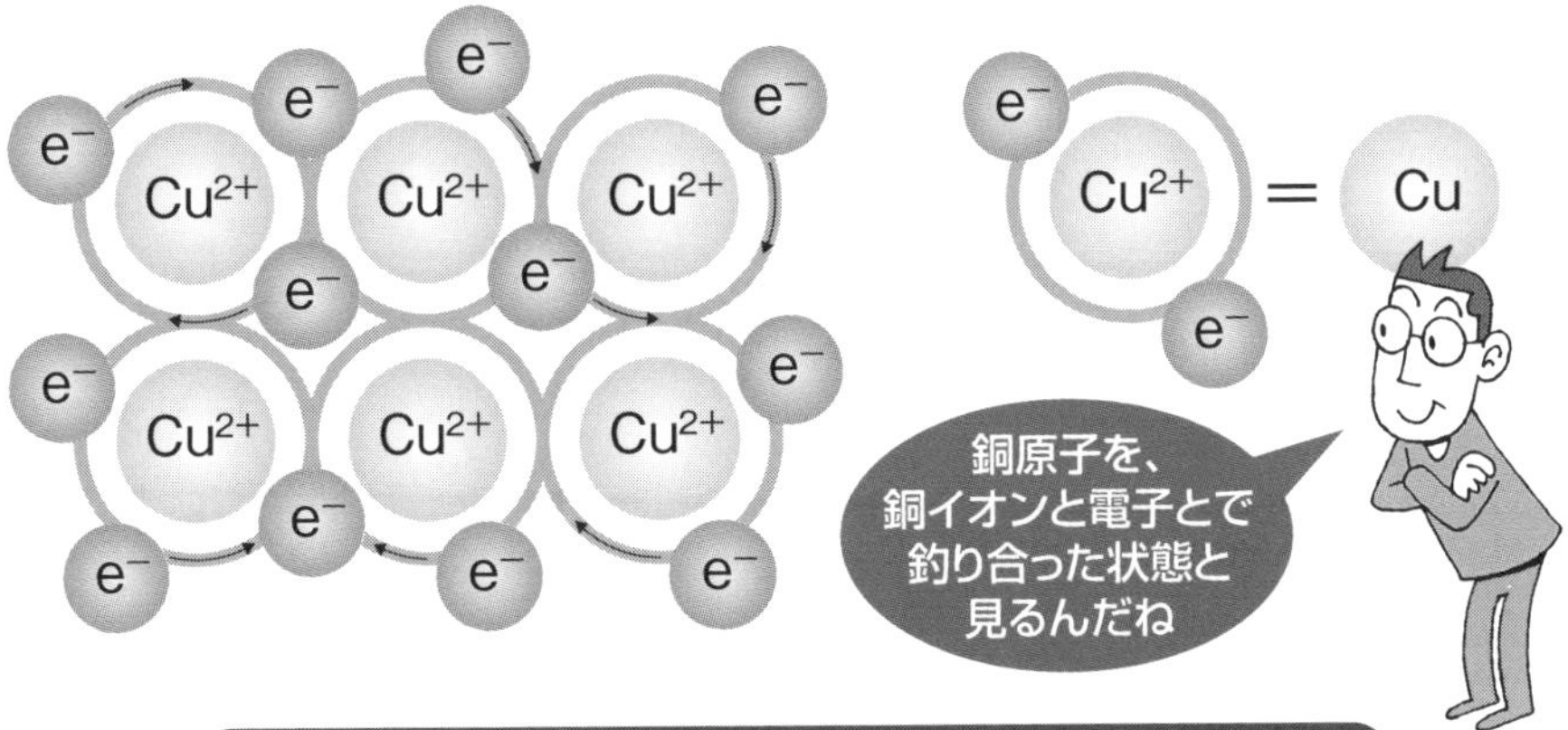

Cu2+
e−
Cu
=
銅原子を、
銅イオンと電子とで
釣り合った状態と
見るんだね

開回路状態における銅の反応のエネルギーダイアグラム

【銅板と硫酸銅水溶液の界面で】
Cu^{2+}（水溶液）$=Cu^{2+}$（銅板） (2-1)
【銅板の中で】
Cu^{2+}（銅板）$+2e^-$（銅板）$=Cu$（銅板） (2-2)

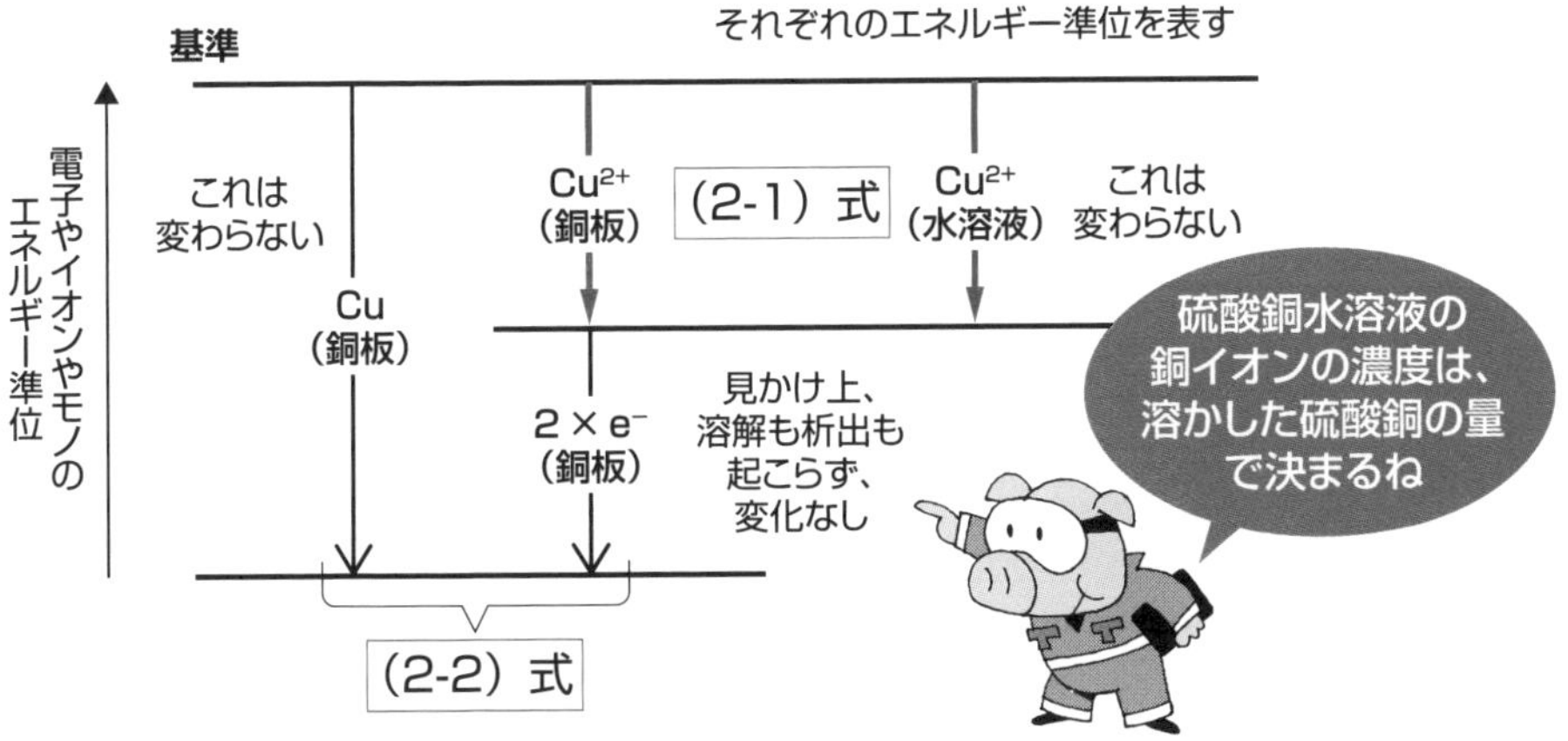

基準
それぞれのエネルギー準位を表す
電子やイオンやモノのエネルギー準位
これは変わらない
Cu（銅板）
Cu2+（銅板）
（2-1）式
Cu2+（水溶液）
これは変わらない
2×e−（銅板）
見かけ上、溶解も析出も起こらず、変化なし
（2-2）式
硫酸銅水溶液の銅イオンの濃度は、溶かした硫酸銅の量で決まるね

[Cu^{2+}（銅板）のエネルギー準位]+2×[e^-（銅板）のエネルギー準位]
=[Cu(銅板)のエネルギー準位]

32 金属中の電子でイオンの状態を変える

金属中の陽イオンのエネルギー準位が変わる

銅板の電子のエネルギー準位を変えたときに、何が起こるかを考えましょう。

まず、e^-（銅板）のエネルギー準位が、開回路状態よりも高くなったとしましょう。これは、放電に対応して、銅板の電位は、低くなります。(2-2)式において、Cu(銅板)のエネルギー準位はつねに一定なので、e^-(銅板)のエネルギー準位が上がれば、Cu^{2+}(銅板)のエネルギー準位は下がります。一方、Cu^{2+}(水溶液)のエネルギー準位は変わらないので、Cu^{2+}(銅板)のエネルギー準位が下がると、開回路状態では等しかったCu^{2+}(水溶液)とCu^{2+}(銅板)の釣り合いが崩れて、エネルギー準位として、Cu^{2+}(水溶液) > Cu^{2+}(銅板)となります。これは、水溶液中の水和銅イオンが電極と電解液の界面を横切って移動して金属中の銅イオンになることを意味します。銅が析出する還元反応が起こるのでした。

次は、銅板の電子e^-(銅板)のエネルギー準位を、開回路状態よりも低くしましょう。これは、充電に対応して、銅板の電位は、高くなります。Cu(銅板)のエネルギー準位はつねに一定なので、e^-(銅板)のエネルギー準位が下がれば、Cu^{2+}(銅板)のエネルギー準位が上がります。一方、Cu^{2+}(水溶液)のエネルギー準位は変わらないので、Cu^{2+}(銅板)のエネルギー準位が上がると、開回路状態で等しかったCu^{2+}(水溶液)とCu^{2+}(銅板)の釣り合いが崩れて、Cu^{2+}(銅板) > Cu^{2+}(水溶液)となります。これは、金属銅中の銅イオンが電極と電解液の界面を横切って、水溶液中に水和銅イオンになることを意味します。つまり、銅が溶解する酸化反応が起こるのです。

このように、銅板の電子のエネルギー準位が変化することが、Cu^{2+}(銅板)のエネルギー準位を変えることになり、その結果、Cu^{2+}(水溶液)のエネルギー準位との釣り合いが崩れて、銅イオンが界面をどちらか一方向に移動することになるのです。

要点BOX
- ●電子のエネルギー準位は金属中のイオンのエネルギー準位を変える
- ●釣り合いが崩れて反応が進む

銅板の電子のエネルギー準位の変化

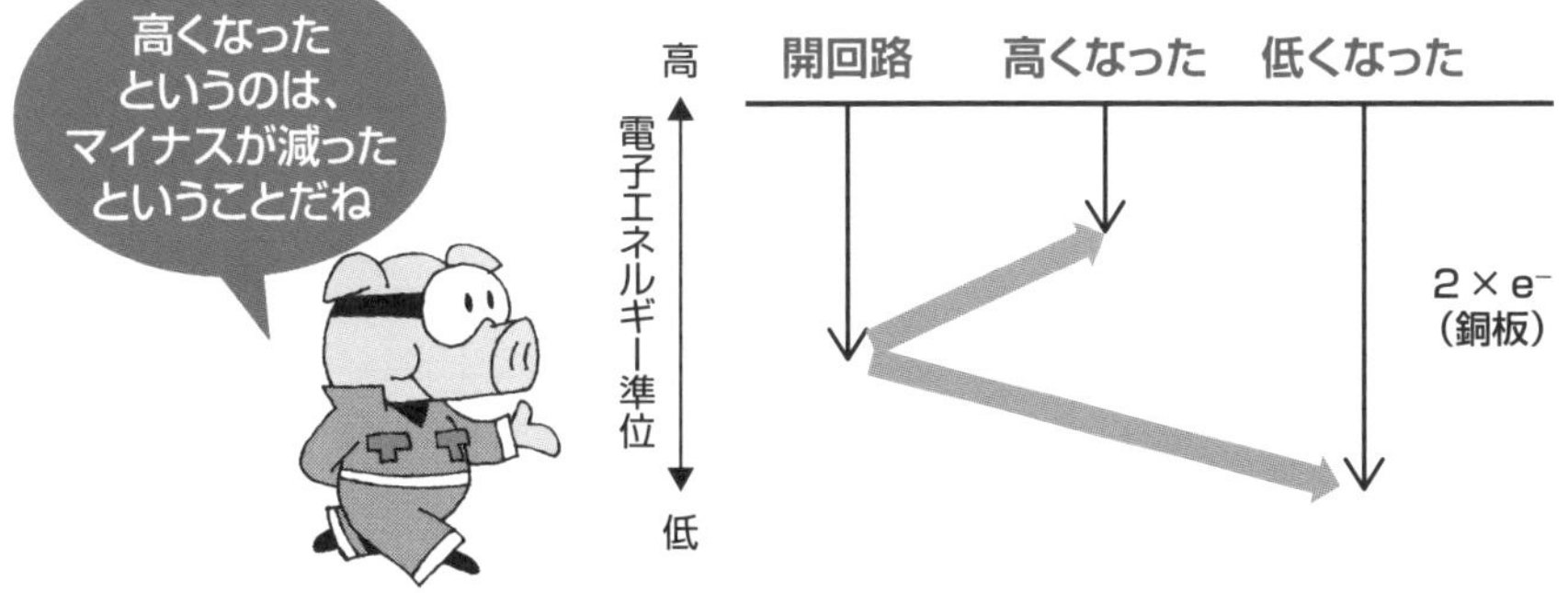

銅板の電子のエネルギー準位が高くなったとき

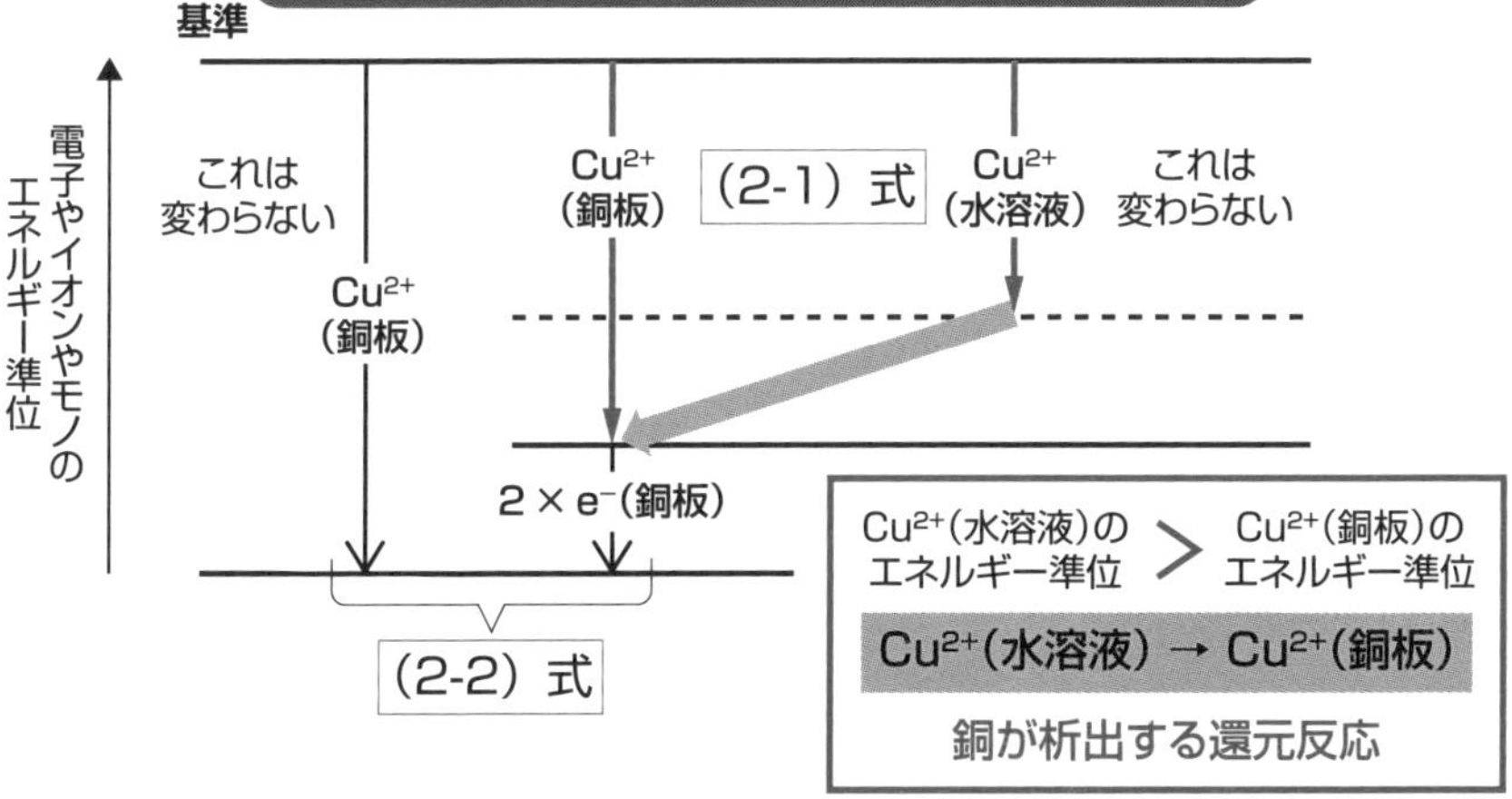

銅板の電子のエネルギー準位が低くなったとき

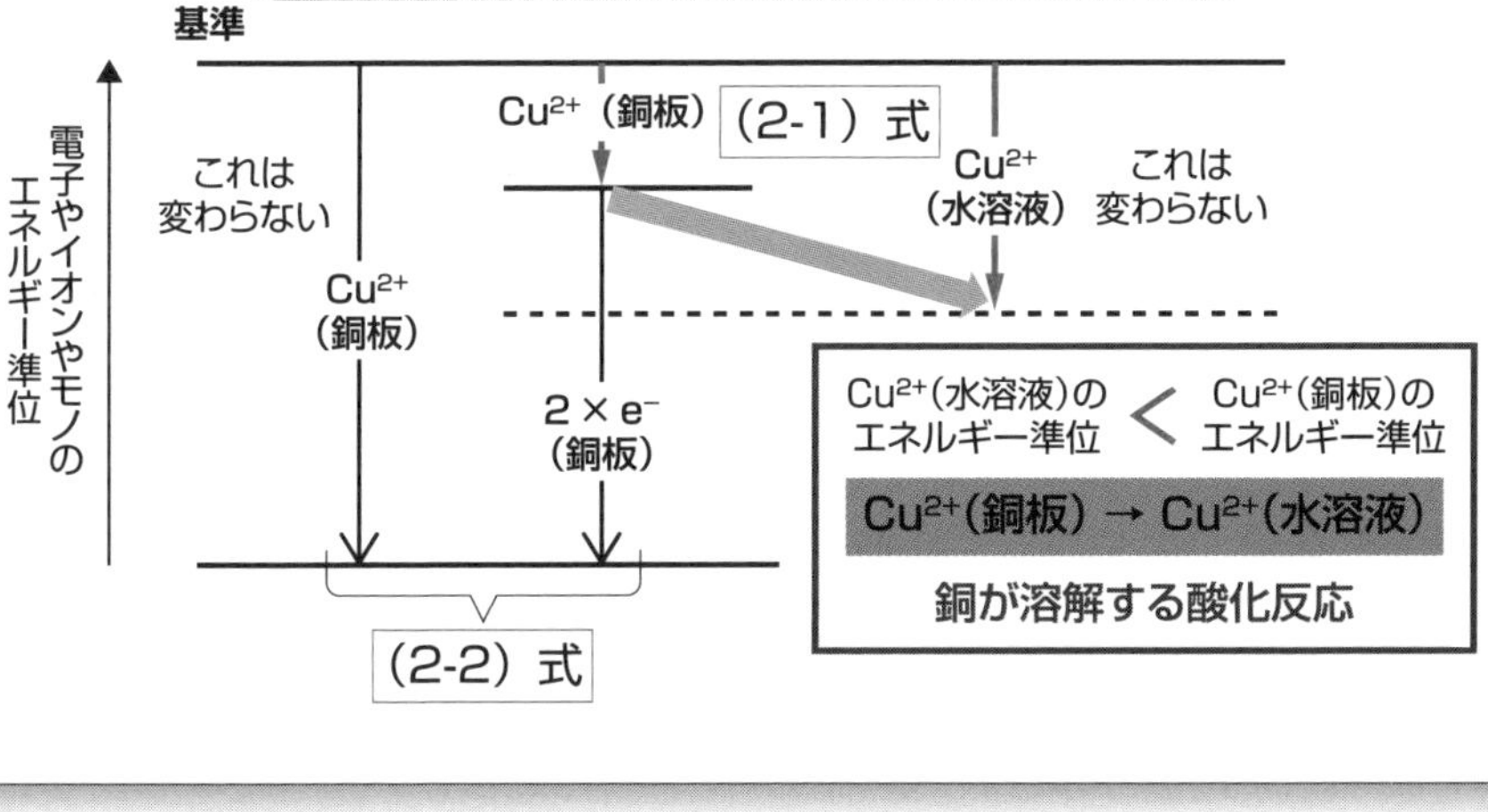

33 エネルギーのトレードオフ

金属内では、つねにエネルギーが釣り合っている

金属の銅板中では、

$$Cu^{2+}(\text{銅板}) + 2e^{-}(\text{銅板}) = Cu(\text{銅板}) \quad (2\text{-}2)$$

がつねに成り立つので、電池を放電している場合に、銅イオンが硫酸銅水溶液側から金属銅側に移動してくれば、すぐさま電池の反対極の亜鉛板側から電子が供給されて（亜鉛板側は酸化反応が進行しています）、金属銅になる還元反応が起こります。つまり、反対側の亜鉛板側で酸化反応が進行すれば、銅板側では還元反応が継続して進行できます。

左に、ダニエル電池の開回路状態と放電させるために短絡させた状態の電子と亜鉛イオンおよび銅イオンのエネルギー準位のプロフィールを描きました。金属中の電子と陽イオンのエネルギー準位の変化の関係がよくわかるように、それらは横並びで別々に描きました。水溶液は内側に描いてあり、真ん中で、素焼き板で区切られています。素焼き板で区切られている硫酸銅水溶液と硫酸亜鉛水溶液では、それぞれ銅イオンと亜鉛イオンがありますが、それらのエネルギーは当然異なっています。しかし、それらの水溶液でのエネルギーは濃度で決まるので、少しくらい放電しても変わりません。

開回路状態では、電極と電解液界面において、イオンのエネルギーが釣り合っています。そこから、亜鉛板と銅板の電子のエネルギー準位が決まり、その差が電池の起電力になります。

短絡させると、亜鉛板の電子のエネルギー準位は下がり、銅板の電位のエネルギー準位は上がって、等しくなります。電子伝導体をつなげたからです。それに伴って、亜鉛板中の亜鉛イオンのエネルギーは、亜鉛板の電子のエネルギー準位が下がった分に等しく上がり、銅板中の銅イオンのエネルギーは、銅板の電子のエネルギー準位が上がった分に等しく下がります。その結果、界面での釣り合いが壊れて、イオンが界面を移動することになります。これが放電なのです。

要点BOX

- ●電子のエネルギー準位が上がるとイオンのエネルギー準位は下がる
- ●電子伝導体の接続がイオンの準位を変える

開回路状態と短絡状態の電子と陽イオンのエネルギー準位のプロフィール

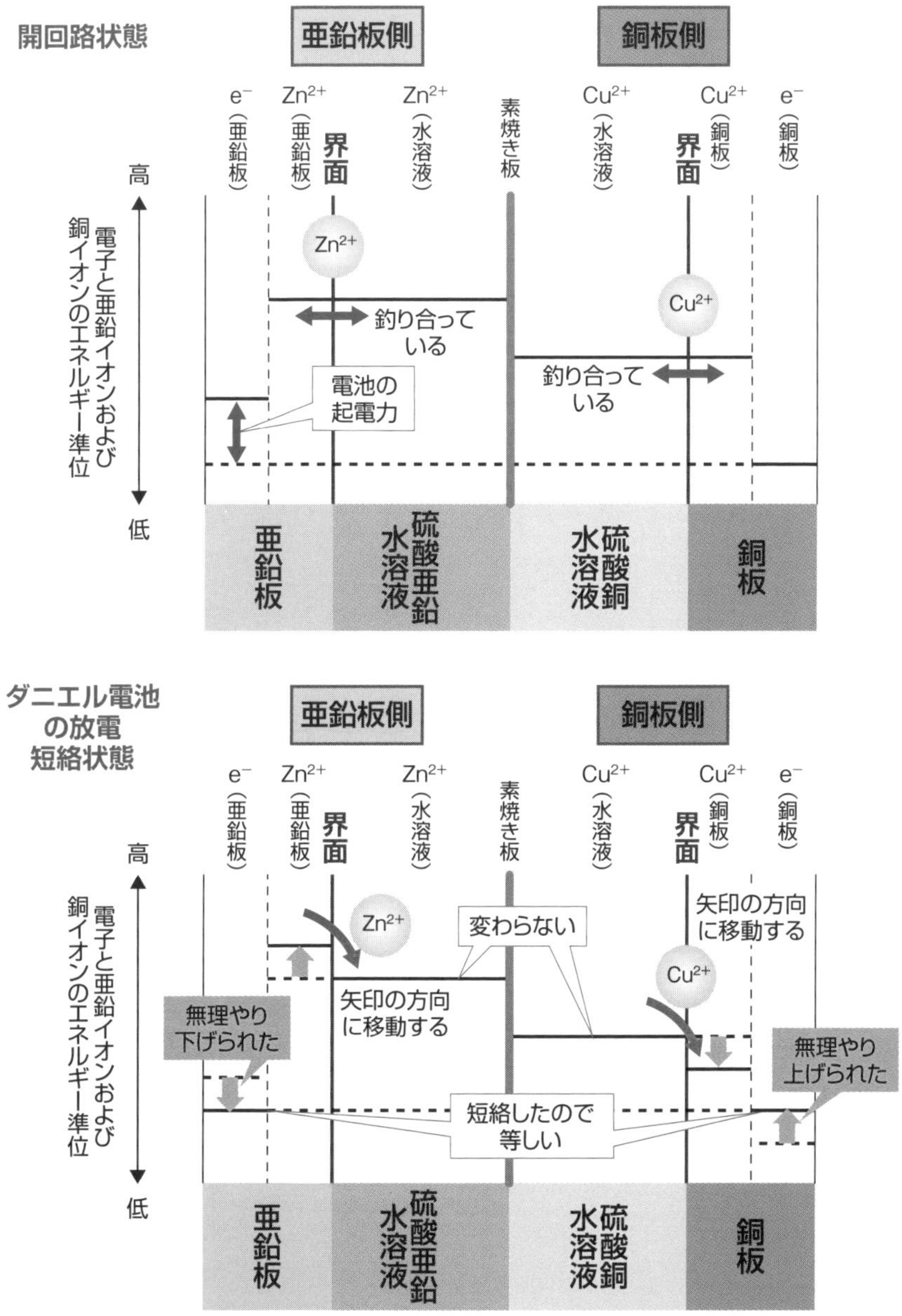

Zn^{2+}（亜鉛板）$+2e^-$（亜鉛板）$=Zn$（亜鉛板）がつねに成立

Cu^{2+}（銅板）$+2e^-$（銅板）$=Cu$（銅板）がつねに成立

34 イオンがどっちに行くかが決め手

電位を変えると反応の変化の方向が決まる

左に、ダニエル電池を放電あるいは充電したときの、亜鉛板と銅板のそれぞれの電子のエネルギー準位の変化と、それに対応して進む反応をまとめました。前ページと同じように、金属中の電子と陽イオンのエネルギー準位の変化の関係がよくわかるように横並びで別々に描きましたが、亜鉛と銅を別々に描いたので、金属を左側に合わせました。金属の電子のエネルギーの変化が、金属と水溶液中の陽イオンのエネルギーの高低に及ぼす影響をよく理解してください。

これらを見ると、放電していても、充電していても、亜鉛板や銅板中の電子のエネルギー準位が下がったときは酸化反応が起こり、逆に、上がったときは還元反応が起こることがわかります。放電の場合には、亜鉛板の電子のエネルギー準位が下げられるため酸化反応が起こり、銅板の電子のエネルギー準位が上がるため還元反応が起こります。逆に充電の場合には、亜鉛板の電子のエネルギー準位が上げられるため還元反応が起き、銅板の電子のエネルギー準位が下げられるため酸化反応が起こります。つまり、金属の溶解と析出が起こる反応に対して、金属中の電子のエネルギー準位の変化とそれに対応して進む反応を一般化できるのです。

金属中の電位のエネルギー準位は、電位と対応していました。電位で言い換えると、**金属の電極の電位を上げると酸化反応が進み、電位を下げると還元反応が進む**といえるのです。

なお、ダニエル電池を充電した場合の図も描いていますが、実際のダニエル電池は、うまく充電できません。うまくというのは、銅イオンの溶解と亜鉛の析出だけが起こるのが充電になりますが、水素発生などの他の反応も伴ってしまうので、充電してももとの状態に戻らないためです。ここでは、そのような別の反応は考えずに、充電時にも、亜鉛の析出と銅の溶解反応のみが起こると仮定して描いています。

要点BOX

- ●金属の電極の電位を下げると還元反応が進み、電位を上げると酸化反応が進む
- ●ダニエル電池はうまく充電できない

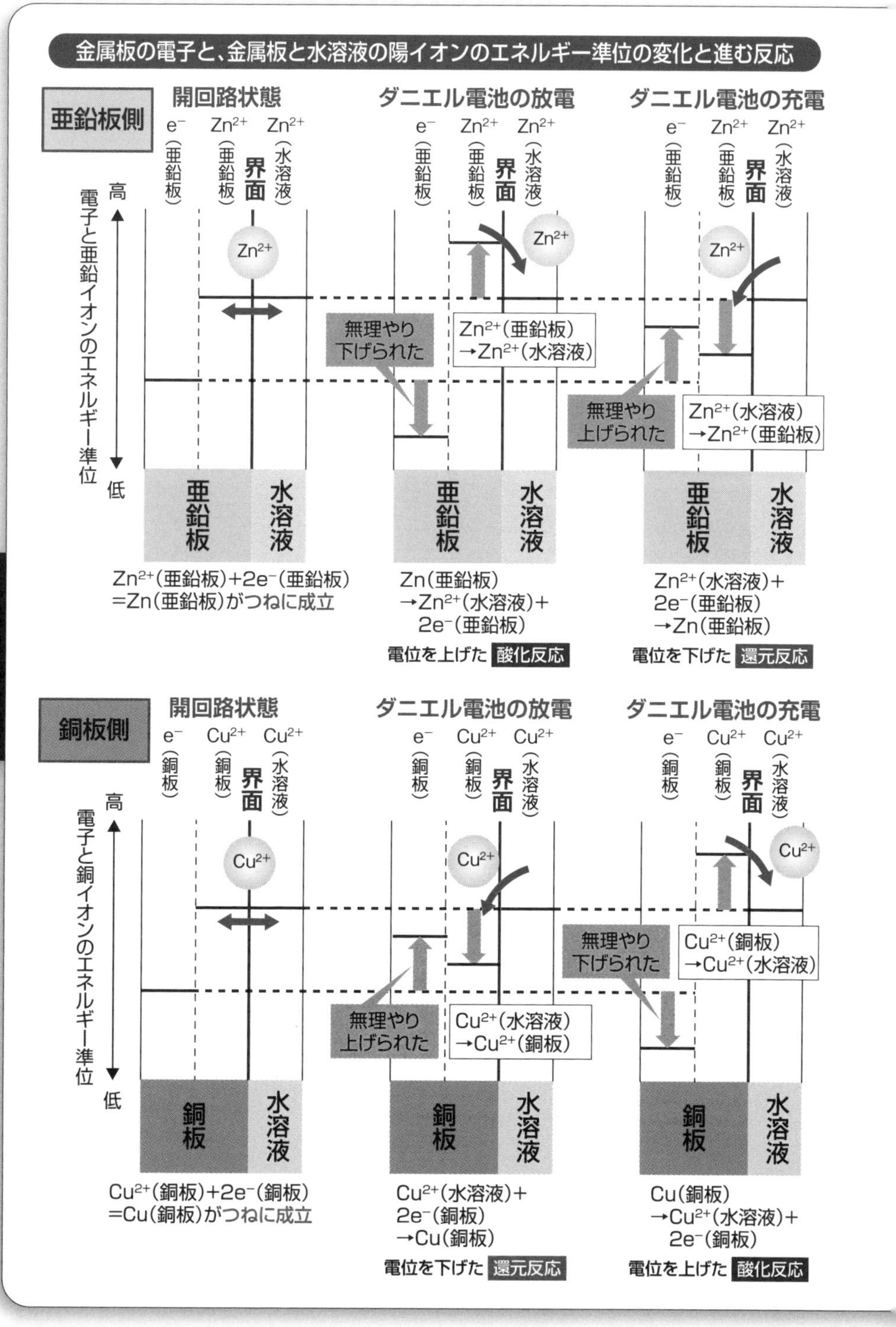
金属板の電子と、金属板と水溶液の陽イオンのエネルギー準位の変化と進む反応
亜鉛板側
開回路状態
ダニエル電池の放電
ダニエル電池の充電
e^-（亜鉛板）
Zn^{2+}（亜鉛板）
界面
Zn^{2+}（水溶液）
高
低
電子と亜鉛イオンのエネルギー準位
Zn^{2+}
無理やり下げられた
Zn^{2+}（亜鉛板）→Zn^{2+}（水溶液）
無理やり上げられた
Zn^{2+}（水溶液）→Zn^{2+}（亜鉛板）
亜鉛板
水溶液
Zn^{2+}（亜鉛板）+$2e^-$（亜鉛板）=Zn（亜鉛板）がつねに成立
Zn（亜鉛板）→Zn^{2+}（水溶液）+$2e^-$（亜鉛板）
電位を上げた 酸化反応
Zn^{2+}（水溶液）+$2e^-$（亜鉛板）→Zn（亜鉛板）
電位を下げた 還元反応
銅板側
開回路状態
ダニエル電池の放電
ダニエル電池の充電
e^-（銅板）
Cu^{2+}（銅板）
界面
Cu^{2+}（水溶液）
高
低
電子と銅イオンのエネルギー準位
Cu^{2+}
無理やり上げられた
Cu^{2+}（水溶液）→Cu^{2+}（銅板）
無理やり下げられた
Cu^{2+}（銅板）→Cu^{2+}（水溶液）
銅板
水溶液
Cu^{2+}（銅板）+$2e^-$（銅板）=Cu（銅板）がつねに成立
Cu^{2+}（水溶液）+$2e^-$（銅板）→Cu（銅板）
電位を下げた 還元反応
Cu（銅板）→Cu^{2+}（水溶液）+$2e^-$（銅板）
電位を上げた 酸化反応

35 水素酸素燃料電池は何が界面を横切るの？

電極の白金板そのものは反応しない

金属の溶解と析出を伴う反応では、電極と電解液の界面を金属の陽イオンが横切ると考えて、その電気化学的な挙動が理解できることがわかりました。しかし、電気化学の反応は、界面を陽イオンが横切る反応ばかりではありません。

例えば、水素を燃料として、水素イオンを通す高分子膜をイオン伝導体として用いる固体高分子形燃料電池の全反応は、

H_2(気体) + 1/2 O_2（気体）= H_2O(液体)　(6)

ですが、放電するとき、マイナス極では水素の酸化反応として、

H_2(気体)→ $2H^+$(水溶液) + $2e^-$（白金板ーH_2)

プラス極では酸素の還元反応として、

1/2 O_2(気体)+ $2H^+$(水溶液)+ $2e^-$(白金板ーO_2)

→ H_2O（液体)

が起こります。電気エネルギーを取り出すために電子伝導体は必要ですが、これらの反応では、金属の溶解や析出を伴っていません。このような場合は、何が界面を横切っているとみなせばよいか考えてみましょう。

酸性水溶液を用いた水素酸素燃料電池を作ってみましょう。まず、希硫酸などの酸性水溶液を、水素イオンを通す高分子の膜で2つに区切って、それぞれに不溶性の金属として（金属そのものは溶けたり反応しない）白金板を浸漬します。そして、一方に水素ガスを、もう一方に酸素ガスをバブリングします。それぞれのガスは水溶液に溶解して溶存ガスになり、その溶存ガスが反応することになります。

開回路状態では、それぞれの白金板上で次の(7)式と(8)式が釣り合って、理論的には、1・23Vの起電力を示します。水素極側の電位が低くて、酸素極側の電位が高くなります。

$2H^+$(水溶液)+ $2e^-$(白金板ーH_2) = H_2（気体)(7)

1/2 O_2(気体)+ $2H^+$(水溶液)+ $2e^-$(白金板ーO_2)

→ H_2O(液体)　(8)

要点BOX

- ●界面をイオンが横切る反応ばかりではない
- ●水素酸素燃料電池は水素イオンを通す高分子の膜を使う

酸性水溶液を用いた水素酸素燃料電池の開回路状態

自発的に進む全反応

H_2（気体）＋ $\frac{1}{2}O_2$（気体）＝ H_2O（液体）

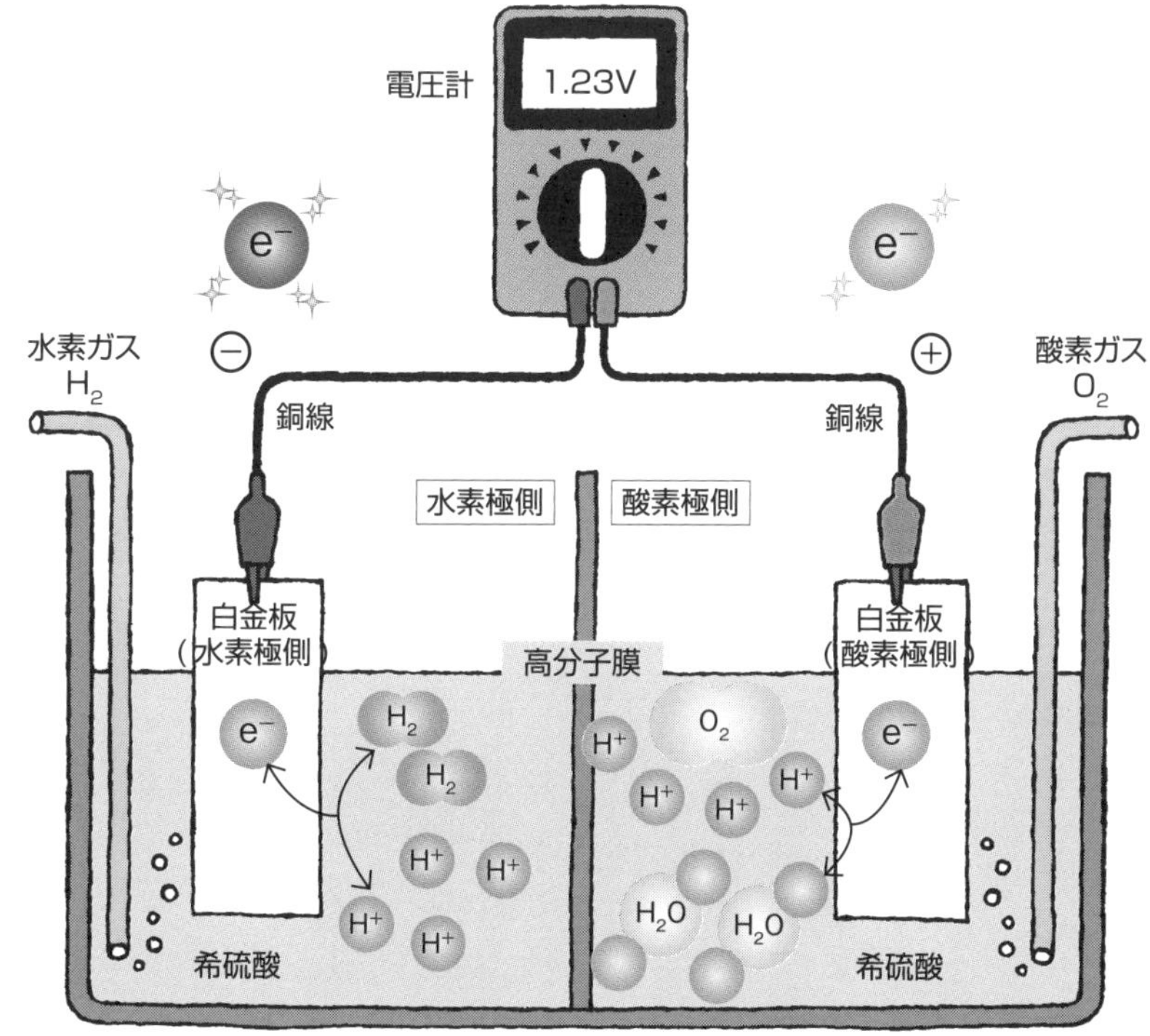

$2H^+$（水溶液）＋ $2e^-$（白金板|H_2）
＝ H_2（気体）

$\frac{1}{2}O_2$（気体）＋ $2H^+$（水溶液）
＋ $2e^-$（白金板|O_2）
＝ H_2O（液体）

36 界面を横切るのは電子だった

イオンか、電子か、それが問題だ

水素酸素燃料電池を電子のエネルギー準位という立場から見れば、水素極側の白金板内の電子のエネルギー準位が、酸素極側の白金内の電子のエネルギー準位よりも1・23eVだけ高くなっています。

これも電池なので、もちろん電気機器を接続して電気エネルギーを取り出すこともできるし、外部から1・23V以上の電圧かかければ、充電（この場合は水の電気分解）することもできます。

それでは、この燃料電池の水素極の反応を例として電気化学の見方を見ていきましょう。電気化学では、（7）式の水素極の酸化還元反応を、次の（7−1）式と（7−2）式に分けて考えます。

$2H^+$（水溶液）＋ $2e^-$（H^+/H_2）＝ H_2（気体）　（7−1）

e^-（H^+/H_2）＝ e^-（白金板－H_2）　（7−2）

まず、硫酸水溶液中で（7−1）式の水素の酸化還元反応が起こっていると考えます。その反応に関与する電子を、e^-（H^+/H_2）と表していますが、これが硫酸水溶液中にあるとみなします。一方、e^-（白金板－H_2）は硫酸水溶液に浸漬された白金板中の電子を表しています。そして、白金板を水素極の反応が起こっている硫酸水溶液に浸漬すると、電子が白金板と硫酸水溶液の界面を横切って移動するとみなすのです。それが（7−2）式になります。先ほどの金属の溶解や析出反応では、金属陽イオンが界面を横切るとみなしていましたが、**水素極の反応では、電子が界面を横切るとみなす**のです。

これで、電極と電解液の界面を横切るモノとして、イオンと電子があることがわかりました。もちろん、反応によっては、陽イオンではなくて、陰イオンが横切ることもありますが、それはイオンが横切るとみなせます。つまり、界面を横切るモノとしては、イオンと電子以外にはありません。世の中に、酸化還元反応は無限にありますが、界面を横切るモノという観点からは、イオンか電子か、どちらかに分類されます。

要点BOX

- 反応に関与する電子を水溶液中に考える
- 水素極の反応では電子が界面を横切る
- 界面を横切るのはイオンと電子

水素極の反応をこう見る

よく見る式　$2H^+ + 2e^- = H_2$

$2H^+$(水溶液)+ $2e^-$(白金板 | H_2)=H_2(気体)　(7)

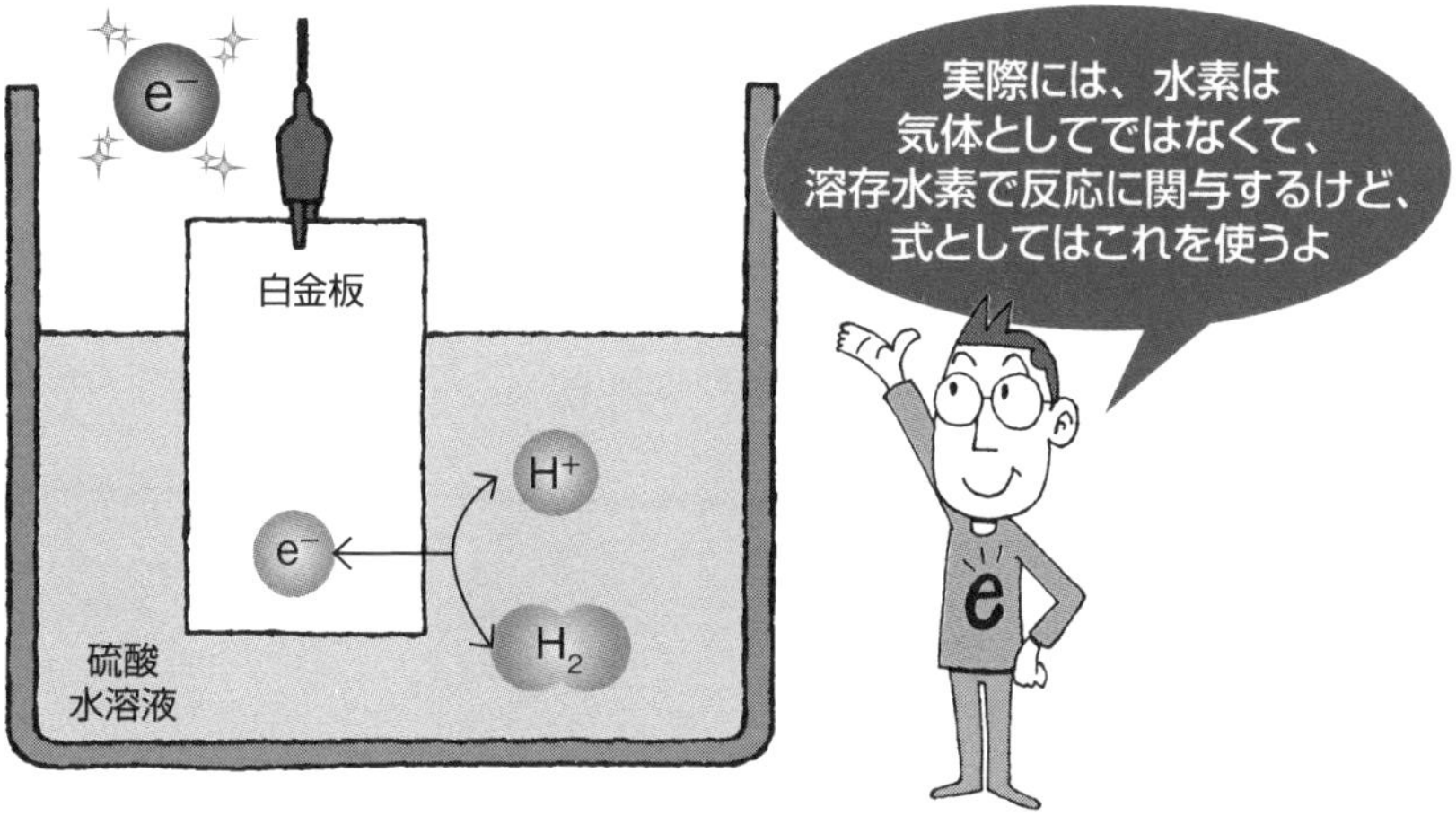

e^-
白金板
H^+
e^-
H_2
硫酸
水溶液
実際には、水素は
気体としてではなくて、
溶存水素で反応に関与するけど、
式としてはこれを使うよ

【水溶液の中で】

$2H^+$（水溶液）$+2e^-$（H^+/H_2）$=H_2$（気体）　(7-1)

【白金板と硫酸水溶液の界面で】

e^-（H^+/H_2）$=e^-$（白金板 | H_2）　(7-2)

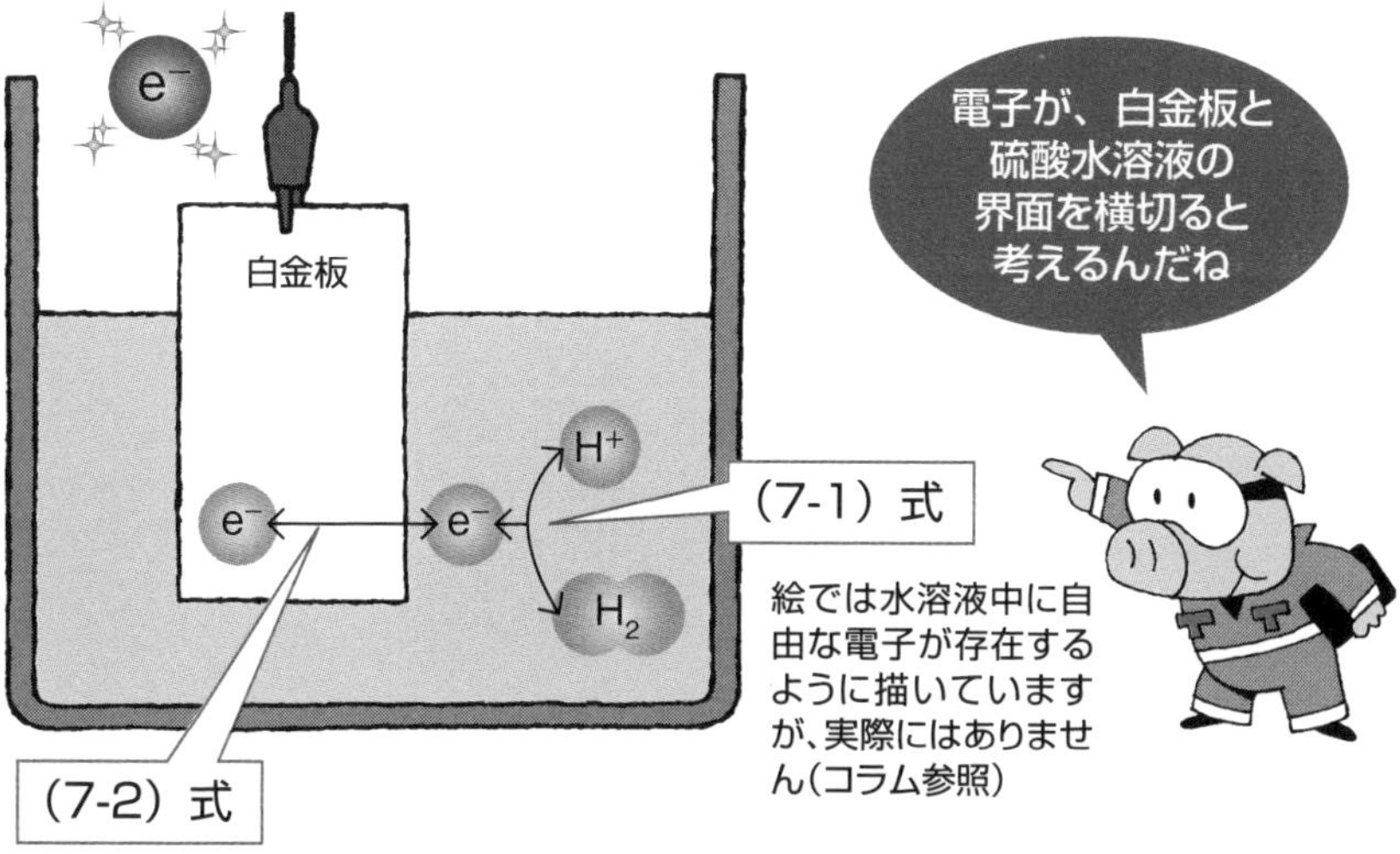

e^-
白金板
H^+
e^-
e^-
H_2
(7-1) 式
(7-2) 式
電子が、白金板と
硫酸水溶液の
界面を横切ると
考えるんだね

絵では水溶液中に自由な電子が存在するように描いていますが、実際にはありません(コラム参照)

37 電子のエネルギー準位が決まっちゃう

白金板の電子のエネルギー準位は変えられる

開回路状態の水素極の反応のエネルギーダイアグラムを考えてみましょう。

$2H^+$（水溶液）＋$2e^-$（H^+/H_2）＝H_2（気体）　（7−1）

e^-（H^+/H_2）＝e^-（白金板|H_2）　（7−2）

まず、硫酸水溶液で（7−1）式がつねに成り立っていると考えます。まず、H_2（気体）ですが、これは、電荷を持たない中性分子で、大気圧の水素ガスを吹き込んで充満させているので、H_2（気体）の状態が決まり、エネルギー準位も決まってしまいます。

次にH^+（水溶液）ですが、これも濃度は硫酸水溶液の硫酸濃度が決まれば決まります。ただし、正の電荷を持っているので、硫酸水溶液の帯電状態の影響を受けます。しかし、この影響は、電池を組んだときには、同じように帯電した硫酸水溶液を、対になる酸素極の反応と共通で使うことになり、酸素極の反応でもH^+（水溶液）が関わってくるので、電池としてみた場合にはキャンセルされて考えなくてよいことになります。したがって、H^+（水溶液）のエネルギー準位も決まってしまうとして構いません。

そうすると、等式で結ばれている3つのモノのうち、2つの状態が決まってしまうことになるので、必然的に、残り1つのe^-（H^+/H_2）の状態も決まってしまいます。つまり、e^-（H^+/H_2）のエネルギー準位が、放電や充電に関わらず、決まってしまうのです！

一方、白金板の電子e^-（白金板|H_2）のエネルギー準位は、白金板が電子伝導体なので、他の電子伝導体とつなぐことによって、上げ下げできます。これらのことから、（7−2）式で、e^-（H^+/H_2）が一定値で、e^-（白金板|H_2）を変化させることができるので、界面の電子の移動を制御できることがわかるでしょう。

界面を電子が横切る反応は、酸化還元反応が電解液側で起こります。したがって、ここでの議論は水素極の反応に限らず、界面を電子が横切るすべての反応に当てはまります。

要点BOX

- 水素のエネルギー準位は水素ガスで決まる
- 水素イオンは硫酸濃度で決まる
- 反応に関与する電子のエネルギー準位が決まる

水溶液では原子と水素イオンと電子のエネルギーが釣り合っている

【水溶液の中で】

$2H^+$（水溶液）$+2e^-$（H^+/H_2）$=H_2$（気体）　　(7-1)

【白金板と硫酸水溶液の界面で】

e^-（H^+/H_2）$=e^-$（白金板 $|H_2$）　　(7-2)

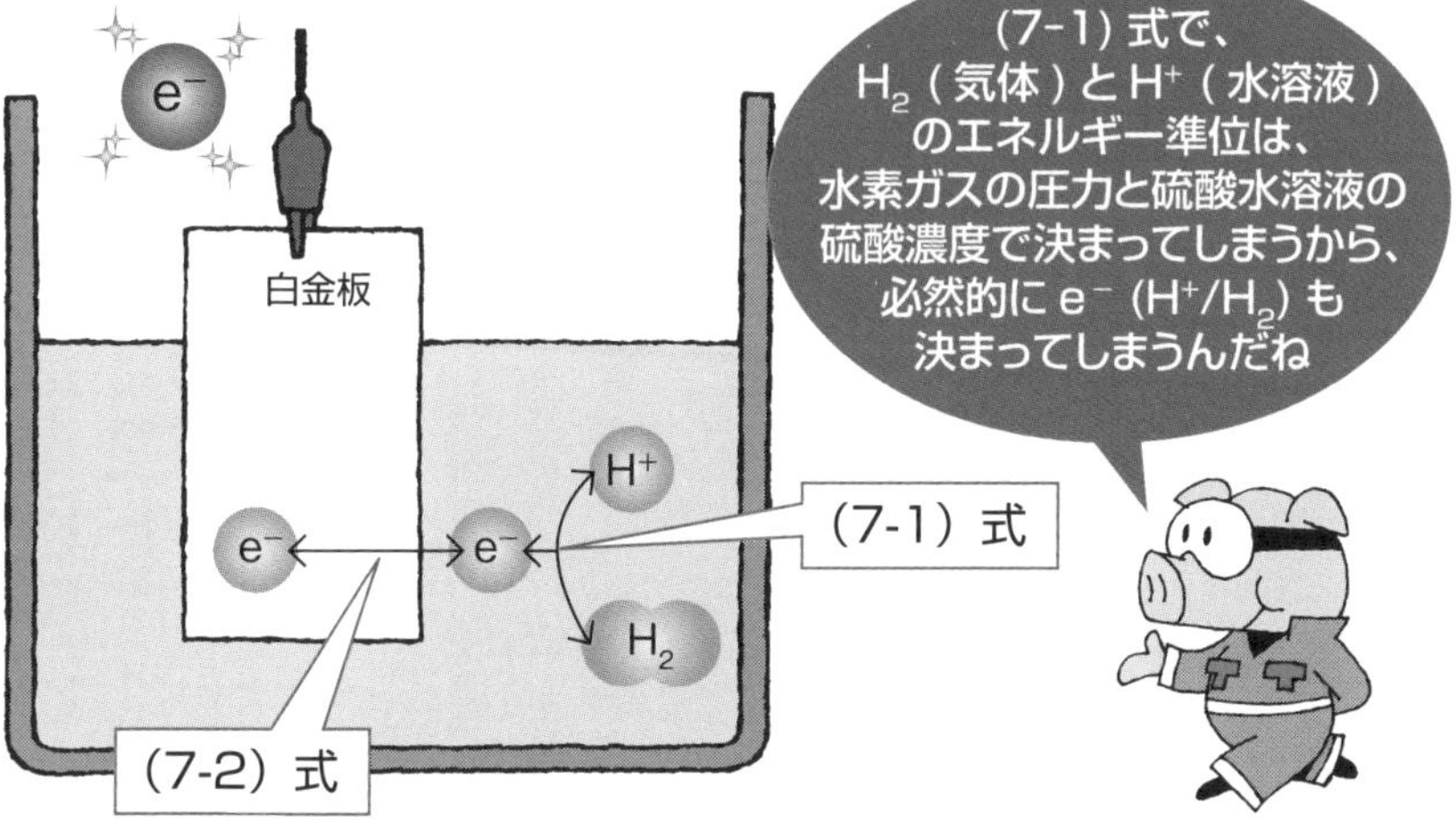

開回路状態における水素極の反応のエネルギーダイアグラム

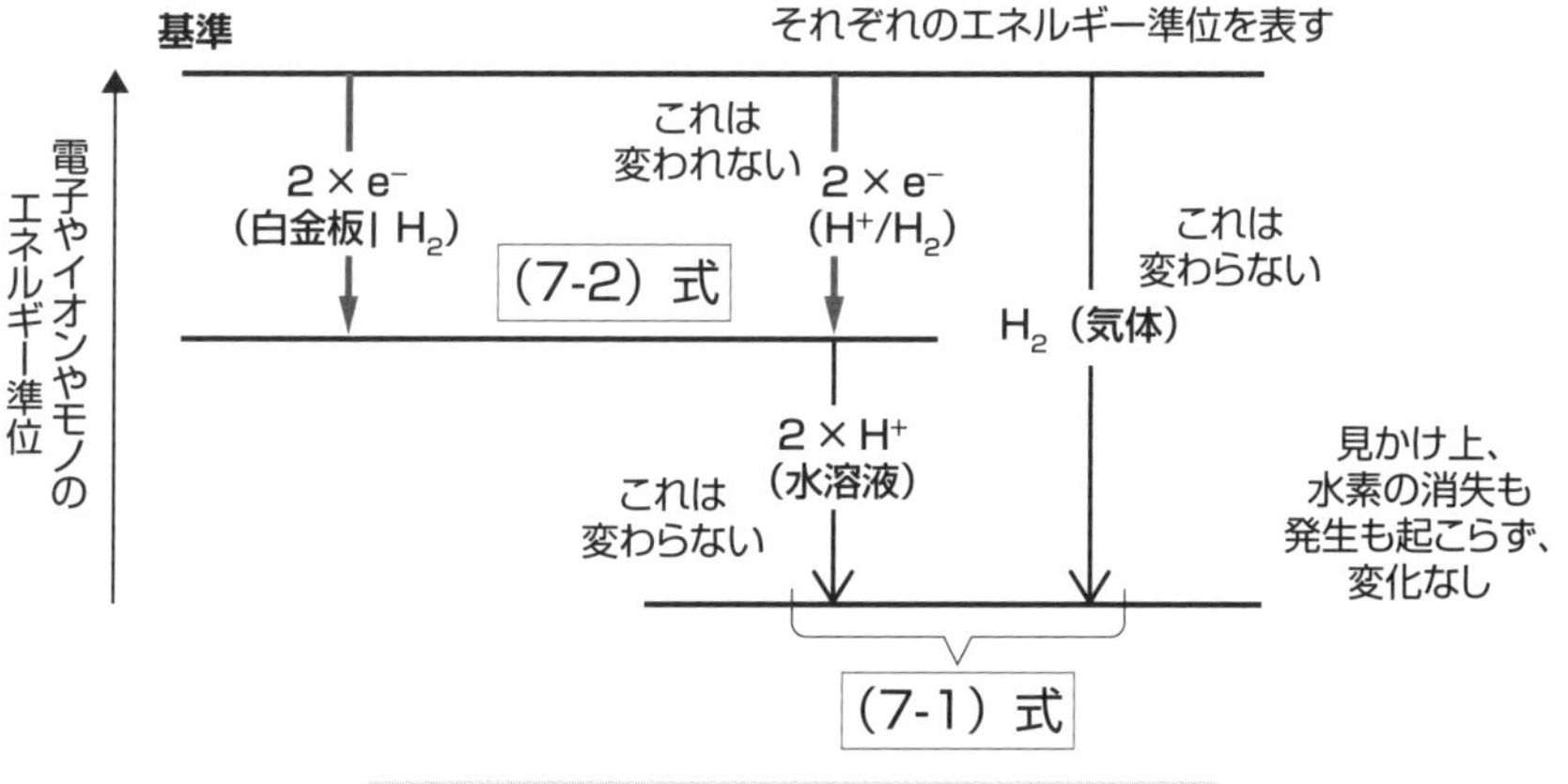

2×[H^+(水溶液)のエネルギー準位]

＋ 2×[e^-(H^+/H_2)のエネルギー準位]

＝ [H_2(気体)のエネルギー準位]

38 電子の移動の向きは自由自在

反応に関与する酸化還元電子との釣り合い

白金板の電子のエネルギー準位を変えたときに、何が起こるかを考えましょう。

まず、e^-(白金板|H_2)のエネルギー準位が、開回路状態よりも高くなったときを考えます。白金板の電位としては、低くなるので、電気分解に対応します。e^-(H^+/H_2)のエネルギー準位はつねに一定なので、e^-(白金板|H_2)のエネルギー準位が上がれば、開回路状態では等しかったe^-(白金板|H_2)とe^-(H^+/H_2)の釣り合いが崩れて、エネルギー準位として、e^-(白金板|H_2)＞e^-(H^+/H_2)となります。これは、白金板の中の電子が、電極と電解液の界面を横切って、水溶液の水素極の反応側に移動することを示します。電子が移動すると、すぐにその電子を水素イオンがもらって水素分子になるという還元反応が起こります。

次は、e^-(白金板|H_2)のエネルギー準位が、開回路状態よりも低くなったときです。これは、白金板の電位としては、高くなるので、電池の放電に対応します。e^-(H^+/H_2)のエネルギー準位は変わらないので、e^-(白金板|H_2)のエネルギー準位が上がると、開回路状態では等しかったe^-(白金板|H_2)とe^-(H^+/H_2)の釣り合いが崩れて、エネルギー準位としてe^-(白金板|H_2)＜e^-(H^+/H_2)となります。これは、水溶液側の電子が、電極と電解液の界面を横切って白金板に移動することを示します。水溶液側から電子が移動するには、水溶液側の水素極の反応で、電子を生じる反応が生じていることを意味するので、水素分子が水素イオンに酸化される反応が起こっています。

このように、**白金板の電子のエネルギー準位が変化することにより、e^-(H^+/H_2)のエネルギー準位との釣り合いが崩れて、界面を電子が移動する方向が決まり、反応が一方向に進行することになるのです。**酸素極の反応についてもまったく同じように考えれば、白金板の電子のエネルギー準位の上げ下げに関して、反応の向きに関して、同じ結果が得られます。

要点BOX

- 白金板の電子のエネルギー準位は放電や充電で変えられる
- 電子もエネルギー準位で移動の向きが決まる

白金板の電子のエネルギー準位が高くなったとき

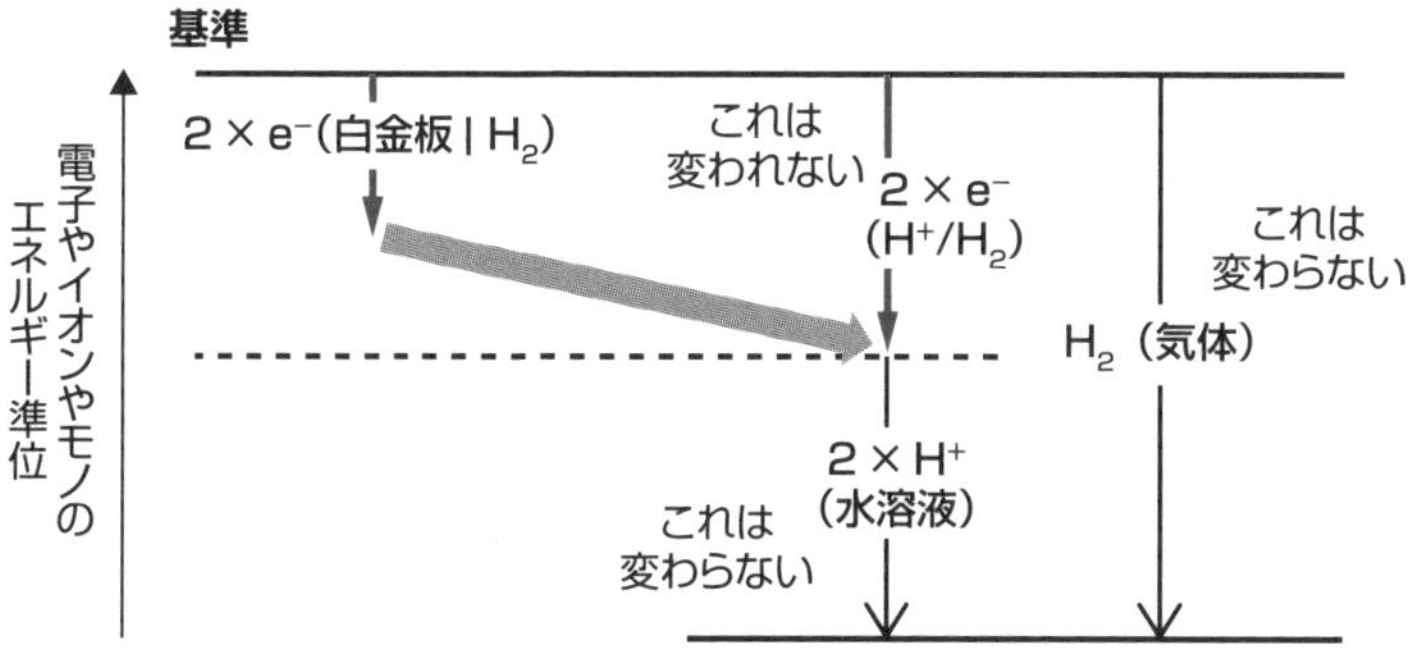

e⁻(白金板| H_2)のエネルギー準位 ＞ e⁻(H^+/H_2)のエネルギー準位

e⁻(白金板| H_2) → e⁻(H^+/H_2)

2e⁻(H^+/H_2) ＋ 2H^+(水溶液) → H_2（気体）
→水素イオンの還元反応

白金板の電子のエネルギー準位が低くなったとき

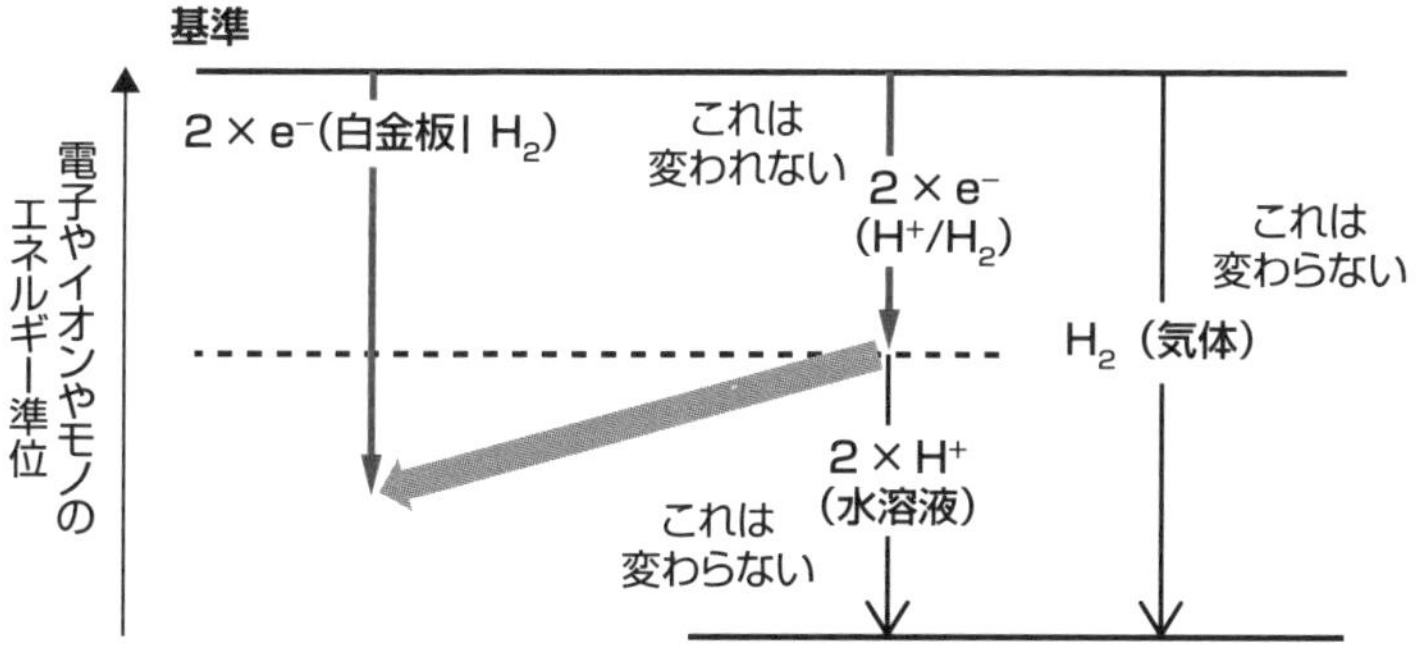

e⁻(白金板| H_2)のエネルギー準位 ＜ e⁻(H^+/H_2)のエネルギー準位

e⁻(H^+/H_2) → e⁻(白金板| H_2)

H_2（気体）→ 2H^+（水溶液）＋ 2e⁻（H^+/H_2）
→水素分子の酸化反応

39 電子が従う法則

電子はいつでもエネルギー準位の高い方から低い方へ移動する

　水素極の反応と、酸素極の反応を合わせて、電子の移動を見ておきましょう。左に、燃料電池のモデル図と開回路状態、電池として放電しているとき、電気分解しているときの、電子のエネルギー準位の関係を示しました。図では、上のモデル図の白金板と硫酸水溶液の位置に対応させて、それらの中の電子のエネルギー準位を描いています。

　まず、重要なのは、高分子膜で分けられた硫酸水溶液の両側で、電子のエネルギー準位が異なること、そして、電池の放電・電気分解に関わらず、それらの電子のエネルギー準位は変化しないということです。膜の左側の水素極側は、水素の酸化還元反応に関与する電子のエネルギー準位を、右側の酸素極側は、酸素の酸化還元反応に関与する電子のエネルギー準位を示しています。これらは、水素ガス、酸素ガス、硫酸濃度で決まってしまい、つねに、水素極側が酸素極側に対して、1・23eVだけ高くなっています。

　放電させたとき、豆電球を取り付けて電池の電圧が0・5Vになったとしましょう。豆電球は電子伝導体で電池とつないでいるので、電池の両方の白金板の電子のエネルギーの差も0・5Vになります。つまり、水素極側の白金中の電子のエネルギー準位は下げられ、酸素極側の白金中の電子のエネルギー準位は上げられることになります。そうすると、電子はそのエネルギー準位の高い方から低い方へ自発的に移動するので、図に示すように、「水素極の反応→水極側の白金板→豆電球→酸素極側の白金板→酸素極の反応」のように電子が移動することがわかるでしょう。

　電気分解を2・5Vで行ったとき、両方の白金板の電位差が広がることになります。水素極側の白金板の電子のエネルギー準位は上がり、酸素極側の白金の電子のエネルギー準位は下がります。したがって、図に示すように、電子が移動して電気分解が進むことがわかるでしょう。

要点BOX

- ●電池の放電・電気分解も電子のエネルギー準位で決まる
- ●高分子膜は電子のエネルギー準位を分ける

酸性水溶液を用いた水素酸素燃料電池の開回路状態

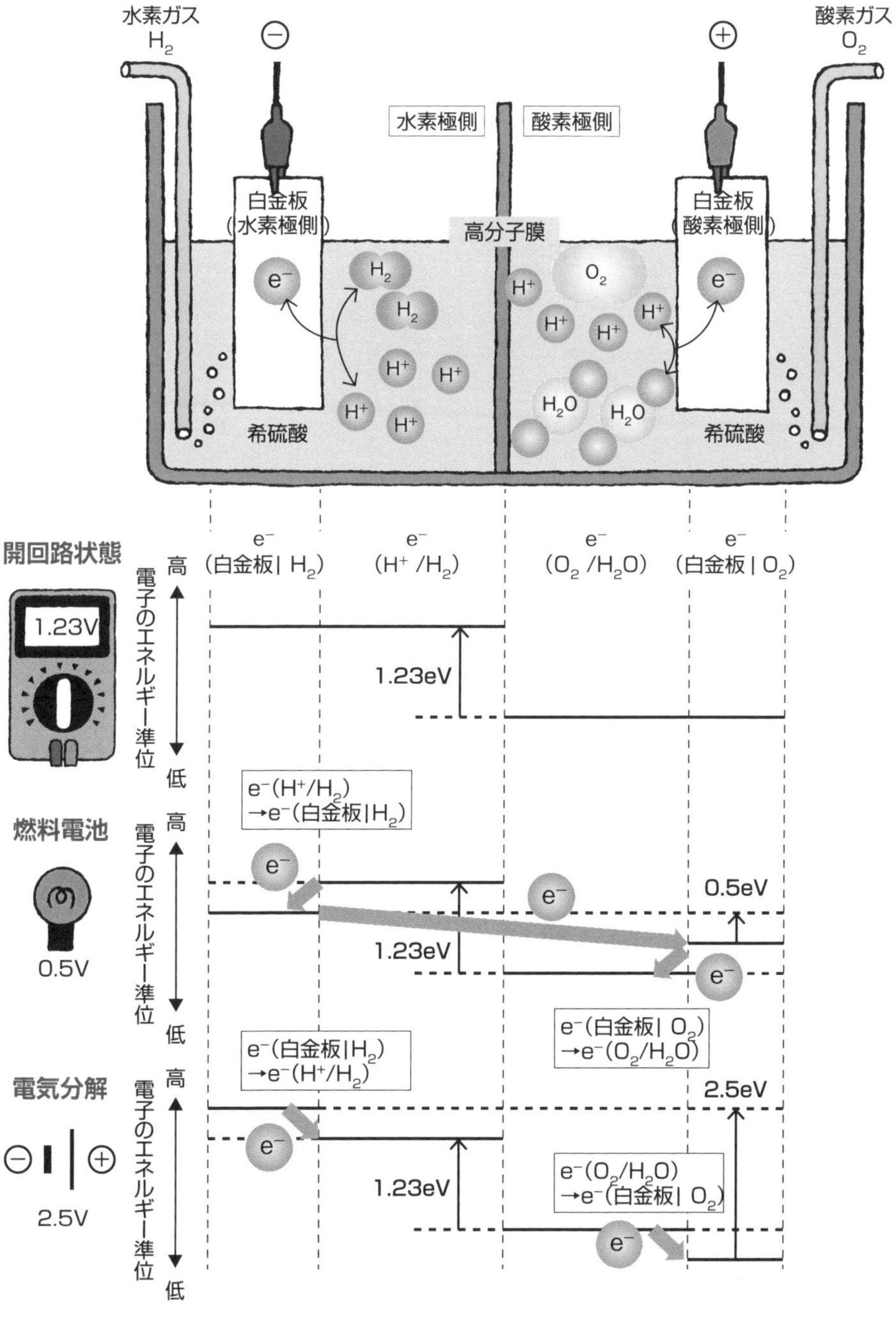

40 燃料電池の放電と水の電気分解はウラオモテ

燃料電池と水の電気分解の統一理解

燃料電池の開回路状態、放電、電気分解のそれぞれの場合の、水素極と酸素極の電子のエネルギー準位を界面に注目して取り出して左に示しました。

まず、開回路状態では、どちらの反応においても、酸化還元反応に関与する電子と、それぞれに浸漬されている白金板の電子のエネルギー準位は等しくなっています。そのため、電子は白金板（電極）と硫酸水溶液（電解液）の界面を一方向に移動することがなく、見かけ上、反応はどちらにも進みません。

電池が放電したとき、両白金板間の電子のエネルギー準位は、必ず、開回路状態の起電力よりも小さくなります。つまり、水素極側の白金板の電子のエネルギー準位は下がり、酸素極側の白金板の電子のエネルギー準位は上がります。そのため、水素極では、e^-（H^+/H_2）＞e^-（白金板｜H_2）となり、電子は界面を水溶液から白金板へと移動します。これが水素酸化反応になります。一方、酸素極ではe^-（白金板｜O_2）＞e^-（O_2/H_2O）となり、電子は界面を白金板から水溶液へと移動します。これが酸素還元反応になります。このように、電池は水素の酸化反応と酸素の還元反応が対になって進みます。

電気分解のとき、両白金板間の電子のエネルギー準位は、必ず、開回路状態の起電力よりも大きくなります。したがって、水素極側の白金板の電子のエネルギー準位は上がり、酸素極側の白金板の電子のエネルギー準位は下がります。そのため、水素極では、e^-（白金板｜H_2）＞e^-（H^+/H_2）となり、電子は界面を白金板から水溶液へと移動します。これが水素イオンの還元反応、すなわち、水素発生反応になります。一方、酸素極ではe^-（O_2/H_2O）＞e^-（白金板｜O_2）となり、電子は界面を水溶液から白金板へと移動します。これは水の酸化反応になり、酸素発生反応になります。このように、電気分解は、水素イオンの還元反応と水の酸化反応が対になって進みます。

要点BOX

- ●電池の放電も電気分解も、電子のエネルギー準位の高低に従う
- ●酸化反応と還元反応がつねに対になって進む

白金板の電子と、水溶液の水素極と酸素極の電子のエネルギー準位の変化と進む反応

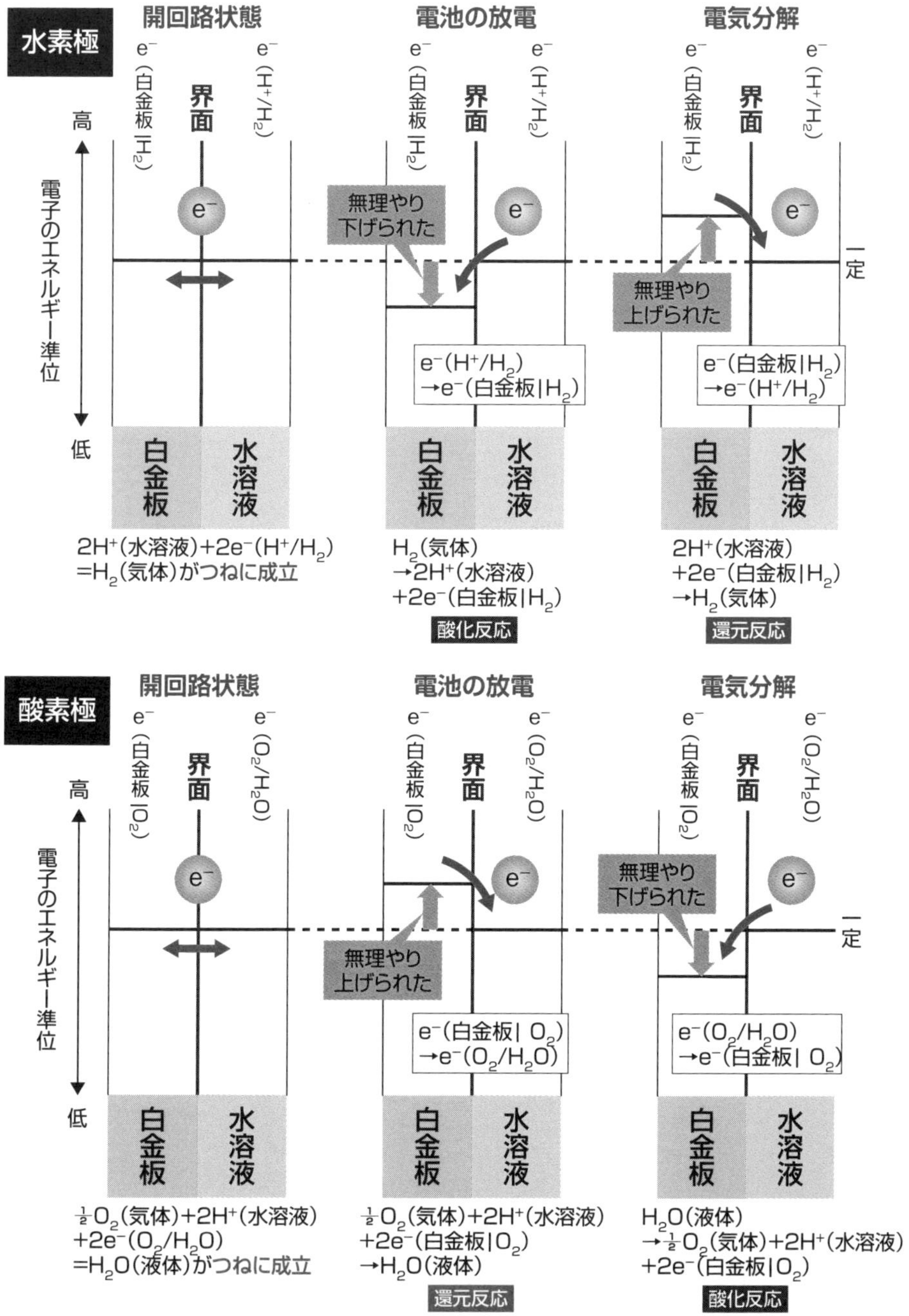

41 電子でもイオンでも、電位の効果は同じ

これで電位を変える効果は理解できた

イオンと電子の場合を別々にみてきましたが、エネルギーダイアグラムを使って比較してみましょう。

金属イオンが界面を移動する反応を一般化して、

Me^{z+}（水溶液）$+ze^-$（金属）→Me（金属）

と表します。Meは金属Metalを意味しています。zは金属陽イオンの価数です。

一方、電子が界面を移動する反応を一般化して、

Ox（水溶液）$+ze^-$（金属）→Red（水溶液）

と表します。Oxは酸化体Oxidant、Redは還元体Reductantを表していて、酸化体が電子を受け取って還元体になることを示しています。この酸化還元反応に関与して、電解液側にある電子をe^-（Redox）としました。Redoxは酸化還元反応Redox reactionからきています。さて、次のようなケースに分けて比較してみます。

【電極の電位を下げたとき、すなわち、電極の電子のエネルギー準位を上げたとき】

陽イオンは界面を水溶液（電解液）から金属（電極）に移動してそれに伴って還元反応が進みます。一方、電子は界面を電極から電解液に移動しますが、それは還元反応にあたります。つまり、界面を移動するモノが、陽イオンであるか電子であるかによらず、還元反応が進むことがわかりました。

【電極の電位を上げたとき、すなわち、電極の電子のエネルギー準位を下げたとき】

陽イオンは界面を電極から電解液に移動してそれに伴って酸化反応が進みます。一方、電子は界面を電解液から電極に移動しますが、それは酸化反応になります。つまり、界面を移動するモノが、陽イオンであるか電子であるかによらず、酸化反応が進むことがわかりました。

このように、界面を移動するモノがイオンであるか、電子であるかによらず、電位の変化に対する反応の向きは同じになることがわかりました。

要点BOX

- ●電位を下げると還元反応が進む
- ●電位を上げると酸化反応が進む
- ●すべての電気化学反応に通じる

電位の変化と反応の向きの比較

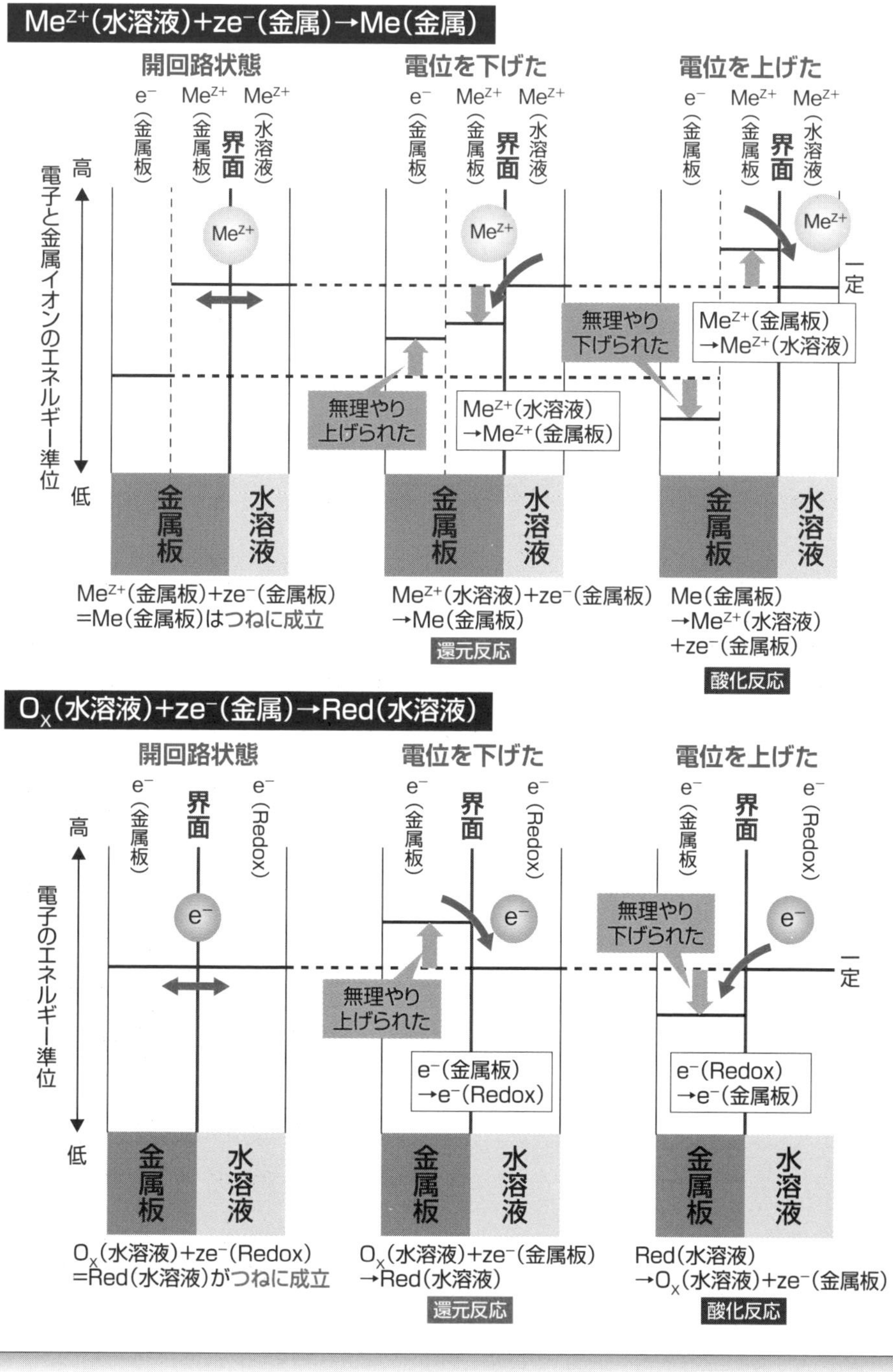

Me^{z+}(水溶液)+ze^-(金属)→Me(金属)
開回路状態
電位を下げた
電位を上げた
e^- (金属板)
Me^{z+} (金属板)
界面
Me^{z+} (水溶液)
高
低
電子と金属イオンのエネルギー準位
Me^{z+}
一定
無理やり上げられた
無理やり下げられた
Me^{z+}(水溶液)→Me^{z+}(金属板)
Me^{z+}(金属板)→Me^{z+}(水溶液)
金属板
水溶液
Me^{z+}(金属板)+ze^-(金属板)=Me(金属板)はつねに成立
Me^{z+}(水溶液)+ze^-(金属板)→Me(金属板)
還元反応
Me(金属板)→Me^{z+}(水溶液)+ze^-(金属板)
酸化反応
O_X(水溶液)+ze^-(金属)→Red(水溶液)
開回路状態
電位を下げた
電位を上げた
e^- (金属板)
界面
e^- (Redox)
高
低
電子のエネルギー準位
e^-
一定
無理やり上げられた
無理やり下げられた
e^-(金属板)→e^-(Redox)
e^-(Redox)→e^-(金属板)
金属板
水溶液
O_X(水溶液)+ze^-(Redox)=Red(水溶液)がつねに成立
O_X(水溶液)+ze^-(金属板)→Red(水溶液)
還元反応
Red(水溶液)→O_X(水溶液)+ze^-(金属板)
酸化反応

Column

水溶液中の電子に自由はない

第3章で、水溶液中で起こる酸化・還元反応に関与する電子を考えて、絵では、あたかも水溶液中にあるように描きました。描きましたが、この電子は、白金板の中の電子のように、水溶液中で自由に移動できるような状態ではなく、水素分子にがっちり束縛されていることを理解しておいてください。そもそもこの電子は、水素分子と水素イオンの間でやり取りされる電子です。酸化反応$H_2 \rightarrow 2H^+ + 2e^-$を見ればわかるように、反応に関与する電子は、もとは水素分子から来ているので、水溶液中でも、実際には水素分子にくっついています。イラストのように、電子だけが単独で存在しているわけではありませんし、水溶液中を電子が単独でふらふら移動できるわけでもありません。

そもそも電子はつねにモノに束縛されています。金属のような電子伝導体中では、金属の原子核に束縛されながらも、そこそこ自由に動けるので、自由電子と呼ばれます。それでも、金属から飛び出せないのは、完全に自由ではないからです。水溶液のような分子が集まっているところでは、もちろん、分子を構成するために電子は大量に存在していますが、必ず、原子核に束縛されていて、自由に動くことはできません。界面を電子が横切ることを強調するために、イラストでは水溶液中に電子が存在するように描いていますが、実際はそうではないことを理解しておいてください。

あくまでも、電子が電子伝導体の中を移動でき、イオンがイオン伝導体の中を移動できることが、電気化学システムの基本で、これらの性質を上手に使って、化学エネルギーと電気エネルギーの相互変換ができています。

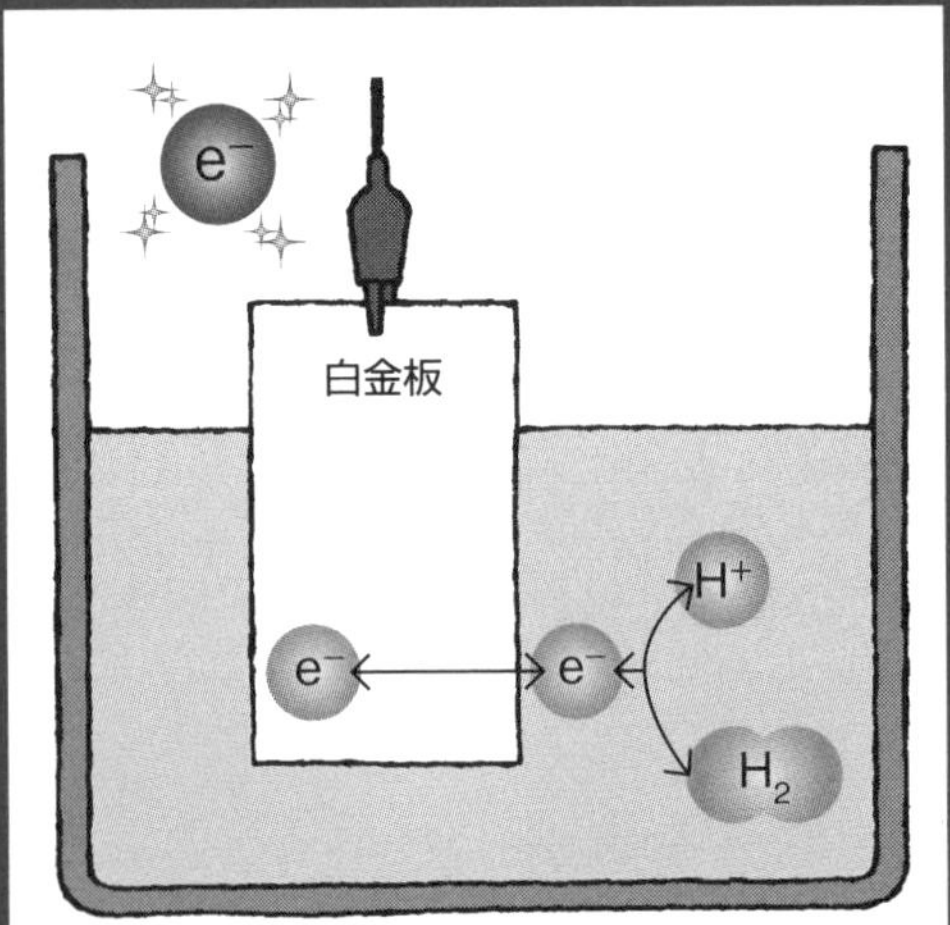

第 4 章

電気化学の原理を活用しよう

42 理想の電池を目指して

自発的に進行する反応はすべて電池にできる

電気化学独自の視点と、反応を制御する原理を学んだので、実際に使われている電気化学を見ていきます。まずは電池と水の電気分解です。

原理的には、すべての自発的に進行する酸化還元反応は、電池として用いることができます。自発的に進む酸化還元反応を酸化反応と還元反応に分けると、必ず酸化反応に関与する電子のエネルギー準位が高く、還元反応に関与する電子のエネルギー準位が低くなります。電子伝導体を用いて、この電子のエネルギー準位の差を、電気エネルギーとして外部に取り出すことができます。ただし、酸化反応と還元反応には必ずイオンが含まれるので、電極は必ずイオン伝導体である電解液に浸漬する必要があります。さらに、電気中性の原理があるため、イオンが移動できる電解液を電気的につないでおく必要があり、電流がぐるっと一回りする閉じた回路を作っていました。これで原理的には電池ができるのですが、原理的に可能であることと、実際に製品になることとはまったく別物です。一般的に、電池には、次のような特性が求められます。

・起電力や作動電圧が高い
・取り出せる電気量が大きい
・短時間に大きな電気エネルギーを取り出せる
・広い温度範囲で使える
・長期保存しても劣化しない
・価格が安い　　　　・寿命が長い
・安全に使える　　　・軽くて小さい

さらに、充放電を繰り返す二次電池では、
・短時間で充電できる
・充電した電気エネルギーをすべて取り出せる
・充放電を繰り返しても性能が低下しない

しかし、これらの要求をすべて満たす理想的な電池は実在しません。そのため、実際には、いくつかの電池が用いられています。

要点BOX
- ●酸化反応に関与する電子のエネルギー準位は、還元反応に関与する電子よりも高い
- ●原理と実際に製品になることは別物

電池に求められる性能

- 軽くて小さい
- 寿命が長い
- 安全に使える
- 価格が安い
- 長期保存しても劣化しない
- 充放電を繰り返しても性能が低下しない
- 充電した電気エネルギーをすべて取り出せる
- 短時間で充電できる
- 広い温度範囲で使える
- 短時間に大きな電気エネルギーを取り出せる
- 取り出せる電気量が大きい
- 起電力や作動電圧が高い

43 一次電池の代表格

安いマンガン乾電池

まず、使い切りタイプの一次電池から見ていきましょう。一次電池とは、電気エネルギーを取り出したら、それ以上使えなくなる電池のことを言います。乾電池という言葉も使われますが、乾電池は、イオンを移動させるために必要な電解液を、多孔質な膜にしみ込ませるなどして、固定した一次電池のことです。

一次電池の代表である、マンガン乾電池を見てみましょう。マンガン電池に利用されている自発的に進む反応を左に示しました。かなりややこしい反応を利用していることがわかります。最初からこの反応を利用しようと思っていたわけではなく、さまざまな工夫の結果がこの反応に行きついたといえます。

高いエネルギー準位を示すプラス極は、基本的には金属亜鉛の酸化反応で、低いエネルギー準位を示すマイナス極は酸化マンガンの還元反応です。その電子のエネルギー準位の差は1・5eVなので、電池の電圧としては1・5Vになります。

電解液は弱酸性の塩化亜鉛水溶液で、電池内部で酸化反応と還元反応を空間的に分けるのは多孔質のセパレータです。電解液は、二酸化マンガンと混合してペースト状にしたり、セパレータにしみ込ませたりしているので、見た目は液体状態ではありません。また、弱酸性なので水素イオンが存在して反応に関与しています。

亜鉛は、ダニエル電池でも用いたように、イオン化傾向が大きい、つまり酸化しやすく、エネルギーの高い電子を作りやすいのです。さらに資源量も比較的豊富であり、加工もしやすいので、マイナス極にはもってこいです。

二酸化マンガンは、安価で資源量も豊富で、電子のエネルギーが低い状態で、還元反応を進ませることができるので、プラス極として用いられています。

反応の進行に伴って、どれが酸化されて、どれが還元しているかは、酸化数を見ればわかります。

要点BOX

- 一次電池は使い切りタイプ
- 乾電池は電解液を固定した一次電池
- プラス極は亜鉛、マイナス極は二酸化マンガン

使い切りタイプの一次電池の代表格～マンガン乾電池

自発的に進む反応

$$4Zn + ZnCl_2 + 8MnO_2 + 8H_2O \rightarrow ZnCl_2 \cdot 4Zn(OH)_2 + 8MnOOH$$

マイナス極(亜鉛)

エネルギー準位の高い電子を作り出す反応(酸化反応)

$$4Zn + ZnCl_2 + 8H_2O \rightarrow ZnCl_2 \cdot 4Zn(OH)_2 + 8H^+ + 8e^-$$

プラス極(酸化マンガン)

エネルギー準位が低くなった電子を受け取る反応(還元反応)

$$8MnO_2 + 8H^+ + 8e^- \rightarrow 8MnOOH$$

1.5eVエネルギー準位が高い

電解液
塩化亜鉛水溶液
(弱酸性)

時計やリモコンなど、小さな電流で動く機器に使われているよ。休みながら使うと長持ちするんだ

マンガン乾電池の構造

プラス極は電気を集めるための集電体として炭素棒が入っています。

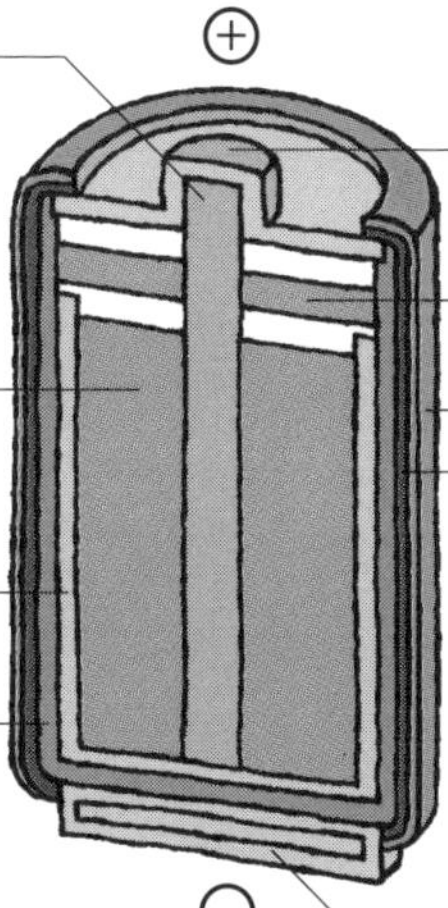

プラス極の活物質である二酸化マンガンは電気を流しにくいので、電気をよく流す炭素を混ぜているよ

棒状にしたプラス極の二酸化マンガンを、マイナス極の金属亜鉛板で覆った構造だね

44 どれが酸化でどれが還元？

酸化数を見れば一目瞭然

マンガン乾電池に用いている自発的に進行する化学反応は次式のように複雑でした。

$4Zn + ZnCl_2 + 8MnO_2 + 8H_2O$

$\rightarrow ZnCl_2 4Zn(OH)_2 + 8MnOOH$

パッと見て、どれが酸化されて、どれが還元されているのかわかりにくいですね。それが簡単にわかる方法があります。それは酸化数に着目することです。

原子は、他の原子と結びついて化合物を作っているときに、相手に電子を奪われていたり、逆に、相手から電子を奪っていたりします。中性の原子を基準にして、相手に電子を奪われていると酸化、相手から電子を奪っていると還元されていることになります。

酸化数とは、その原子が他の原子と反応して化合物を作っているときに、原子が単体でいるときと比較して、電子が何個くらい奪われているか、あるいは何個くらい奪っているかを表す指標です。

酸化数は次のルールに従って決められます。

1単体の原子の酸化数は0

2単原子イオンの場合は、そのイオンの価数がそのまま酸化数

3電気的に中性の化合物は、構成原子の酸化数の総和が0

4化合物の中の水素原子の酸化数は+1、酸素原子の酸化数は-2

ダニエル電池の放電で確認してみましょう。

Zn（酸化数：0）$\rightarrow Zn^{2+}$（酸化数：+2）$+ 2e^-$

［酸化反応］

$Cu^{(2+)}$（酸化数：+2）$+ 2e^- \rightarrow Cu$（酸化数：0）

［還元反応］

酸化反応のときには酸化数0のZn原子が酸化されて酸化数+2のZn^{2+}イオンになっていて、酸化数が増えています。還元反応のときには、酸化数+2のCu^{2+}イオンが還元されて酸化数0のCu原子になっていて、酸化数が減っています。

要点BOX

- ●酸化数は単体を基準として電子を奪ったり奪われたりする指標
- ●酸化数が増えれば酸化、減れば還元

酸化数のルール

1. 単体の原子の酸化数は0
2. 単原子イオンの場合は、そのイオンの価数がそのまま酸化数
3. 電気的に中性の化合物は、構成原子の酸化数の総和が0
4. 化合物の中の水素原子の酸化数は+1、酸素原子の酸化数は−2

	Zn	$ZnCl_2$	$Zn(OH)_2$	Cu^{2+}
酸化数	亜鉛0	亜鉛+2 塩素−1	亜鉛+2 水素+1 酸素−2	銅+2

	MnO_2	MnOOH	H_2O
酸化数	マンガン+4 酸素−2	マンガン+3 水素+1 酸素−2	水素+1 酸素−2

ダニエル電池における酸化数の変化

酸化　亜鉛の酸化数が0から+2に増加

$$Zn + Cu^{2+} = Zn^{2+} + Cu$$

還元　銅の酸化数が+2から0に減少

酸化数の変化を見れば、
どれが酸化されて、
どれが還元されたか、
すぐにわかるね

45 ややこしくても酸化数を見ればわかる

電気エネルギーは活物質が生み出す

酸化数を用いれば、マンガン乾電池でどれが酸化されて、どれが還元されているかわかります。

$4Zn + ZnCl_2 + 8MnO_2 + 8H_2O$
$\rightarrow ZnCl_2 \cdot 4Zn(OH)_2 + 8MnOOH$

まず、それぞれのモノを酸化数からみてみましょう。反応式の左は反応前のモノですが、Znは単体なので0、$ZnCl_2$ですがこの塩素は−1なので亜鉛は+2、MnO_2は酸素が−2なのでマンガンは+4、H_2Oは水素が−1で酸素が−2です。右の反応後のモノとしては、$ZnCl_2$は左にもありましたが亜鉛は+2で塩素は−1、$Zn(OH)_2$は酸素が−2で水素が+1で亜鉛が+2、MnOOHは酸素が−2で水素が+1なのでマンガンは+3になります。

これを見ると酸化されているのは酸化数が0から+2に増えた亜鉛で、還元されているのは酸化数が+4から+3に減ったマンガンであることがわかります。

$ZnCl_2$は反応には関与していますが、酸化や還元そのものには関わっていません。金属亜鉛は酸化されると亜鉛イオンになりますが、そのままでは水和イオンとして電解液に存在し、亜鉛イオン濃度が高くなって、酸化反応が進みにくくなります。それを固体の$ZnCl_2 \cdot 4Zn(OH)_2$として沈澱させて、亜鉛イオンの濃度増加を抑えて、起電力を高く保つことができます。このように、実際の電池では、酸化と還元だけでなく、電池の起電力を保ったり、たくさんの電気量を取り出せるように、さまざまな工夫が行われています。反応式の→の左にある電気エネルギーを取り出すもとになるモノを、電池の活物質と呼びます。

左に、さまざまな電池が放電するときの反応と、それに伴って酸化数が変化している元素を抜き出して書いてみました。必ず酸化反応と還元反応が対になって進んでいることがわかります。まだ説明していない電池ですが、どの元素が酸化して、どれが還元しているのか見ておいてください。リチウムイオン電池はあとで解説します。

要点BOX
- ●電池では必ず酸化と還元が対になる
- ●マンガン乾電池では亜鉛が酸化され、マンガンが還元される

酸化数の変化で、酸化されている元素と還元されている元素がわかる

酸化 亜鉛の酸化数が0から+2に増加

還元 マンガンの酸化数が+4から+3に減少

$$4Zn + ZnCl_2 + 8MnO_2 + 8H_2O \rightarrow ZnCl_2 \cdot 4Zn(OH)_2 + 8MnOOH$$

酸化数	$4Zn$	$ZnCl_2$	$8MnO_2$	$8H_2O$	$ZnCl_2$	$4Zn(OH)_2$	$8MnOOH$
	亜鉛0	亜鉛+2 塩素−1	**マンガン+4** 酸素−2	水素+1 酸素−2	亜鉛+2 塩素−1	**亜鉛+2** 水素+1 酸素−2	**マンガン+3** 水素+1 酸素−2

代表的な電池が放電するときの酸化と還元

アルカリ乾電池

酸化 亜鉛の酸化数が0から+2に増加

$$Zn + 2MnO_2 + H_2O \rightarrow ZnO + 2MnOOH$$

還元 マンガンの酸化数が+4から+3に減少

鉛蓄電池

酸化 鉛の酸化数が0から+2に増加

$$Pb + PbO_2 + 2H_2SO_4 \rightarrow 2PbSO_2 + 2H_2O$$

還元 鉛の酸化数が+4から+2に減少

水素酸素燃料電池

酸化 水素の酸化数が0から+1に増加

$$H_2 + \frac{1}{2}O_2 \rightarrow H_2O$$

還元 酸素の酸化数が0から−2に減少

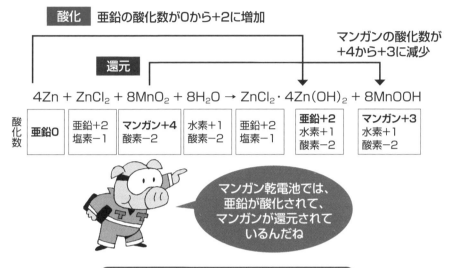

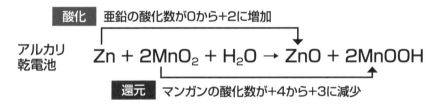

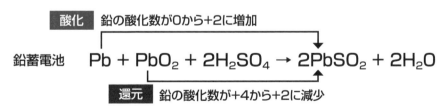

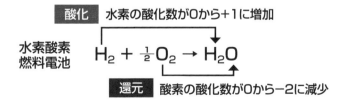

46 一次電池だけど、頑張るアルカリ乾電池

実用上の工夫がいっぱい

マンガン乾電池よりも、大きな電流を流したいときは、アルカリ乾電池がおススメです。実は、アルカリ乾電池の起電力のもとは、マンガン乾電池と同じ、マイナス極は亜鉛、プラス極は二酸化マンガンです。違うのは、電解液で、電気を流しやすい水酸化カリウム水溶液が使われています。水酸化カリウム水溶液は、強アルカリ性なので、この電池がアルカリ乾電池と呼ばれています。マンガン乾電池と同じように、水酸化カリウム水溶液も、マイナス極で亜鉛粉末と混合したり、セパレータにもしみ込ませて使うので、「乾」電池と言われています。

酸化と還元をするモノは同じでも、電解液が異なると、反応も、生じる化合物も異なります。アルカリ乾電池では、酸化数0の金属亜鉛は、放電に伴って水酸化物イオンと反応して酸化され、酸化数+2の酸化亜鉛になります。一方、マンガンの酸化数+4の二酸化マンガンは、水と反応して還元されて酸化数+3の水酸化マンガンになります。マンガンは、反応は変わりますが、反応前後の化合物は同じです。一方、酸化後の亜鉛は、$Zn(OH)_2$とZnOの違いはありますが、どちらも+2価で酸化の状態は大きくは変わらないので、起電力はマンガン乾電池と同じ1・5Vです。

マンガン乾電池は棒状のプラス極活物質の二酸化マンガンを、マイナス極活物質の金属亜鉛板で覆った構造でしたが、アルカリ乾電池はマイナス極活物質の亜鉛を粉末にして水酸化カリウムと混ぜてペースト状にして、黒鉛と混合したプラス極活物質の二酸化マンガンで覆うという、正反対の構造になっています。集電体がどちらの活物質と接しているかに注意してください。酸化反応は亜鉛の表面で起こるので、亜鉛を粉末にして用いたアルカリ乾電池の方が、2倍以上の大きな電流が取り出せるのです。これも実用上の工夫です。アルカリ乾電池は高性能ですが、マンガン乾電池よりも高価格になります。

要点BOX
- ●「アルカリ」は電気を流しやすい水酸化カリウム水溶液を用いたため
- ●亜鉛を粉末にして表面積を大きくした

強力なアルカリ乾電池

自発的に進む反応

酸化　亜鉛の酸化数が0から+2に増加

$$Zn + 2MnO_2 + H_2O \rightarrow ZnO + 2MnOOH$$

還元　マンガンの酸化数が+4から+3に減少

マイナス極（亜鉛）	プラス極（酸化マンガン）
エネルギー準位の高い電子を作り出す反応（酸化反応）	エネルギー準位が低くなった電子を受け取る反応（還元反応）
$Zn + 2OH^- \rightarrow ZnO + H_2O + 2e^-$	$2MnO_2 + 2H_2O + 2e^- \rightarrow 2MnOOH + 2OH^-$

電解液
水酸化カリウム
水溶液

1.5eVエネルギー準位が高い

アルカリ乾電池の構造

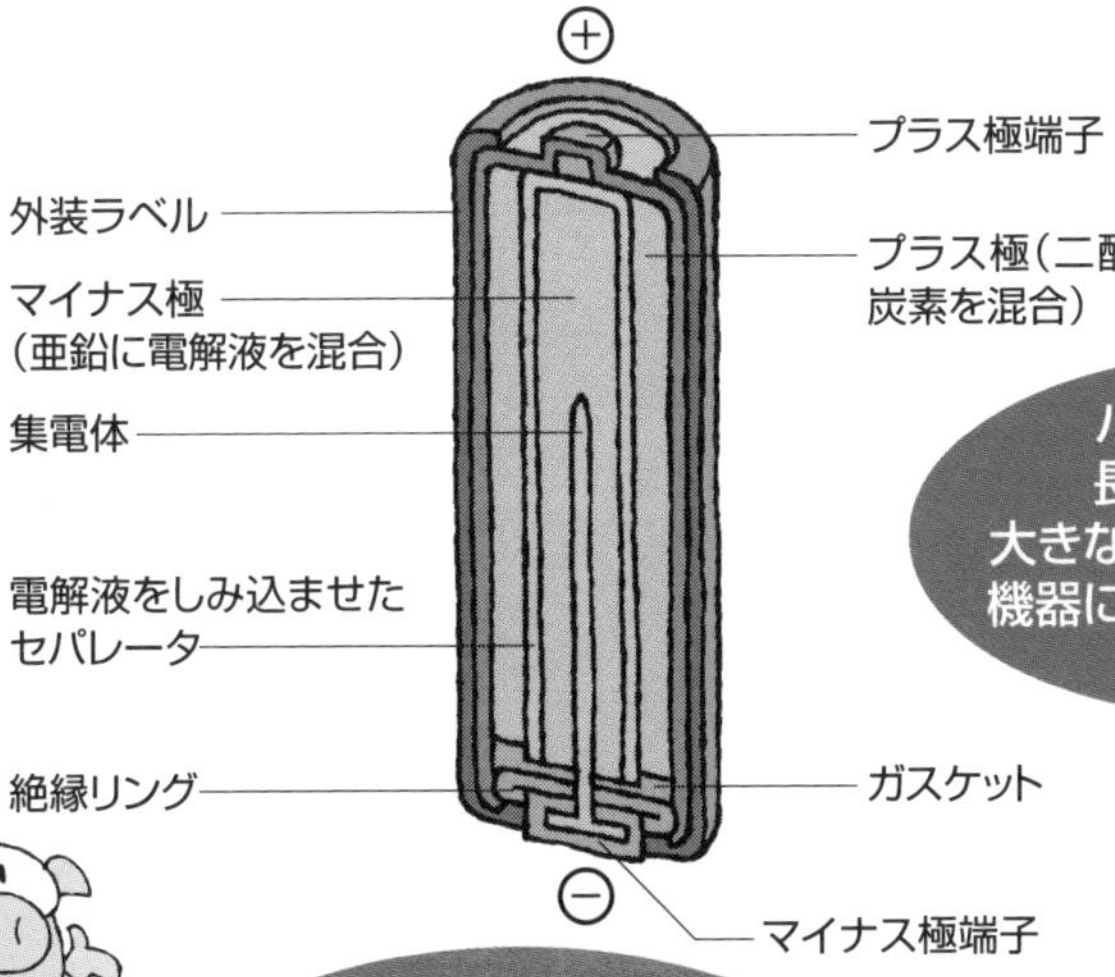
⊕
プラス極端子
外装ラベル
プラス極（二酸化マンガンに炭素を混合）
マイナス極（亜鉛に電解液を混合）
集電体
電解液をしみ込ませたセパレータ
絶縁リング
ガスケット
⊖
マイナス極端子

パワーがあり、長持ちだから、大きな電流を必要とする機器に向いているんだね

構造が、マンガン乾電池と違っているね。活物質の亜鉛が粉末になっていて、表面積が大きいから反応しやすくて大きな電流が取り出せるんだね

47 これがなきゃ車が動かない〜鉛蓄電池

古くから使われている充電できる二次電池

充電ができて繰り返し使える二次電池として、鉛蓄電池がよく知られています。鉛蓄電池に用いられている自発的に進む反応は、

$Pb+PbO_2+2H_2SO_4 \rightarrow 2PbSO_4 + 2H_2O$

です。放電時には、マイナス極で、次の酸化反応によりエネルギー準位の高い電子を生み出します。

$Pb+SO_4^{2-} \rightarrow PbSO_4 + 2e^-$

このマイナス極の端子に電気機器をつないで、電気エネルギーを取り出し、そのあとのエネルギー準位の低くなった電子を、プラス極の端子から次の還元反応でPbO_2が受けとって$PbSO_4$になります。

$PbO_2 + SO_4^{2-} + 4H^+ + 2e^- \rightarrow 2PbSO_4 + 2H_2O$

酸化されるのは、鉛の酸化数が0から+2に増加するPbで、還元されるのは、鉛の酸化数が+4から+2に減少するPbO_2です。そして、いずれも鉛の酸化数が+2の$PbSO_4$に変化します。この反応の電子のエネルギー準位の差はおよそ2・0eVで、水溶液を用いる電池では最高のエネルギー準位の差、つまり最高電圧となっています。自動車用にはこれを6個直列につないで、12Vにしています。

鉛蓄電池は1859年にフランスのプランテによって発明され、日本では1897年から島津製作所の島津源蔵によって生産が開始されました。鉛蓄電池は電圧がおよそ2・0Vと高く、電流も数十A〜数百Aも取り出せるといった優れた特性があります。それに加えて、材料の鉛が資源的にも豊富で安価なため、鉛蓄電池は現在においても、広く使われている二次電池となっています。

鉛蓄電池は、電池の放電とともにできてくる硫酸亜鉛$PbSO_4$が、希硫酸水溶液に溶けず、それぞれの電極表面に沈澱して堆積します。充電する際には、$PbSO_4$を放電前のPbとPbO_2に戻すことになるのですが、電極表面上にすぐあるので、他の反応を起こさずに、充電反応だけを起こしやすいのです。

要点BOX

- ●酸化も還元も鉛が担う
- ●水溶液を用いる電池では最高電圧の2.0V
- ●放電生成物が電極表面にあることが重要

鉛蓄電池

自発的に進む反応

酸化 鉛の酸化数が0から+2に増加

$$Pb + PbO_2 + 2H_2SO_4 \rightarrow 2PbSO_4 + 2H_2O$$

還元 鉛の酸化数が+4から+2に減少

マイナス極（鉛）

エネルギー準位の高い電子を作り出す反応（酸化反応）

$Pb + SO_4^{2-}$
$\rightarrow PbSO_4 + 2e^-$

プラス極（鉛）

エネルギー準位が低くなった電子を受け取る反応（還元反応）

$PbO_2 + SO_4^{2-} + 4H^+ + 2e^-$
$\rightarrow PbSO_4 + 2H_2O$

電解液
希硫酸溶液

2.0eVエネルギー準位が高い

鉛蓄電池の構造

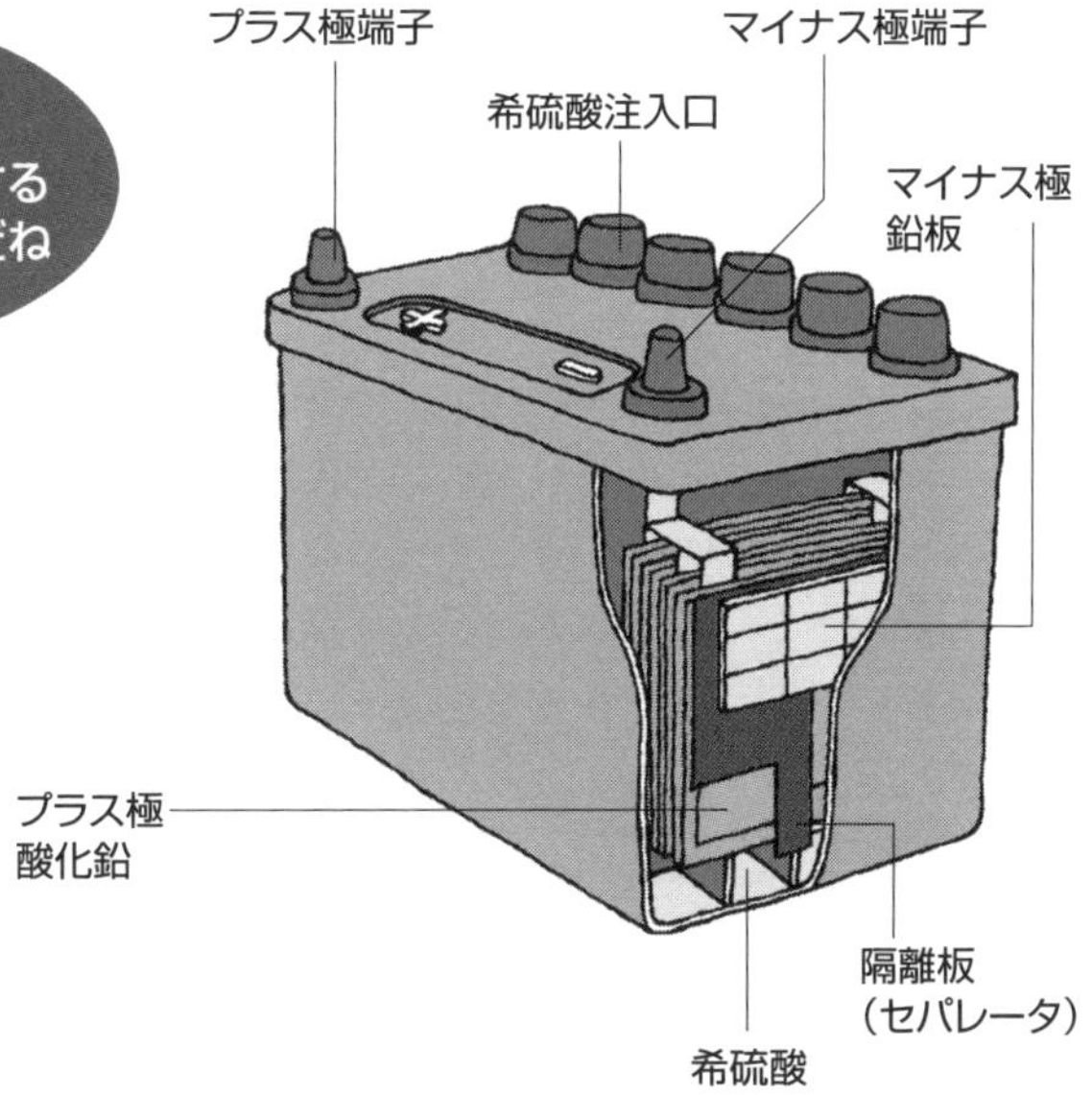

48 大活躍のリチウムイオン電池～すき間が大事

マイナス極はグラファイト

いまや情報機器関連になくてはならないのが二次電池であるリチウムイオン電池です。リチウムイオン電池が用いている自発的に進む反応は、

$$LiC_6 + CoO_2 \rightarrow C_6 + LiCoO_2$$

と表されます。ただし、C_6は炭素原子6個が亀の甲のようにつながっているグラファイトを表していて、C_6という分子が使われているわけではありません。この反応式は、反応物として純物質であるLiC_6とCoO_2が、反応によって、純物質のC_6と$LiCoO_2$に変化することを示しています。一方、実際に、電池を用いているときに起こる反応は、充電時にLiC_6とCoO_2になるまで充電せずに途中のLi_xC_6や$Li_{1-x}CoO_2$で止めて($0<x<1$の範囲)、放電して使うので、

$$Li_xC_6 + Li_{1-x}CoO_2 \rightarrow C_6 + LiCoO_2$$

と書いた方がより正確です。この下付のきxや1-xは馴染みがないかもしれませんね。しかしこの書き方こそが、リチウムイオン電池の本質を表しています。

反応に関わるC_6や$LiCoO_2$は層状構造を持つ化合物です。層状構造というのは、2次元平面的に原子が結合した化合物が、平面に対して垂直な方向に積み重なっている構造を言います。弱い力で積み重なっているだけなので、その積み重なりの間に、小さなリチウムイオンLi^+が入れるのです。さらに隙間方向に移動もできるのです。リチウムイオン電池では、電池の放電・充電に伴って、Li^+が、イオンのままで、その隙間に出たり入ったりするのです。

エネルギー準位の高い電子を生み出す酸化反応は、

$$Li_xC_6 \rightarrow C_6 + xLi^+ + xe^-$$

で、グラファイトは炭素原子6個C_6が亀の甲のようにつながっています。そのC_6に対して、1個入っていたLi^+が層間から出ていくときに起こる反応を表しています。Li^+がいるとき、電気中性の原理により、グラファイトは電子を多く持ってマイナスになっていて、Li^+が出ていくと電子を放出して中性に戻ります。

要点BOX

- 層状構造は2次元平面的に原子が積み重なった化合物
- グラファイトのすき間にリチウムイオンが出入り

リチウムイオン電池

自発的に進む反応

酸化 炭素(C_6として)の酸化数が−1から0に増加　C_6でみかけ−1

$$LiC_6 + CoO_2 \rightarrow C_6 + LiCoO_2$$

還元 コバルトの酸化数が+4から+3に減少

実際には $Li_xC_6 + Li_{1-x}CoO_2 \rightarrow C_6 + LiCoO_2$

マイナス極(鉛)

エネルギー準位の高い電子を作り出す反応(酸化反応)

Li_xC_6
$\rightarrow C_6 + xLi^+ + xe^-$

プラス極(鉛)

エネルギー準位が低くなった電子を受け取る反応(還元反応)

$Li_{1-x}CoO_2 + xLi^+ + xe^-$
$\rightarrow LiCoO_2$

3.6eVエネルギー準位が高い

電解液
有機溶媒
(エチレンカーボネート
+六フッ化リン酸リチウム)

リチウムイオン電池のマイナス極

平面を垂直方向上から見ると

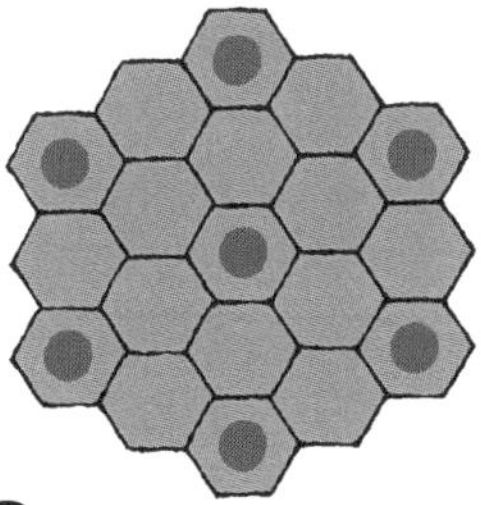

LiC_6

リチウムイオンが挿入されたグラファイトの模式図

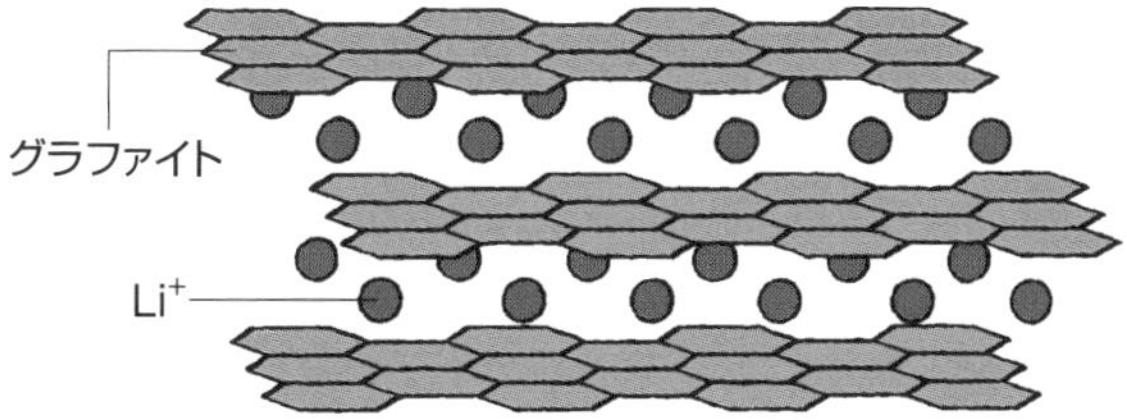
グラファイト
Li+

Li_xC_6

グラファイトC6
Li+

LixC6 は、
Li+ とグラファイト C6 の
比率を x で
表しているんだね

49 リチウムイオンがあっちに行ったりこっちに行ったり

プラス極はコバルト酸リチウム

リチウムイオン電池で、エネルギー準位が低くなった電子を受け取る還元反応は、

$Li_{1-x}CoO_2 + xLi^x + xe^- \rightarrow LiCoO_2$

となります。$LiCoO_2$は、2次元平面的な層状シート構造を持っているCoO_2と、その層の隙間にLi^+が入っている状態を表しています。グラファイトと同じように、Li^+が、イオンのままで、その隙間に出たり入ったりできます。そして、プラスの電荷を持ったLi^+が出入りするので、電気中性の原理を満たすために、コバルトの酸化状態が変わります。Li^+が入っていないときは、CoO_2なので、+4ですが、Li^+が入ってくると、+1が加わることになるので、コバルトの酸化数が+3に下がるのです。その酸化状態の変化が、層状の構造を変えないで起こることが重要になります。

電池を組んだとき、放電に伴って、マイナス極ではLi^+がグラファイトの層間から抜け出て、同時に、グラファイトが持っていた電子が外部回路を通ってプラス極側に移動します。プラス極では、$Li_{1-x}CoO_2$の層間にLi^+が入って、+4であったコバルトが、マイナス極で生まれて外部の電気機器を通ってきた電子を受け取って+3に変化します。Li^+はマイナス極からプラス極に移動するだけで、その酸化状態は変えていません。充電の場合には、放電の逆方向の変化が起こります。

Li_xC_6や$Li_{1-x}CoO_2$は、原子が一定の比率で結合している化合物と違って、グラファイト（本来Cと表します）やCoO_2（これはCoとOが1：2で結合しています）の層の間にLi^+が出入りします。出入りに伴ってグラファイトやCoO_2と、Li^+の比率は整数でなく変われるので、xを使って表しているのです。

リチウムイオン電池の電解液には、六フッ化リン酸リチウムを溶かしたエチレンカーボネートなどの有機溶媒が使われています。なぜ水溶液は使われないのでしょうか。それを理解するためには、「電位窓」を知っておく必要がありますがそれは後で説明しましょう。

要点BOX
- ●プラス極はコバルトの酸化状態が変わる
- ●リチウムイオンは移動するだけ
- ●リチウムの比率は整数でなく変われる

リチウムイオン電池のプラス極

平面を垂直方向上から見ると

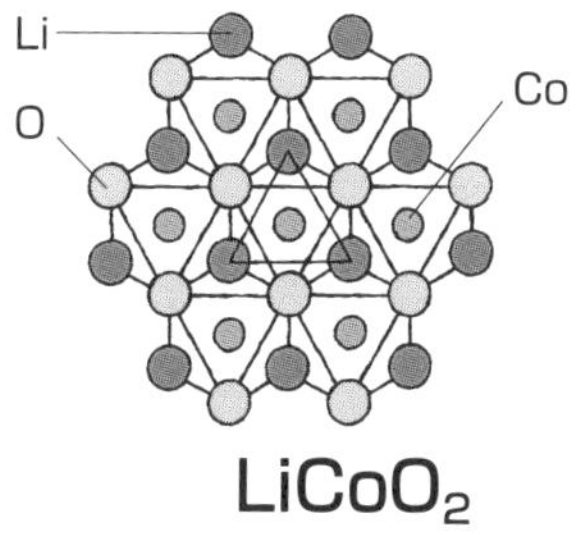

リチウムイオンが挿入されたコバルト酸リチウムの模式図

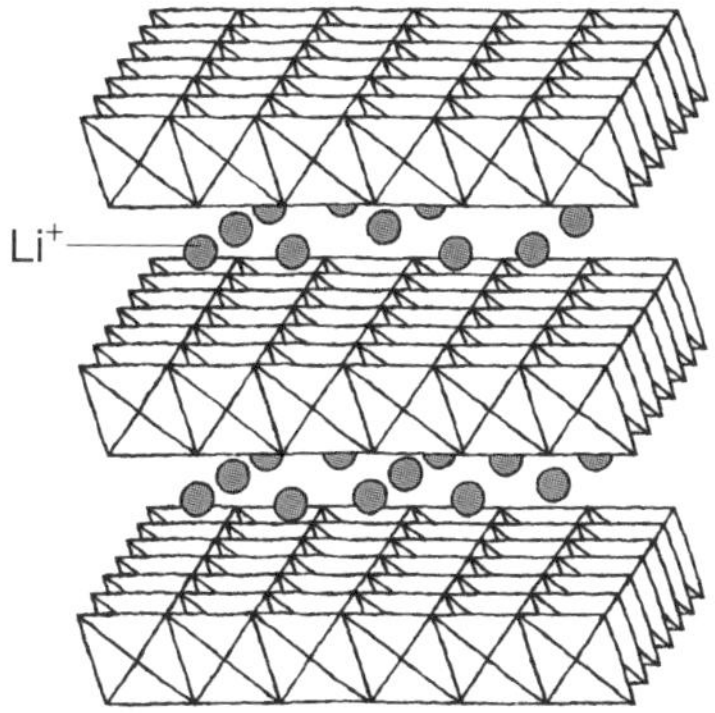

リチウムイオン電池の放電と充電の模式図

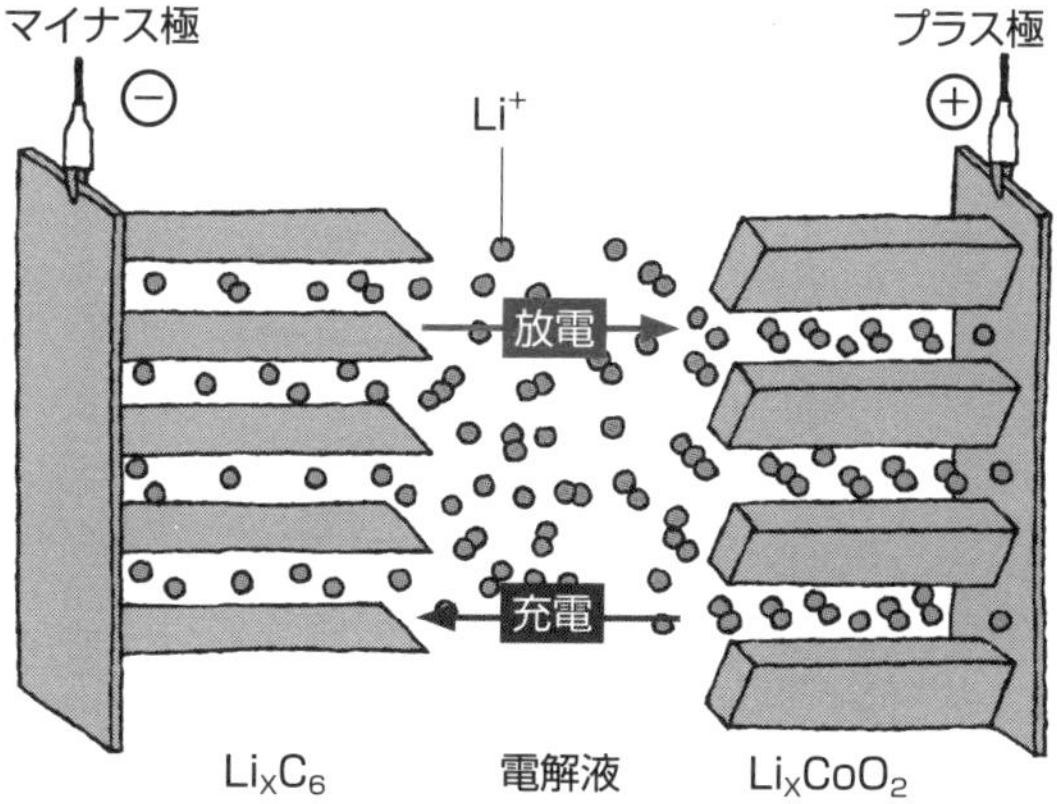

酸化状態の変化

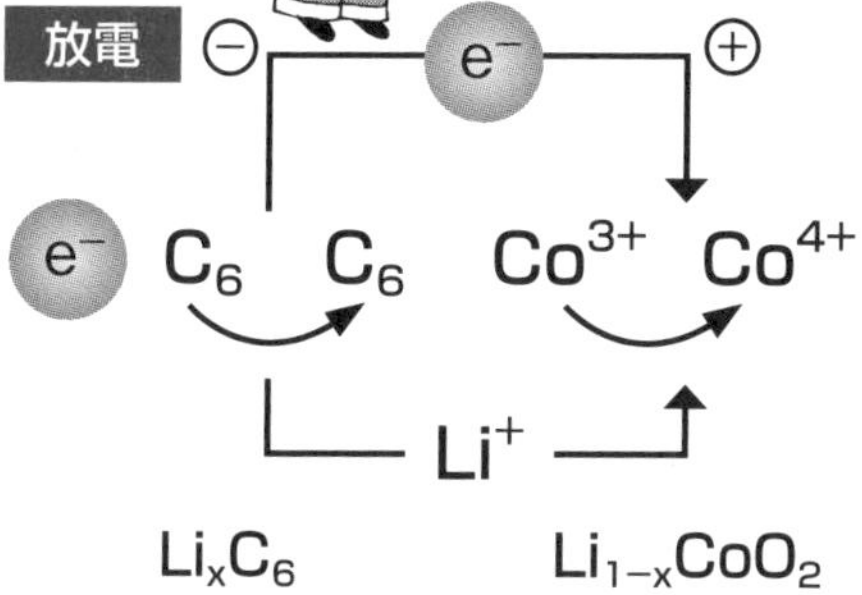

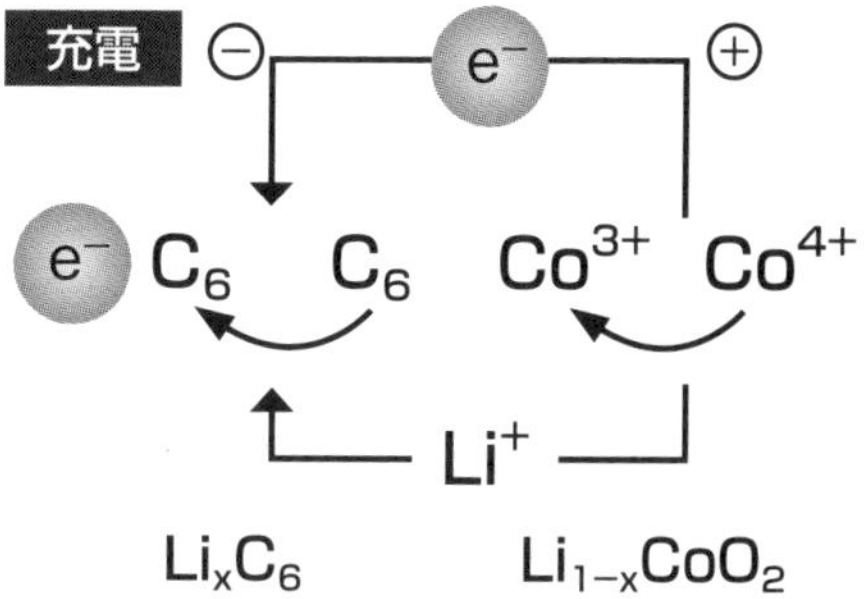

50 水素酸素燃料電池は発電機だ

いろいろあるぞ水素酸素燃料電池

水素を燃料として、空気中の酸素と反応するときの化学エネルギーの減少分を、電気エネルギーに変えて取り出すのが、水素酸素燃料電池です。すでに酸性電解液を使った場合の、水素極と酸素極の反応に関しては、前章で詳しく取り上げました。

燃料電池は「電池」と名前がついていますが、装置としてみた場合、一次電池や二次電池とは異なっています。一次電池や二次電池は、活物質がその電池の中に入っている場合がほとんどです。しかし、燃料電池の活物質にあたる水素ガスと酸素ガスは、外部から燃料電池に供給します。燃料を供給して、電気を作り出すので、発電機というイメージですね。

固体高分子形燃料電池は、水素イオンを通す固体高分子膜をイオン伝導体として用います。電極としては、電子伝導体である炭素粉末に白金の微粒子を載せて使います。実際の水素酸化反応や酸素還元反応は白金微粒子の表面で起こります。白金そのものは、反応の前後で変化しませんが、反応の速さに大きな影響を及ぼすため、「電極触媒」と呼びます。この電池は比較的低温で動かせて、しかも小型化できるので、燃料電池車や家庭用コジェネレーションシステムであるエネファームに用いられています。

水素酸化反応と酸素還元反応を別々の場所で起こして、電解液（イオン伝導体）をつなげば、原理的には電池になるので、左の表のようにさまざまなタイプの水素酸素燃料電池がありえます。全体としての反応はすべて同じですが、用いる電解液が異なります。燃料電池の名前は、電解液にそって名付けられています。溶融炭酸塩とは、炭酸リチウムや炭酸カリウムなど室温では固体の結晶を600℃以上にしてそのまま融解させたイオン伝導体です。固体酸化物とは、酸化ジルコニウムをベースとして、高温にしたときに生じる酸化物イオンO^{2-}の孔を利用して、O^{2-}が移動できるイオン伝導体です。

要点BOX
- ●水素と酸素は外部から供給
- ●反応の速さに影響する白金は電極触媒
- ●電解液にそって名付けられる

固体高分子形燃料電池の模式図

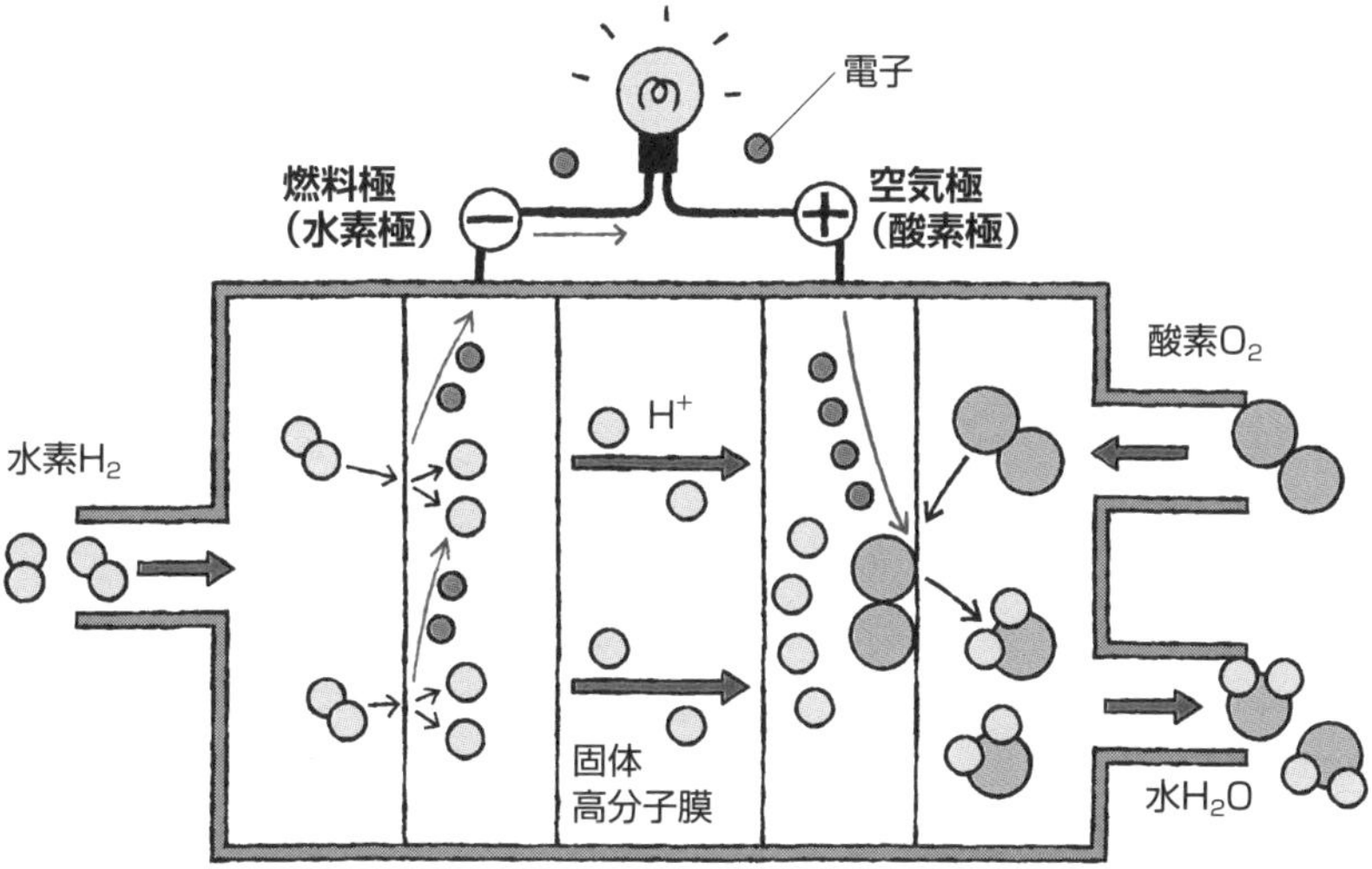

水素酸化反応

$$H_2 \rightarrow 2H^+ + 2e^-$$

酸素還元反応

$$\frac{1}{2}O_2 + 2H^+ + 2e^- \rightarrow H_2O$$

全体で $H_2 + \frac{1}{2}O_2 \rightarrow H_2O$

さまざまな水素酸素燃料電池

原子の数と電気的な釣り合いを満たして、
酸化反応と還元反応に分けられれば、原理的には電池を組み立て可能。

燃料電池の種類	水素酸化反応 酸素還元反応	移動するイオン	電解液	作動温度
固体高分子形 リン酸形	$H_2 \rightarrow 2H^+ + 2e^-$ $\frac{1}{2}O_2 + 2H^+ + 2e^- \rightarrow H_2O$	H^+	高分子膜 リン酸	80～ 120℃
アルカリ形	$H_2 + 2OH^- \rightarrow 2H_2O + 2e^-$ $\frac{1}{2}O_2 + H_2O + 2e^- \rightarrow 2OH^-$	OH^-	水酸化 カリウム溶液	180～ 220℃
溶融炭酸塩形	$H_2 + CO_3^{2-} \rightarrow H_2O + CO_2 + 2e^-$ $\frac{1}{2}O_2+CO_2+2e^- \rightarrow CO_3^{2-}$	CO_3^{2-}	溶融炭酸塩	600～ 650℃
固体酸化物形	$H_2+O^{2-} \rightarrow H_2O+2e^-$ $\frac{1}{2}O_2+2e^- \rightarrow O^{2-}$	O^{2-}	固体酸化物	700～ 1000℃

全体で $H_2 + \frac{1}{2}O_2 \rightarrow H_2O$

51 水の電気分解は、水分子の電気分解とは限らないんだね

酸性溶液とアルカリ性溶液で異なる

電池の次は電気分解を見ていきましょう。まずは、水の電気分解です。これは、「水の電位窓」とも関わっています。水分子H_2Oは、酸化数+1の水素原子と酸化数-2の酸素原子でできています。

水素は酸化数+1のほかに単体の水素分子H_2として酸化数0を取れます。つまり、H_2O分子の中の水素原子はH_2分子に直接還元できます。その反応は次のようになります。

$2H_2O+2e^- \rightarrow H_2+2OH^-$　（アルカリ溶液中）

反応式の左辺と右辺は、原子の数も、電気的にも釣り合っていないといけないので、H_2O分子のH_2分子への直接還元はこの反応しかありえません。そして、右辺にOH^-イオンがあることからわかるように、この反応はアルカリ溶液中でしか起こりません。

H^+が大量に存在する酸性溶液中で、H_2O分子をH_2分子に直接還元することはできないのです。しかし、酸性溶液中では、H_2O分子の水素と同じ酸化数+1の水素が、H^+として存在します。H^+の水素は酸化数が+1なので、酸化数0のH_2分子に還元することができます。

$2H^+ + 2e^- \rightarrow H_2$　（酸性溶液中）

一方、酸素は、酸化数-2のほかに酸素分子として0が取れます。したがって、H_2O分子の中の酸素原子は酸素分子O_2に酸化できます。その反応は次の通りです。

$H_2O \rightarrow 1/2\ O_2+ 2H^+ + 2e^-$　（酸性溶液中）

これも原子の数と電気的な釣り合いから、H_2O分子のO_2分子への直接酸化はこの反応しかありえません。そして、今度は右辺にH^+があることからわかるように、この反応は酸性溶液中でしか起こりません。

しかし、アルカリ溶液にはOH^-イオンが大量に存在します。このOH^-イオンの酸素の酸化数は-2なので、酸化数0のO_2分子に酸化できます。

$2OH^- \rightarrow 1/2\ O + H_2O + 2e^-$　（アルカリ溶液中）

要点BOX

- 水分子はアルカリ中で水素原子を還元でき、酸性中で酸素原子を酸化できる
- 水素イオンや水酸化物イオンも反応する

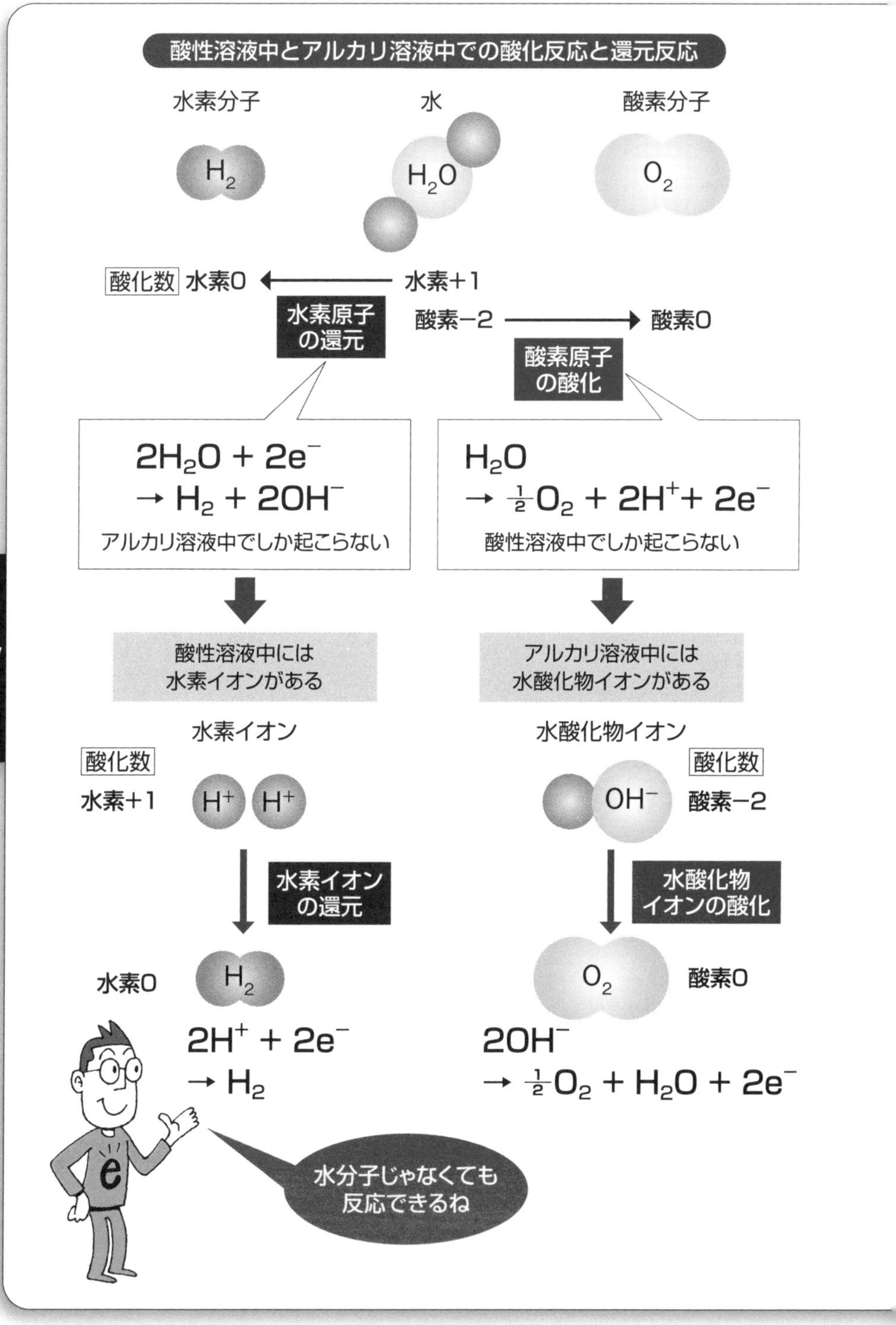
酸性溶液中とアルカリ溶液中での酸化反応と還元反応
水素分子
水
酸素分子
H_2
H_2O
O_2
酸化数
水素0
水素+1
水素原子の還元
酸素−2
酸素0
酸素原子の酸化
$2H_2O + 2e^- \rightarrow H_2 + 2OH^-$
アルカリ溶液中でしか起こらない
$H_2O \rightarrow \frac{1}{2}O_2 + 2H^+ + 2e^-$
酸性溶液中でしか起こらない
酸性溶液中には水素イオンがある
アルカリ溶液中には水酸化物イオンがある
水素イオン
水酸化物イオン
酸化数
水素+1
H^+ H^+
OH^-
酸素−2
水素イオンの還元
水酸化物イオンの酸化
水素0
H_2
O_2
酸素0
$2H^+ + 2e^- \rightarrow H_2$
$2OH^- \rightarrow \frac{1}{2}O_2 + H_2O + 2e^-$
水分子じゃなくても反応できるね

52 気づけば、水が分解されている

水の理論分解電圧は1・23V

酸性溶液とアルカリ溶液中で起こりうる還元反応と酸化反応をまとめると次のようになります。

【酸性溶液中】

$2H^+ + 2e^- \rightarrow H_2$　（還元反応）

$H_2O \rightarrow 1/2\,O_2 + 2H^+ + 2e^-$　（酸化反応）

【アルカリ溶液中】

$2H_2O + 2e^- \rightarrow H_2 + 2OH^-$　（還元反応）

$2OH^- \rightarrow 1/2\,O_2 + H_2O + 2e^-$　（酸化反応）

そして、同じ溶液中で起こる酸化反応と還元反応を足し合わせると、

$H_2O \rightarrow H_2 + 1/2\,O_2$

になります。これは、それぞれの溶液において起こる反応を全体としてみたとき、H_2OがH_2とO_2に分解することを表しています。

H_2O分子そのものを、H_2分子に還元し、同じ溶液中で同時に、H_2O分子そのものを、O_2分子に酸化することは困難です。しかし、H_2O分子と同じ酸化数を持つ、酸性溶液ではH^+、アルカリ溶液ではOH^-がそれぞれ反応することにより、ちょうど全体としては、水の分解が進むようになるのです。

そして、これらの反応を起こすためには、外部から電圧をかけないといけないので、電気を使った分解ということで、「水の電気分解」と呼ばれるわけです。

酸性溶液中でもアルカリ溶液中でも、水の電気分解を起こすには、白金板を2枚浸漬して、それぞれを外部電源のプラス端子とマイナス端子につないで、電圧をかけていきます。理論的には、どちらの溶液においても、25℃においてはかけた電圧が1・23Vを超えると、両方の白金板の表面から、気泡の発生が観察されます。この1・23Vを水の理論分解電圧と呼びます。マイナス極側の白金板では水素ガスが発生し、プラス極側の白金板では酸素ガスが発生します。左には、酸性溶液中での水の電気分解を模式的に描きました。

要点BOX

- ●水分子の酸化と還元を同時に行うのは困難
- ●全体として水の電気分解が進む
- ●水の理論分解電圧は25℃で1.23V

酸性溶液中とアルカリ溶液中での酸化反応と還元反応

酸性溶液中

【還元反応】
$2H^+ + 2e^- \rightarrow H_2$
【酸化反応】
$H_2O \rightarrow \frac{1}{2}O_2 + 2H^+ + 2e^-$

アルカリ溶液中

【還元反応】
$2H_2O + 2e^- \rightarrow H_2 + 2OH^-$
【酸化反応】
$2OH^- \rightarrow \frac{1}{2}O_2 + H_2O + 2e^-$

全体の反応は

$$H_2O \rightarrow H_2 + \frac{1}{2}O_2$$

水の分解

酸性溶液中での水の電気分解

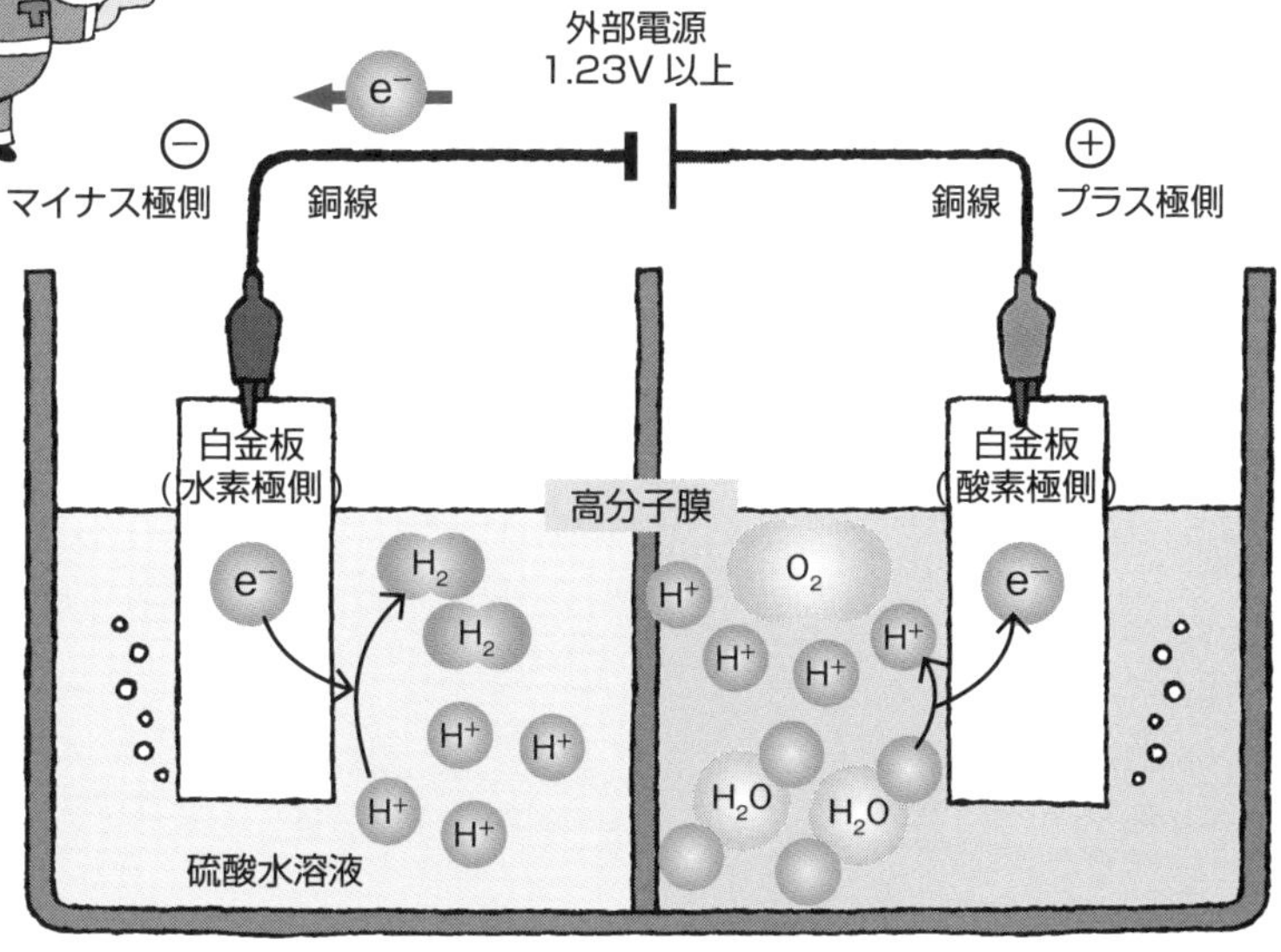

$2H^+ + 2e^- \rightarrow H_2$

H_2O
$\rightarrow \frac{1}{2}O_2 + 2H^+ + 2e^-$

53 水は1・23Vだけ窓が開く

酸性溶液でも、アルカリ溶液でも、理論的には、1・23Vの電圧を外部からかけないと水の電気分解は起こりません。逆に言うと、この1・23V以下の範囲では、水は分解されない、水が安定に存在できる電位範囲となります。水の酸化や還元反応が進行しない電位範囲のことを「水の電位窓」と呼びます。

本当にほぼ水分子しかない、超純水は数十Vの電圧をかけないと電気分解しません。ただそれは、超純水が電気を流さないために起こるので、反応性を反映する電位窓とは異なります。

学校で水の電気分解の実験をするときは、希硫酸溶液か、水酸化ナトリウム溶液を使うはずです。例えば、希硫酸溶液を用いた場合は、H^+だけではなくて、溶液中に硫酸水素イオンHSO_4^-や硫酸イオンSO_4^{2-}が大量に存在しますね。実は、これらのHSO_4^-やSO_4^{2-}は、水の中ではかなり安定な水和イオンとして存在して、実際に還元したり酸化したりするには、1・23Vよりも大きな電圧をかける必要があり、水の電位窓の範囲外なので、考えなくてよいのです。つまり、HSO_4^-やSO_4^{2-}が反応する前に、水が電気分解してしまうということです。

同様に、水酸化ナトリウム溶液を用いた場合、ナトリウムイオンNa^+も含まれます。これは還元される可能性はありますが、その還元反応は水の還元反応よりもはるかに低い電位でないと起こらないので、考えなくてよいのです。

なぜ電位「窓」と呼ぶかというと、水溶液に溶けているモノがあったときに、電位窓の領域では水溶液は反応しないので、溶けているそのモノの酸化や還元などの電気化学的な性質を知ることができるからです。水溶液の電位窓の範囲で、酸化反応に基づく電流が流れたら、それは水溶液に溶けているモノが酸化されたことになります。まさに、窓から、溶けているモノの電気化学的な挙動を見ている感じですね。

要点BOX

- 硫酸水素イオンやナトリウムイオンは水の電位窓の範囲で反応しない
- 窓から溶けているモノの挙動が見える

水の理論的な電位窓は1・23V

希硫酸溶液と水酸化ナトリウム溶液で酸化されるモノと還元されるモノ

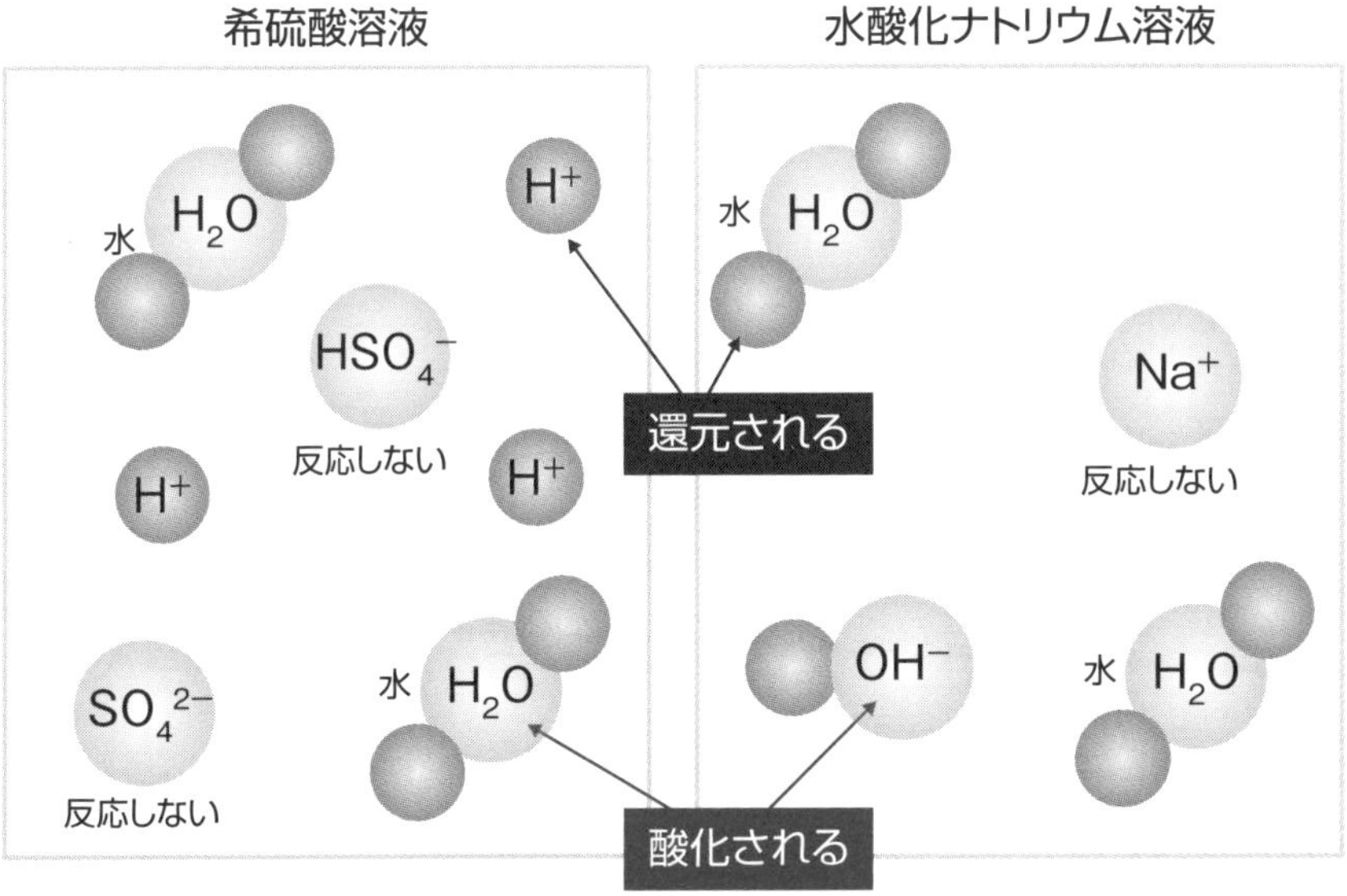

水の理論的な電位窓

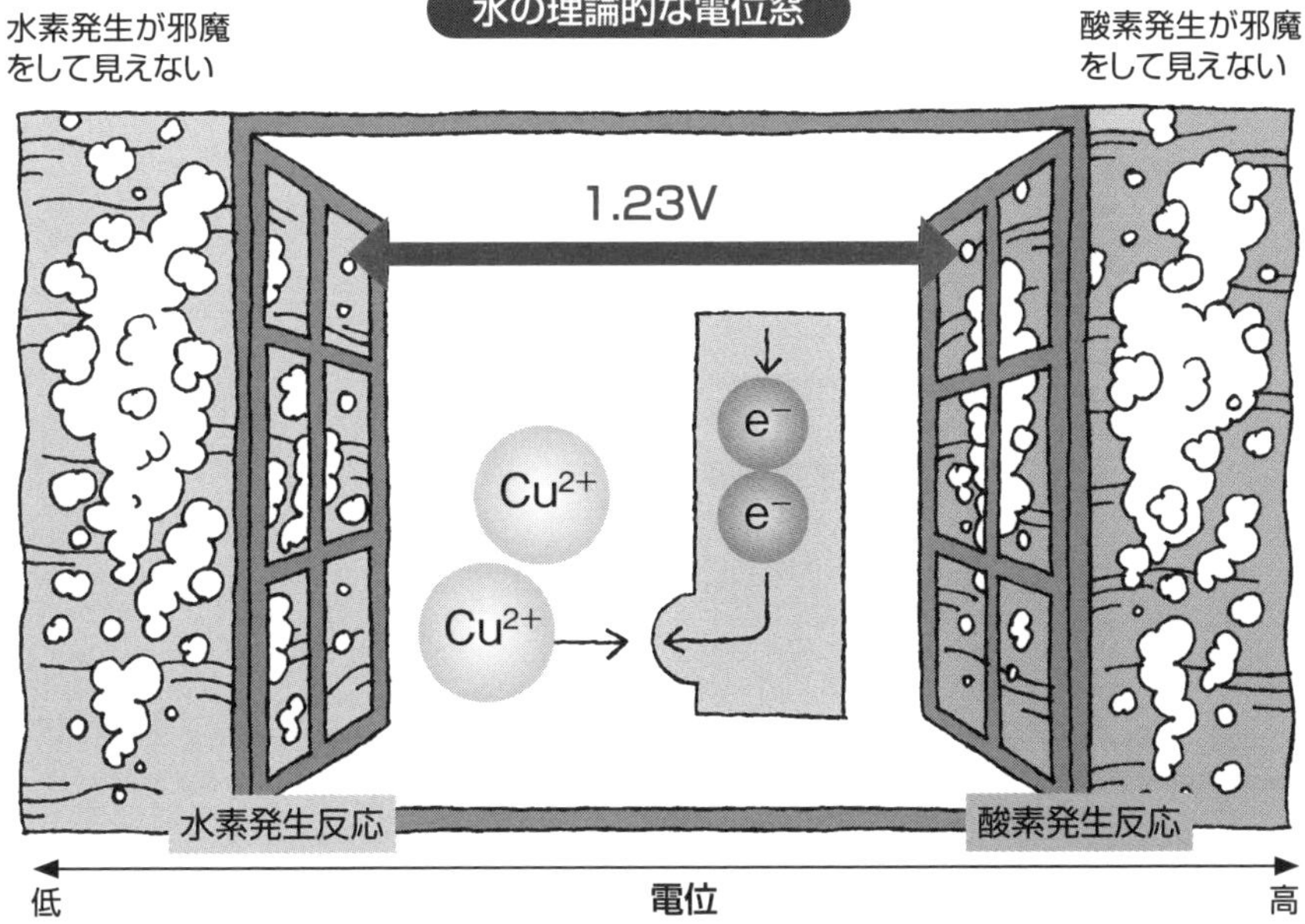

電位窓の範囲で、溶けているモノの酸化や還元の様子がわかる

54 ホントの電位窓はもっと広い

電極の材料によって大きく変わる

水の理論分解電圧は1・23Vなので、この1・23Vが「理論的な水の電位窓」になります。しかし実際には、電気分解に用いる電極材料によって、反応のしやすさが大きく変わるので、電極と電解液の組み合わせで、電位窓が決まると考えた方がよいでしょう。

希硫酸溶液の場合でも、白金を電極に用いた場合の電位窓は1・5V程度になります。これは酸素発生反応が起こりにくいからです。グラッシーカーボン(ガラス状カーボンともいいます)という、カーボンを高温で焼き固めた炭素材料を用いると、電位窓は2・2V程度に大きくなります。これはグラッシーカーボン上では、水素発生反応も、酸素発生反応もいずれも起こりにくくなるためです。さらにすごいのは、ホウ素を微量含んだダイヤモンドを電極にしたときで、およそ3・0Vもの電位窓を持ちます。

電解液の電位窓は、電池や電気分解をする際に用いる電解液の選択においてとても重要です。なぜなら、電池の充放電や電気分解で起こる反応が、用いている電解液の電位窓の範囲内で起こらないといけないからです。そうでなければ、目的の反応が起こる前に、電解液が反応して分解してしまうからです。

鉛蓄電池は、硫酸が電解液なのに、2・0Vの起電力が生じるのは、マイナス極の金属鉛上での水素発生反応が起こりにくく、かつ、プラス極の二酸化鉛上での酸素発生反応も起こりにくいためです。

リチウムイオン電池の起電力は3・6Vであることからわかるように、水溶液を電解質として用いると、まず水の電気分解が起こってしまいます。そこで、原理的には、3・6V以上の電圧をかけないと電気分解しない電解液を用いる必要があります。しかし、現在用いられている電解液は、マイナス極側では本来、電気分解してしまうのですが、初期の充電時の分解生成物で電極表面が被覆されて守られ、それ以上分解が進まないようにして、用いられています。

要点BOX
- ダイヤモンドの電位窓は3.0V
- 電池や電気分解の反応は電位窓の範囲内で起こらないといけない

電極によって変わる水の電位窓

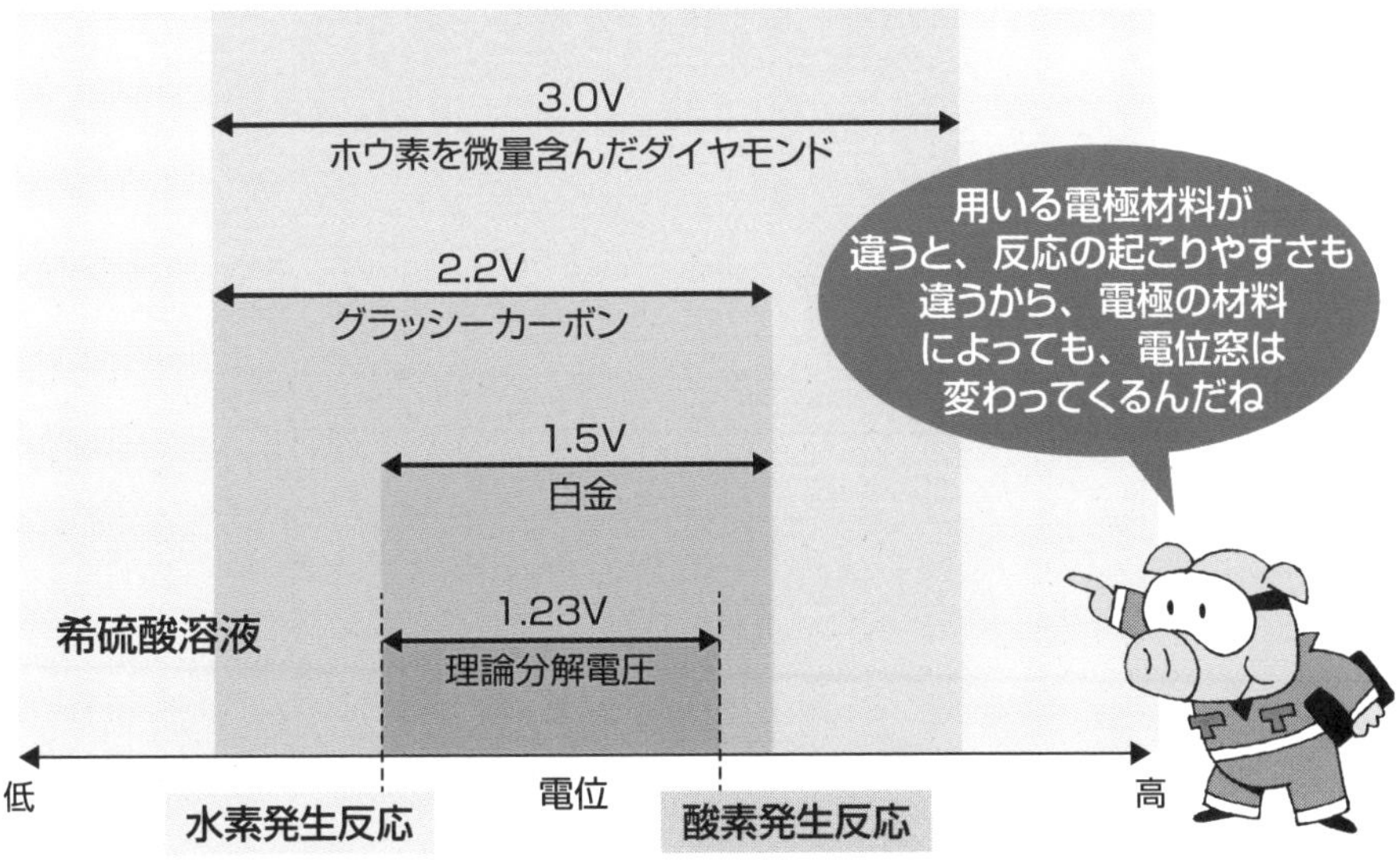

電池でも大事な電解液の電位窓とマイナス極とプラス極の電位

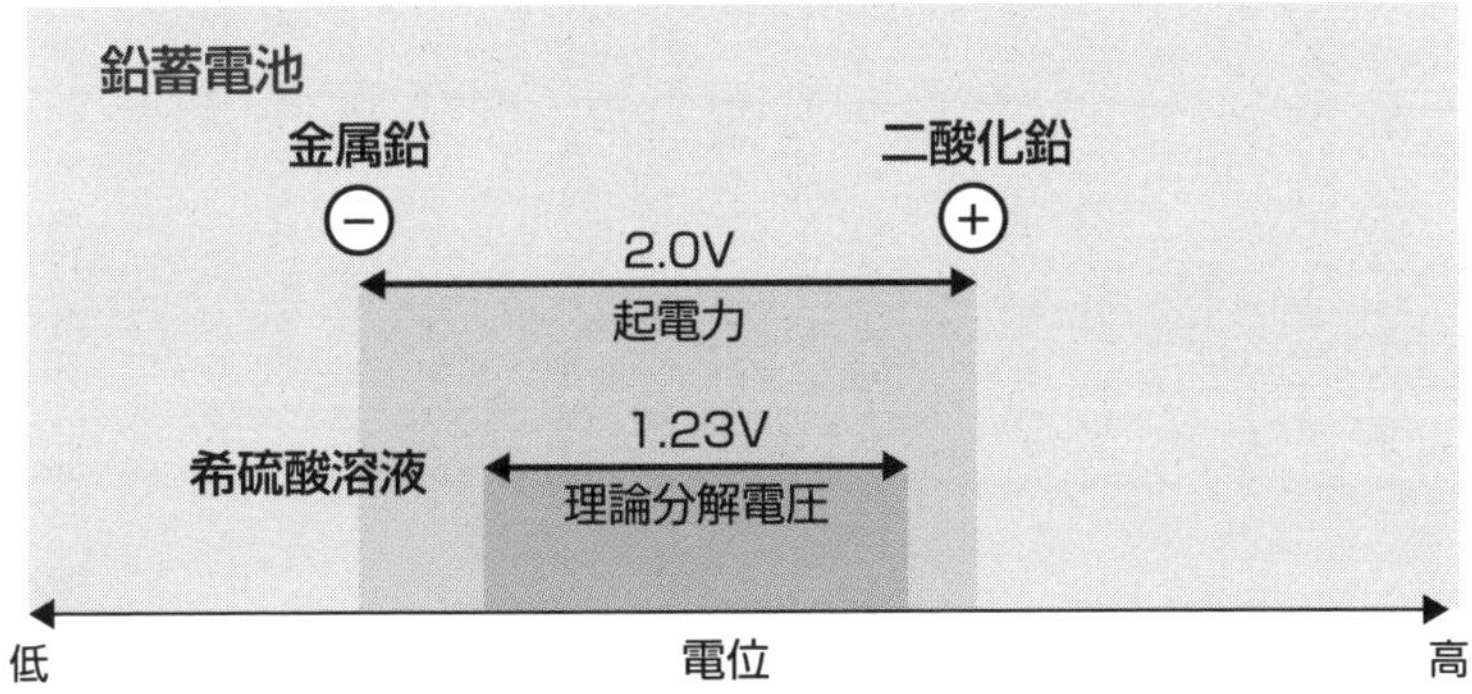

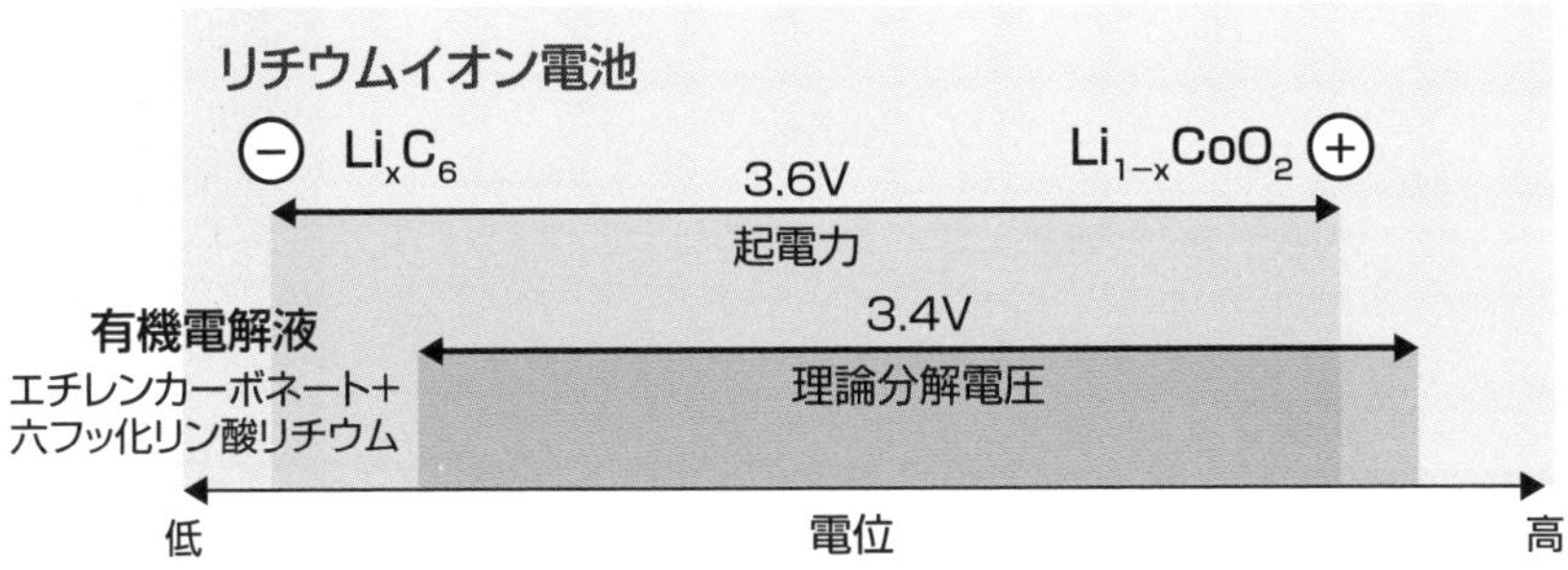

Column

実際の電池は複雑怪奇〜でも原理は同じ

第3章では、電極と電解液の界面を移動するモノとしては、電子とイオンしかなく、すべての酸化還元反応は、このどちらかに分類されると述べました。これは正しいのですが、実際の乾電池・二次電池をみていただくと、話はそんなに簡単ではないことがわかります。例えば、マンガン乾電池のプラス極の酸化マンガンの反応を考えてみましょう。反応式は、

$MnO_2 + H^+ + e^- = MnOOH$

でした。マンガン乾電池は集電体として炭素棒を用いていて、それとプラス極の活物質である酸化マンガンが接触しています。そして、酸化マンガンは電解液と混合されて、電解液が漏れないように工夫されていますが、基本的には、電解液と接しているのと同じです。つまり、模式的に書くと、開回路状態での釣り合いは図のようになっています。ダニエル電池や、水素酸素燃料電池の場合と違って、炭素棒とプラス極活物質の固体と固体の界面では電子のエネルギー準位の釣り合い、プラス極活物質と電解液の界面では水素イオンのエネルギーが釣り合っていて、プラス極の活物質の中で、水素イオンと電子を含んだ、マンガンの3価と4価の酸化還元反応が釣り合っています。このように、実際の電池では、複数の釣り合いが生じていて、一見複雑ですが、一つひとつ紐解けば、界面を移動するのは電子とイオンに行きつきます。ただし、なかには、もっと複雑な現象もあります。例えば、鉄の表面に酸化鉄ができていて、それが溶解すると同時に、その表面で酸素還元反応が起こるような場合です。このときは、イオンと電子が同時に、酸化鉄と電解液の界面を移動すると考えます。このような現象はさらに注意深く取り扱う必要があります。

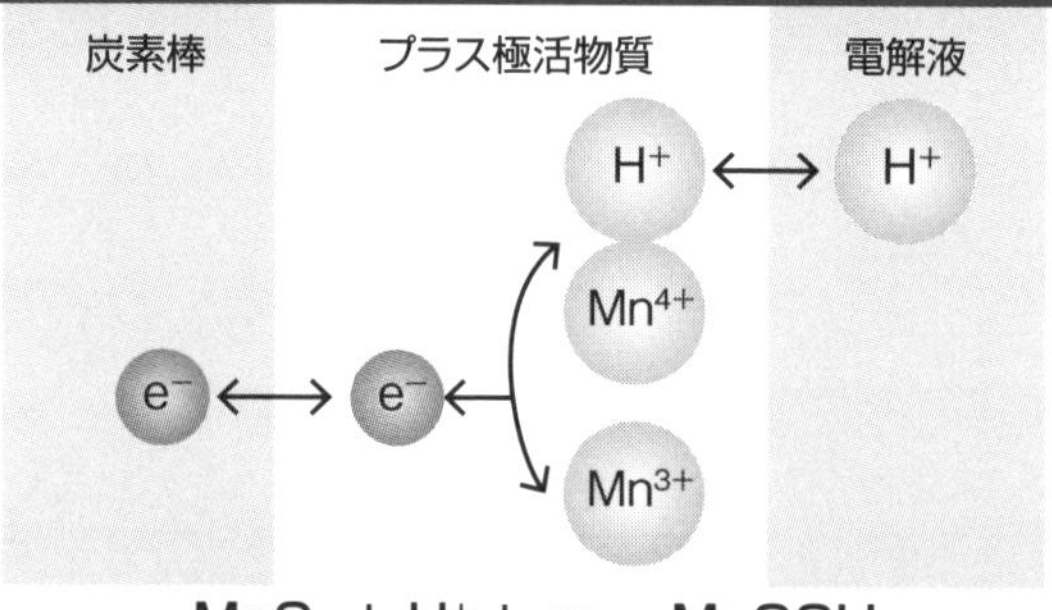

$MnO_2 + H^+ + e^- = MnOOH$

第5章
こんなに役立つ電気化学

55 電気分解ってすごい

電気分解は化学エネルギーを増加させる

23項で述べたように、電池は、自発的に進む化学反応に伴う化学エネルギーを、電気エネルギーに変えています。その逆の電気分解はどのようにとらえたらよいのでしょうか。これは水素酸素燃料電池と水の電気分解の関係を考えるとわかりやすいでしょう。

水素酸素燃料電池は、水素と酸素が水になる反応に伴う化学エネルギーの減少分を、電気エネルギーとして取り出していました。1モルの水素ガスと0・5モルの酸素ガスが反応して、1モルの水ができるとき、25℃では、最大237kJの電気エネルギーを取り出せます。最大というのは、電池の電圧が1・23Vのまで取り出せたら237kJになるのですが、電池を放電して電流を取り出すと必ず理論起電力よりも下がってしまうので、その電圧低下分は取り出せないからです。電圧低下分のロスは熱になります。

一方、逆の反応を起こす水の電気分解は、電気エネルギーを与えて、水を高い化学エネルギーを持つ水素と酸素に変えています。つまり、電気エネルギーを用いて、化学エネルギーを増加させているのです。1モルの水を電気分解して、1モルの水素ガスと0・5モルの酸素ガスを作るとき、最小237kJの電気エネルギーを必要とします。最小というのは、実際に電気分解を進めるには、必ず、水の電気分解の理論電解電圧（これは燃料電池の理論起電力と同じで1・23V です）よりも大きな電圧をかける必要があるからです。理論分解電圧以上にかけた電圧分は、化学エネルギーに変換されず、熱になってしまいます。

このことから、放電も電気分解も、できるだけ理論起電力＝理論分解電圧に近い電圧で起こすと無駄が少なくなることがわかります。二次電池の放電と充電も同じです。

水の電気分解からわかるように、電気エネルギーを使えば、電気エネルギーがなければ、自発的に起こらない化学反応を起こすことができます。

要点BOX
- ●電気分解には、理論分解電圧よりも大きな電圧が必要
- ●理論電圧との差は熱になってロスする

化学エネルギーと電気エネルギーの変換

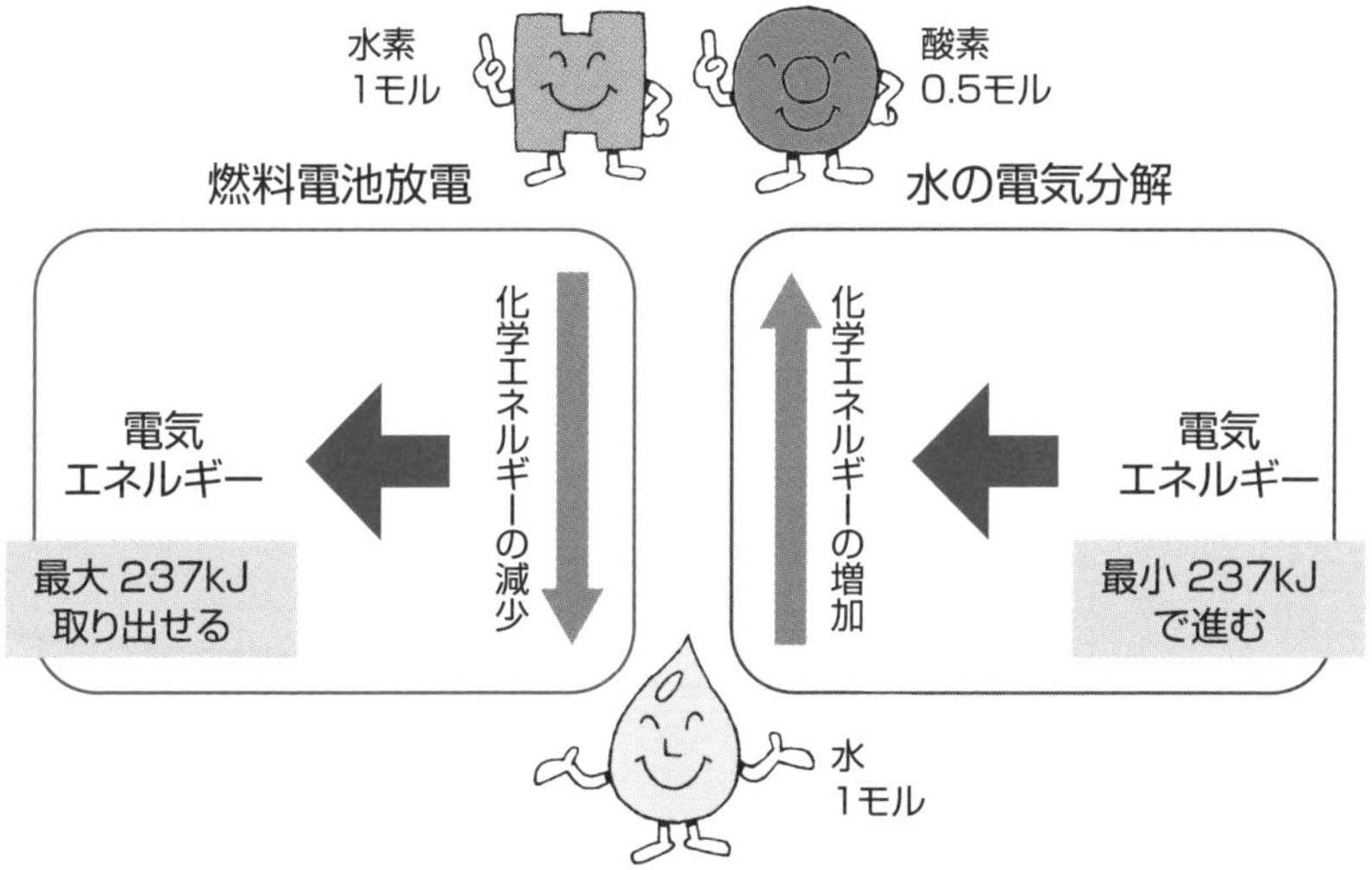

燃料電池放電時と水電解時の電圧と起電力の関係

電池電圧は理論起電力よりも必ず小さくて、電解電圧は必ず大きい。

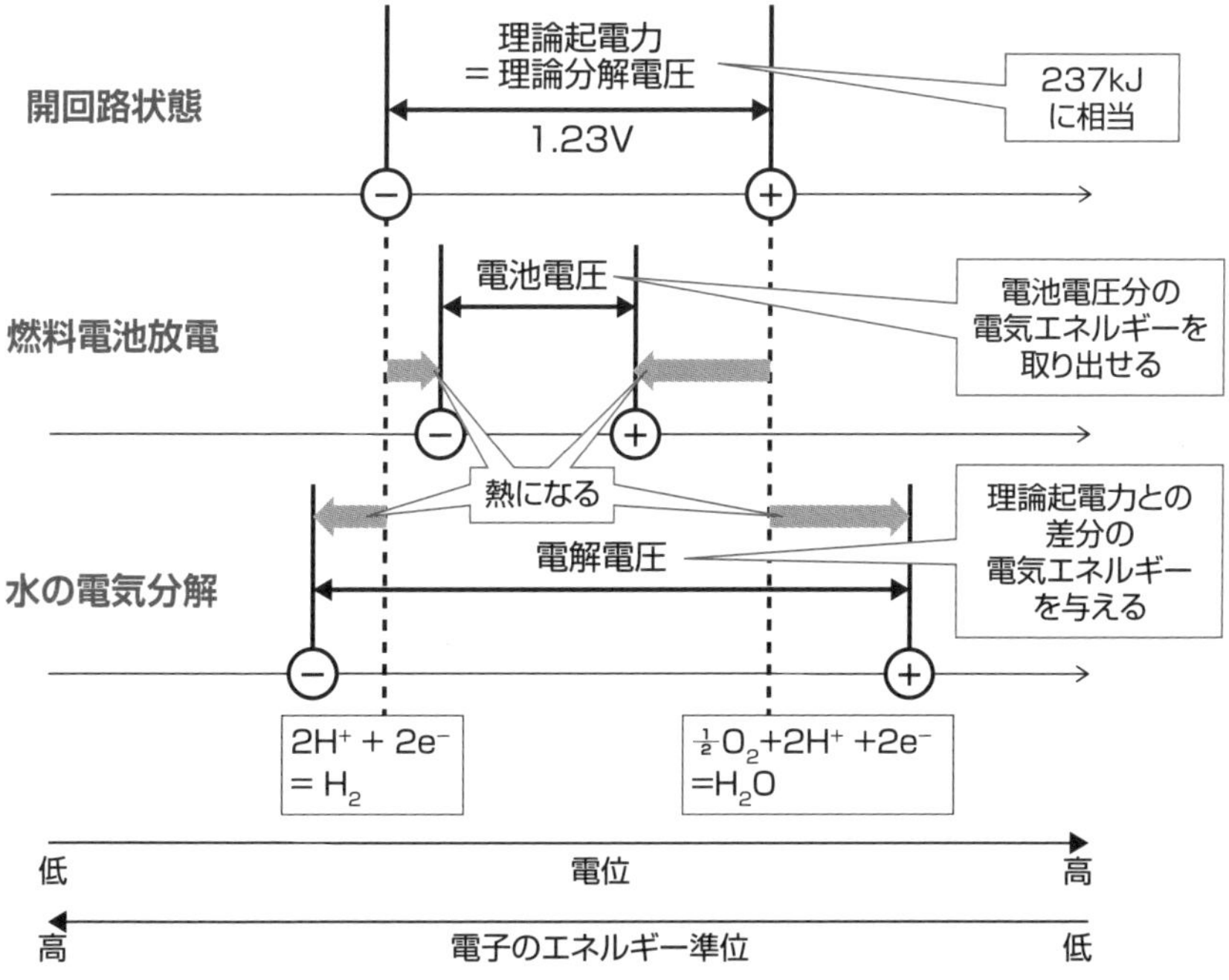

56 水がダメなら、そのまま融かそう

デービーは1人で最多の6個の元素を発見

電気化学を用いれば、電気エネルギーを使って、自発的には起こらない化学反応を起こすことができます。その成果は、ボルタが電池を発明してから間もなく現れました。15項で述べたイオン化傾向を思い出してみましょう。ナトリウムやマグネシウムはイオン化傾向が大きくて、極めて陽イオンになりやすい元素です。これは、エネルギー準位がとても高い電子を作りやすいことを意味するので、それらの金属が水と触れると、水に電子を与えて、自分は酸化数を上げて陽イオンになります。水は還元されることになりますが、還元できるのは酸化数が+1の水素なので、水素が還元されて酸化数を下げて、水素ガスを発生します。

逆に言うと、水溶液中に、ナトリウムイオンNa^+やマグネシウムイオンMg^{2+}を溶かしておいて、その水溶液に白金板を浸漬して、外部から電圧をかけて電気分解をしても、先に水素発生が起こってしまって、Na^+やMg^{2+}は、還元して金属にはならないということです。起こりやすい反応から起こるのです。

デービーは水溶液を使わずに、常温では固体の水酸化カリウムKOHや水酸化ナトリウムNaOHを加熱して高温にして、溶融させて液体としました。これは溶融塩と呼ばれ、KOHはK^+とOH^-のみで、NaOHはNa^+とOH^-のみでできた液体になります。この溶けたKOHやNaOHを電気分解すると、OH^-の還元による水素発生より先に陽イオンが還元され、金属Kや金属Naが、マイナス極に析出してきます。デービーは同じような方法を使って、ナトリウムとカリウム以外にも、カルシウム、ストロンチウム、バリウム、マグネシウムを発見しました。歴史上、1人で6つも元素を発見したのは、デービーただ1人です。

このように、酸化でも還元でも、起こしたい反応が最初に起こるように条件を整えてやれば、電気エネルギーを使えば、自発的には起こらない反応もラクに起こせるのです。

要点BOX
- ●ナトリウムやカリウムは水溶液中で還元できない
- ●固体を融かしてイオンだけの液体にする
- ●起こりやすい反応から起こる

水溶液中では、ナトリウムイオンは還元できない

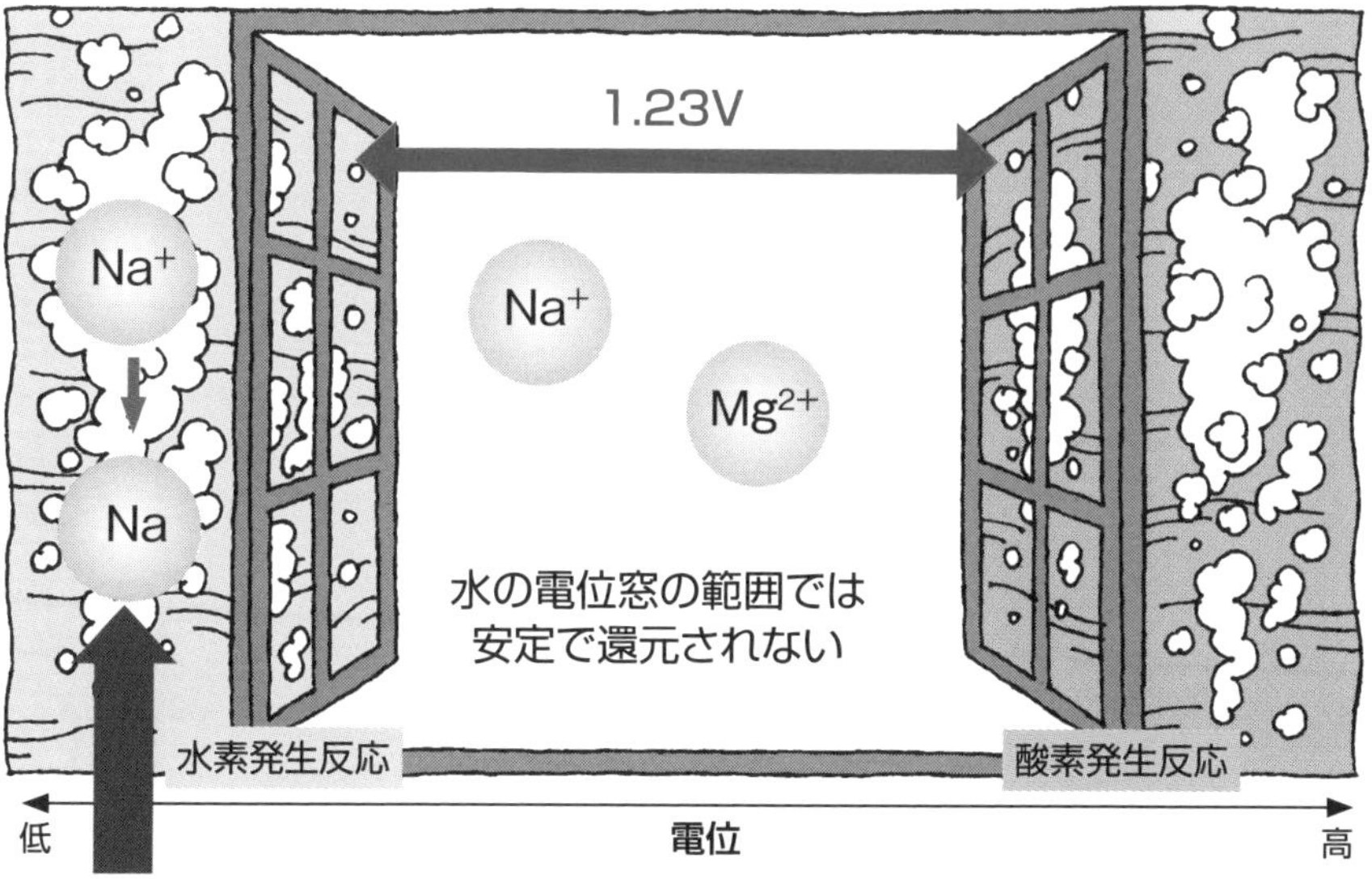

ずっと電位を低くできれば還元できるが、
先に水が還元されて水素が発生してしまう

融けた水酸化ナトリウム溶液を電気分解

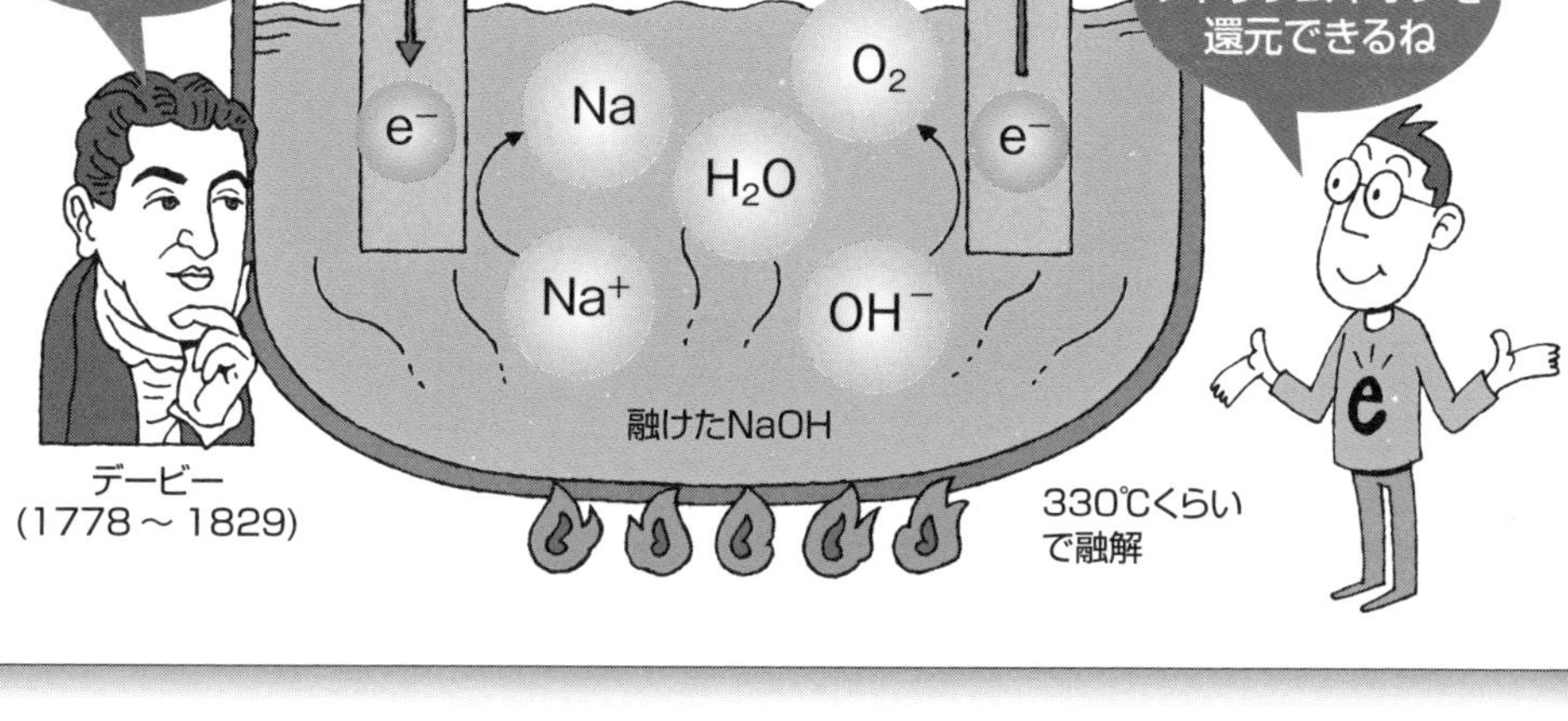

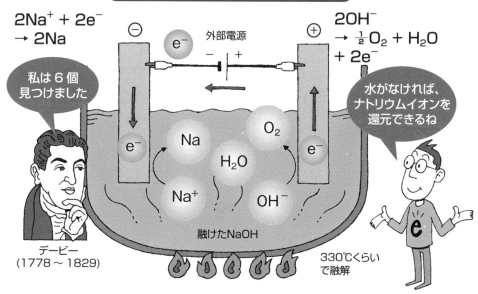

57 あつあつの電解液〜アルミニウム電解

氷晶石を1000℃で融かして電解液に

化学工業の基礎材料である水酸化ナトリウムと塩素を作る食塩電解や、アルミニウム、マグネシウム、ナトリウム、亜鉛、銅などの電解採取および銅やアルミニウムなどの電解精錬は、電気エネルギーを使って、工業的なレベルで大量に製造するので、工業電解と呼ばれています。まずアルミニウム電解です。

アルミニウムAlの原料は、ボーキサイトで、これは酸化アルミニウムAl_2O_3を主に含んでいます。アルミニウムは、ナトリウムやカリウムと同じようにイオン化傾向が大きいので、Al^{3+}を水溶液中で金属Alに還元できません。それなら、水を使わずにイオンだけの液体にするためにAl_2O_3を加熱して、溶融酸化アルミニウムの液体にして電気分解すればよさそうです。ところが、Al_2O_3は融点が約2070℃ととても高く、現実的に電気分解はできません。

そこで、融点の低い電解液に溶かすことを考えます。水溶液でも、目的とする反応が水の電位窓の範囲内で起これば、水を分解することなく起こせましたね。同じように、2000℃よりももっと低い温度で融解してイオンのみの液体になり、Al_2O_3が溶ける固体を探せばよいのです。もちろん、その電解液の電位窓の範囲内で、Al^{3+}の還元が起こることが必要です。

それが、氷晶石（Na_3AlF_6）です。氷晶石は融点が1000℃付近とはるかに低く、Al_2O_3を溶かして、Al^{3+}とO^{2-}にします。そして、融けた氷晶石に含まれる、Na^+とF^-（フッ化物イオン）は安定で、電位窓も広く、溶かしたAl^{3+}を金属Alに還元できます。

電気分解するために、プラス極には炭素、マイナス極も炭素で作りますが、実際に電気分解を始めると、還元されて析出したAlが電極として働きます。左に電解炉を示しますが、マイナス極は炉下部になっていて、1000℃では、Alは液体で電解液よりも比重が大きく、底に溜まります。それをマイナス極として使いながら、連続的に製品として外部に取り出します。

要点BOX
- ●電気分解で大量に製造するのが工業電解
- ●原料が溶ける電解液を用いる
- ●析出したAlが電極として働く

アルミニウムは電気の缶詰

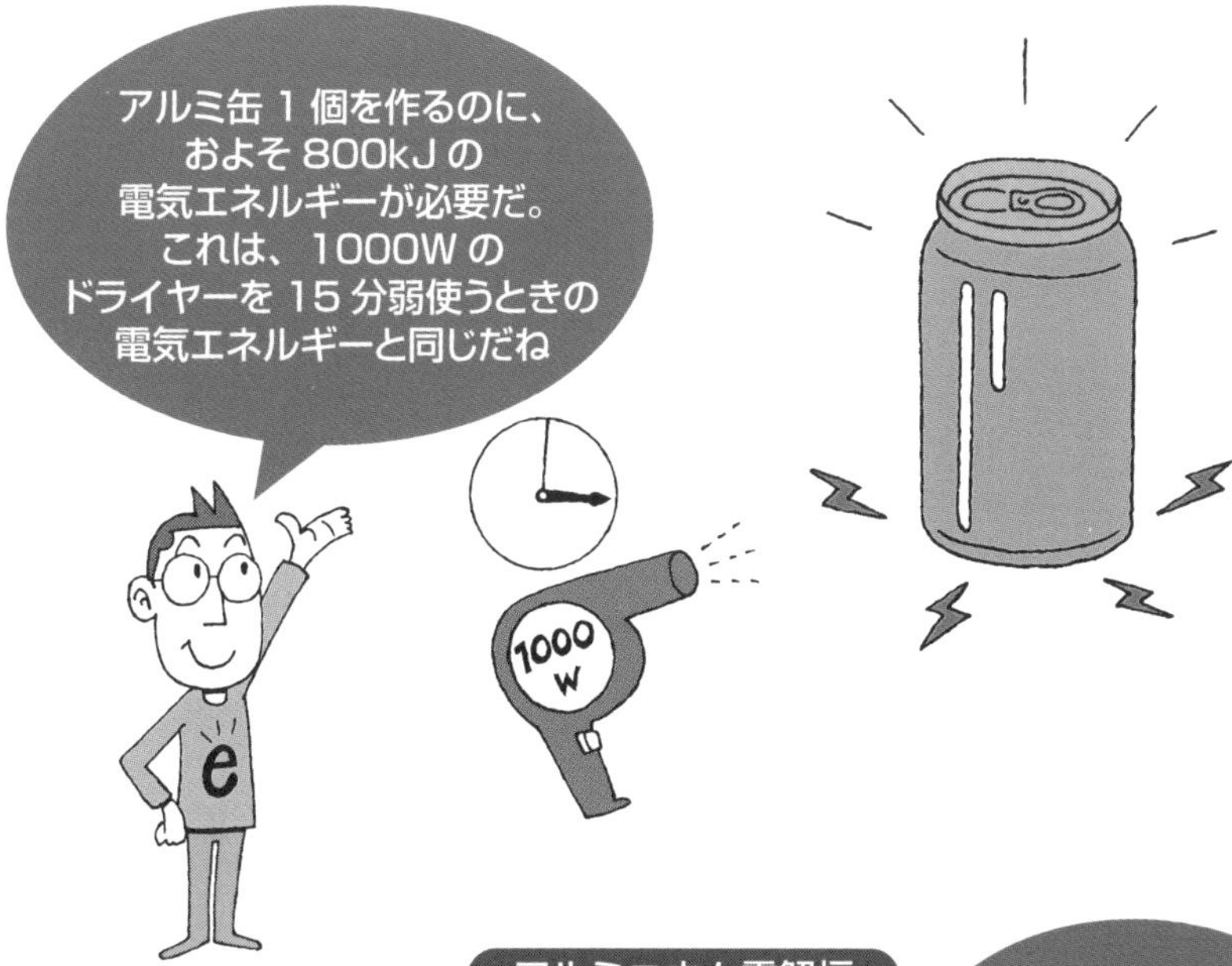
アルミ缶１個を作るのに、
およそ 800kJ の
電気エネルギーが必要だ。
これは、1000W の
ドライヤーを 15 分弱使うときの
電気エネルギーと同じだね
1000 W

アルミニウム電解炉

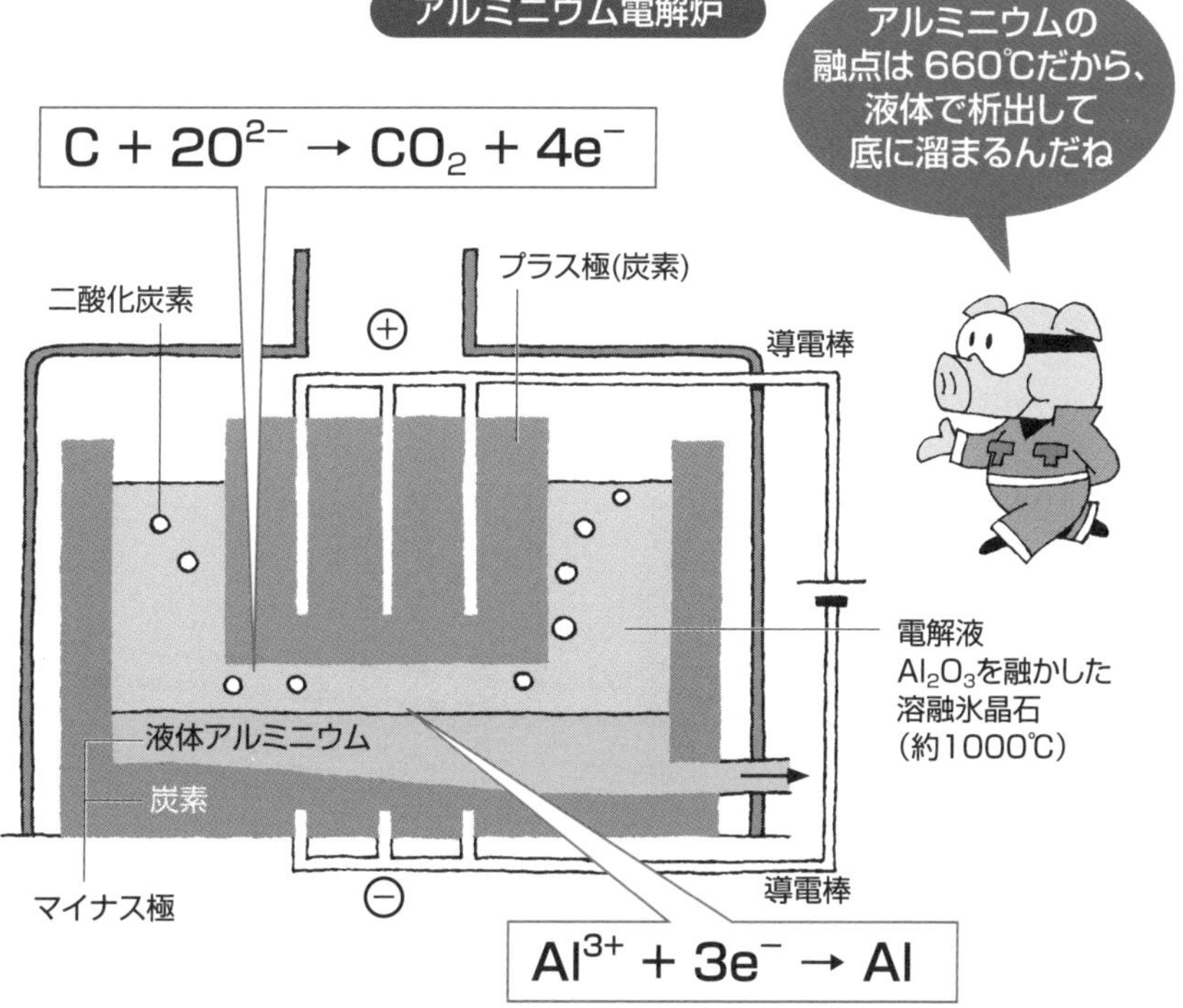
アルミニウムの
融点は 660℃だから、
液体で析出して
底に溜まるんだね
$C + 2O^{2-} \rightarrow CO_2 + 4e^-$
プラス極(炭素)
二酸化炭素
⊕
導電棒
電解液
Al_2O_3を融かした
溶融氷晶石
(約1000℃)
液体アルミニウム
炭素
マイナス極
⊖
導電棒
$Al^{3+} + 3e^- \rightarrow Al$

58 炭素と電子のハイブリッド還元

酸化物のヨロイを覆う金属アルミニウム

アルミニウム電解のマイナス極ではAl^{3+}が金属Alに還元される反応、

$Al^{3+} + 3e^- \rightarrow Al$

が起こります。プラス極では、炭素が電解液のO^{2-}と反応してCO_2に酸化される次の反応が起こります。

$C + 2O^{2-} \rightarrow CO_2 + 4e^-$

全体としては、自発的には進行しない、

$2Al_2O_3+3C \rightarrow 2Al^{3+} + 6O^{2-} +3C \rightarrow 2Al+3CO_2$

を、電気エネルギーを使って進めることになります。この反応の理論分解電圧は、1・17Vです。金属Alができると同時に、炭素はCO_2になって消耗していくので、随時、電解液に漬けていきます。

プラス極に炭素を用いるのは理由があります。炭素ではない、酸化しない電極を使った場合、次の酸化反応が起こります。

$2O^{2-} \rightarrow O_2+4e^-$

この場合の全体としての反応、

$2Al_2O_3 \rightarrow 2Al^{3+} +6O^{2-} \rightarrow 2Al+3O_2$

を電気エネルギーを使って進めることになるのですが、この反応の理論分解電圧は、2・20Vと大きくなります。つまり、炭素の酸化反応を利用すれば、理論電解電圧を1V程度も減らせるのです。ただ、炭素の力だけでは進まないので、電気エネルギーを加える、ハイブリッド還元方式を用いているのです。

還元された液体状の金属Alは、マイナス極の炭素の上に溜まりますが、炭素とは反応せず、高い純度が得られることも利点の1つです。

ところで、電気エネルギーを使って作ったアルミニウムは陽イオンになりやすいのに、アルミサッシのように、金属として身の回りに使われています。実は、金属Alの表面のAlは、空気中の酸素と反応して、酸化物の薄い膜で覆われています。その酸化物の膜が、それ以上中まで、酸化が進むことを防いでいるのです。マグネシウムやチタンなども同じです。

要点BOX
- ●炭素の還元力を使って理論分解電圧を1V下げる
- ●炭素は消耗していく
- ●表面の酸化膜が酸化を防ぐ

炭素を使って理論電解電圧を下げる

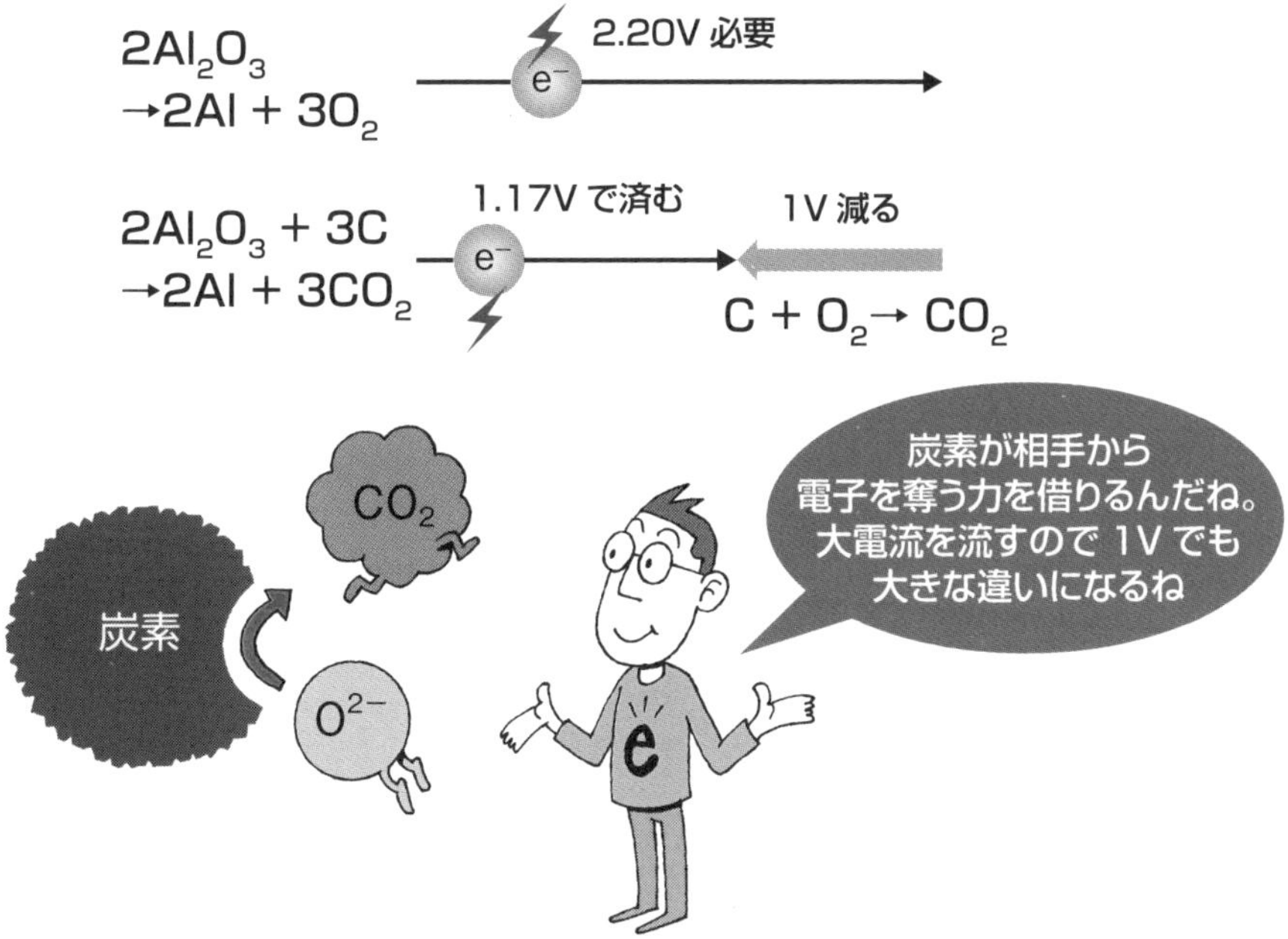

表面の薄い酸化物の膜が中のアルミニウムを守る

59 強烈！強アルカリと塩素の同時製造

食塩電解は食塩水の電気分解

強アルカリとして知られている水酸化ナトリウム（$NaOH$）は、「苛性《かせい》ソーダ」と呼ばれて、身の回りで直接見ることは少ないのですが、産業・生活用の製品を作る過程で、たくさん使われています。一方、塩素（Cl）は、他の元素から電子を奪いやすく、反応性が高いため化学製品の原料として使われています。また、水道水の殺菌や医薬品の製造にも使われていて、日常生活に欠かせないモノです。

これら水酸化ナトリウムと塩素を、電気エネルギーを使って同時に作るのが、食塩電解です。食塩といえば、塩化ナトリウム（$NaCl$）で、それを高温で融かして直接電解しているようなイメージになりますが、そうではなくて、水に溶かして食塩水にして、それを次の反応のように電気分解します。

$2NaCl$（水溶液）$+2H_2O$

$\rightarrow 2NaOH$（水溶液）$+Cl_2+H_2$

正確には食塩水の電気分解ですね。この反応を室温で進ませるには、2・19V以上の電圧をかけることが必要です。現在、わが国ではイオン交換膜を使った方法で行われています。電解液は、食塩水と水酸化ナトリウム溶液で、それらを陽イオンだけを通す高分子のイオン交換膜で区切っています。この場合、Na^+が通ります。

酸化されるのは塩素で、還元されるのは水素なので、次の酸化反応と還元反応に分けられます。

$2Cl^- \rightarrow Cl_2 + 2e^-$　（酸化反応）

$2H_2O + 2e^- \rightarrow H_2 + 2OH^-$　（還元反応）

プラス極では塩素ガスが発生します。マイナス極では水素ガスとともに作られるOH^-を$NaOH$として回収します。反応が進むとマイナス極側の電解液にはOH^-が溜まっていきますが、電流が流れる閉じた回路を作る必要があるので、同じ量のNa^+が膜を通ってプラス極側からマイナス極側に移動します。マイナス極側の電解液は、Na^+とOH^-で$NaOH$になります。

要点BOX

●正確には、食塩水電解《しょくえんすいでんかい》
●わが国ではイオン交換膜を使って行われている
●プラス極で塩素、マイナス極でNaOH

イオン交換膜を用いた食塩電解の模式図

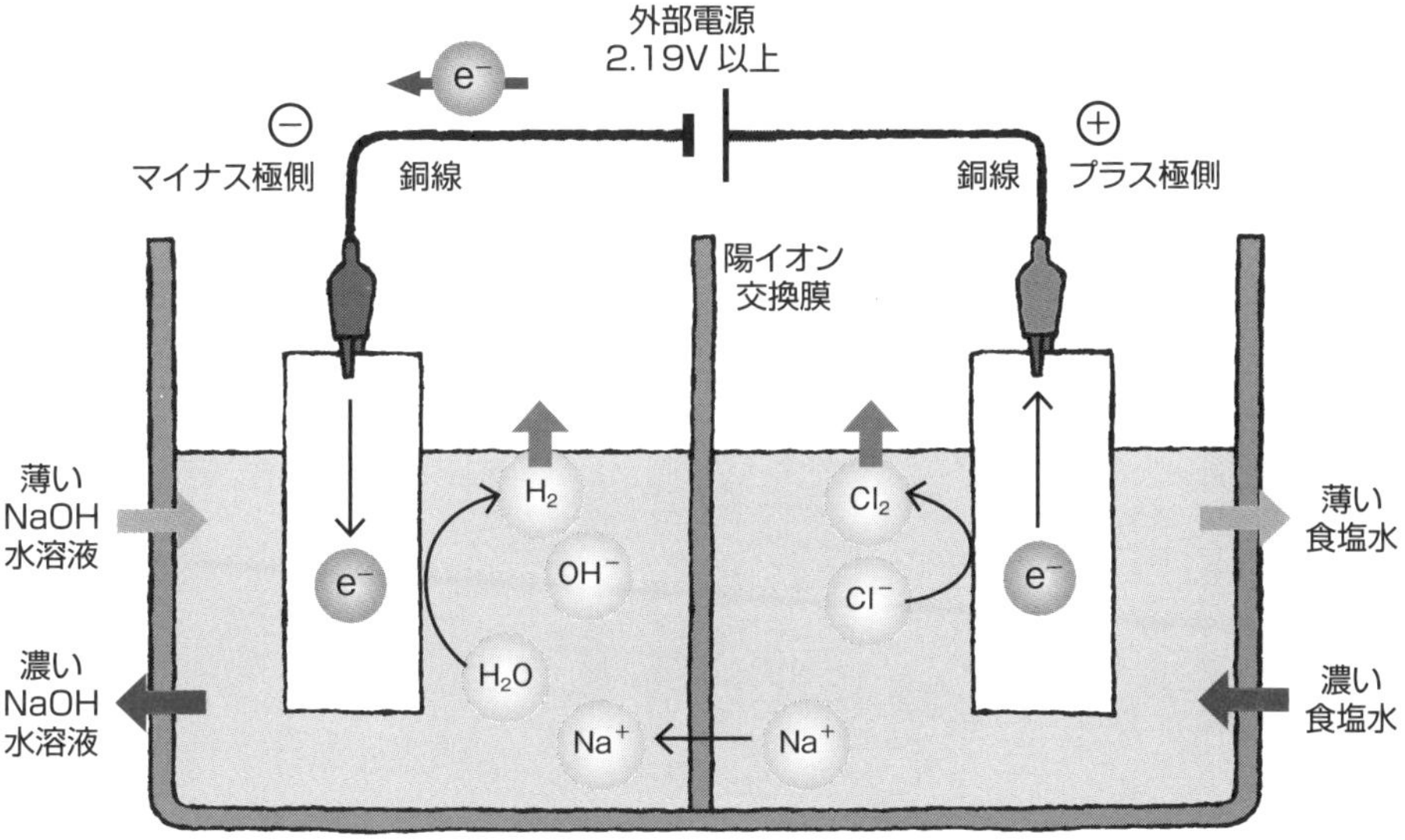

$2H_2O + 2e^- \rightarrow H_2 + 2OH^-$　　　$2Cl^- \rightarrow Cl_2 + 2e^-$

Na^+（プラス極側）→ Na^+（マイナス極側）

マイナス極側　$Na^+ + OH^- \rightarrow NaOH$（水溶液）

電解液を取り換えずにそのまま電解を続けたら、プラス極側ではCl^-がなくなり、マイナス極側ではNaOHが濃くなって反応が止まります。しかし、プラス極側に食塩を追加して、マイナス極側からNaOHを抜き取って濃度を保てば、ずっと電解を続けることができます。

60 酸素を止めろ！

塩素は電子を受け取る能力が高い

塩素は高い反応性を持つ毒ガスです。塩素の高い反応性は、次の酸化還元反応に関与する電子のエネルギー準位がとても低いためです。

$$Cl_2 + 2e^- = 2Cl^- \quad (8)$$

電子はエネルギー準位の高い方から低い方へ自発的に移動します。上の反応の電子のエネルギー準位が極めて低いということは、Cl_2が、それよりも高いエネルギー準位の電子を受け取って、右向きの反応を起こせるわけなので、より広いエネルギー範囲の電子を受け取ることができるということになるのです。金属の酸化はもちろん、脱臭や殺菌もこの高い電子を受け取る能力（電子の低いエネルギー準位）によります。実際には、塩素ガスを水に溶かして使いやすくした次亜塩素酸溶液などが用いられます。

塩素の酸化還元反応のエネルギー準位が低いことは、電解してCl_2を作る際には不利になります。どのような場合でも、電子はエネルギー準位の高い方から低い方へ移動するので、電解する場合は、もっと低い電子のエネルギー準位になるようにしないと、(8)式が左に進まないからです。これを電位で言い換えると、もっと電位を高くしないと、Cl^-は酸化されないということです。そのときに問題になるのが、水の電位窓です。実は、(8)式の反応は原理的には、水の電位窓の外にあります。つまり、水が酸素に酸化される反応の方が起こりやすいのです。

そこでどうするかというと、酸素を発生させずに、塩素を発生させる電極材料を用いることになります。電極触媒の出番です。さらに、Cl_2が発生すると極めて厳しい酸化雰囲気になるので、耐久性も必要です。そこで開発されたのが「寸法安定電極」です。これは耐久性の高いチタンを基板として、その上に、酸化イリジウムや酸化ルテニウムを塗布した電極です。反応しても電極が消耗せず、寸法が安定という意味で名づけられています。

要点BOX
- 塩素の反応の電子のエネルギー準位は低い
- 酸素を発生させずに塩素を発生させる
- 寸法安定電極は消耗しない

塩素はなぜ酸化力が強いのか

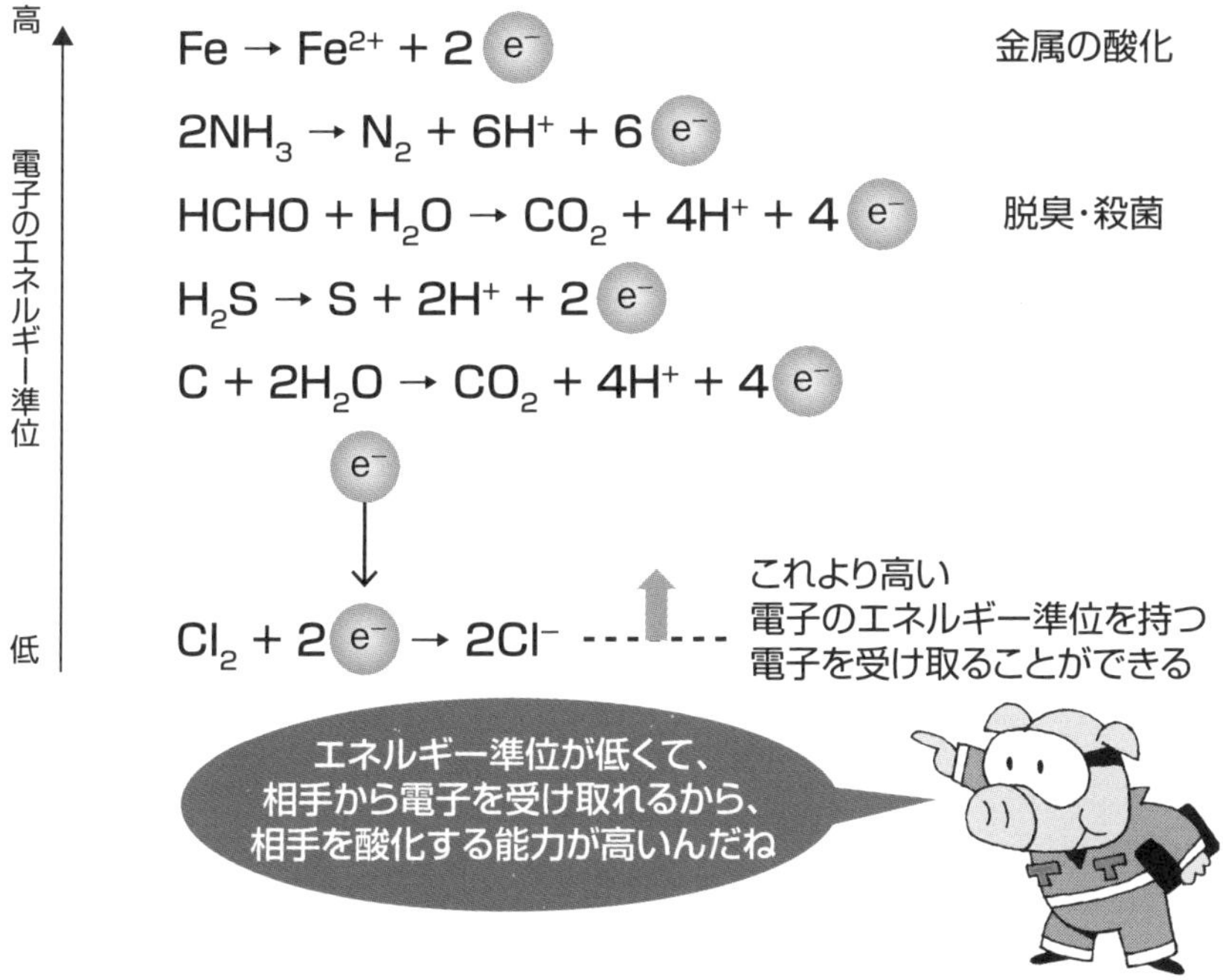

酸素を発生させずに塩素だけ発生させる

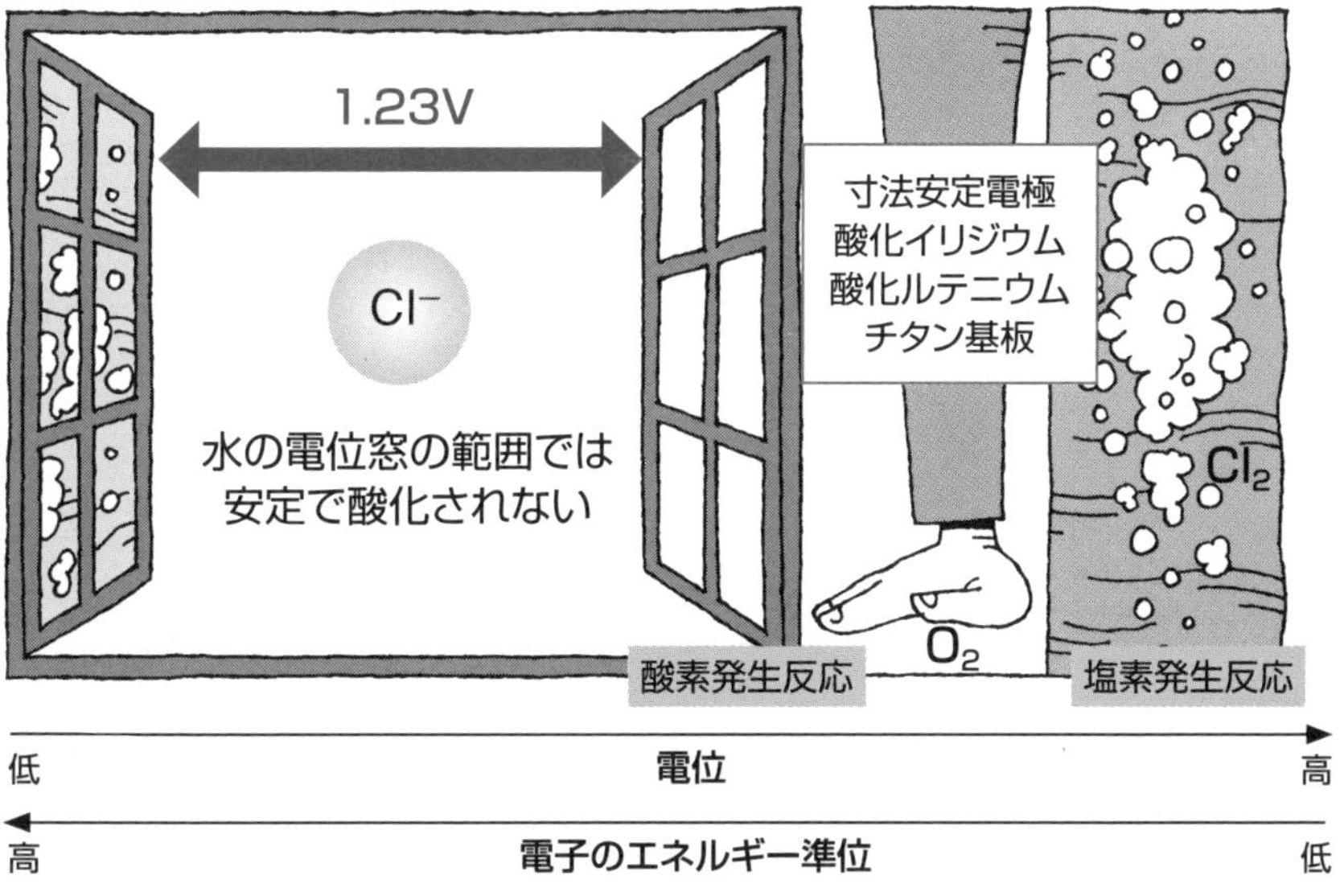

61 鉄が錆びるのも電池

鉄が酸化して、空気中の酸素が還元される

日本のような湿度の高い国では、鉄の腐食が大きな問題になります。実は、鉄が錆びるのにも、電気化学が深く関わっています。

鉄が錆びて困るということは、鉄が錆びる反応は自発的に進むということです。空気中で、水があると、鉄はまず水酸化物を作ります。

$Fe + 1/2\ O_2 + H_2O \rightarrow Fe(OH)_2$

その後、さらに酸化されて、乾燥すると、よく目にする赤錆Fe_2O_3になっていきます。

$2Fe(OH)_2 + 1/2\ O_2 \rightarrow Fe_2O_3 + 2H_2O$

これだけのことを知っておいたうえで、次のような実験を行ったらどうなるか、考えてみましょう。まず、薄い食塩水に、指示薬としてフェリシアン化カリウムとフェノールフタレインを入れます。食塩を使うのは、水の中をイオンが動けるようにするためです（鉄も溶けやすくなります）。色は少し黄色いですが、ほぼ透明です。フェリシアン化カリウムは2価の鉄イオンFe^{2+}があると青くなり、フェノールフタレインは水酸化物イオンOH^-があると赤くなります。これを、スポイトを使って、鉄の板の上にこんもりと丸くなるように垂らしましょう。

そのまま観察していると、どうなっていくでしょうか。青と赤が混ざって紫になるでしょうか。上から見ていると、水滴の真ん中あたりが青く、周りが赤くなっていきます。つまり、水滴の真ん中あたりにFe^{2+}ができていて、水滴の空気に近い周りでOH^-ができてきたことがわかります。このことから反応が推定できますね。まず真ん中付近では、Fe^{2+}ができる反応、

$Fe \rightarrow Fe^{2+} + 2e^-$が起こったのでしょう。これは酸化反応なので、必ず還元反応が起こるはずです。還元されうるのは、空気中の酸素分子しかありません。つまり、周りで、

$1/2\ O_2 + H_2O + 2e^- \rightarrow 2OH^-$

が起こってOH^-ができたんですね。

要点BOX
●鉄が錆びる反応は自発的に進む
●真ん中付近で鉄が溶ける酸化反応
●周りで空気中の酸素の還元反応

空気中で鉄板の上に指示薬の入った水を垂らしてみる

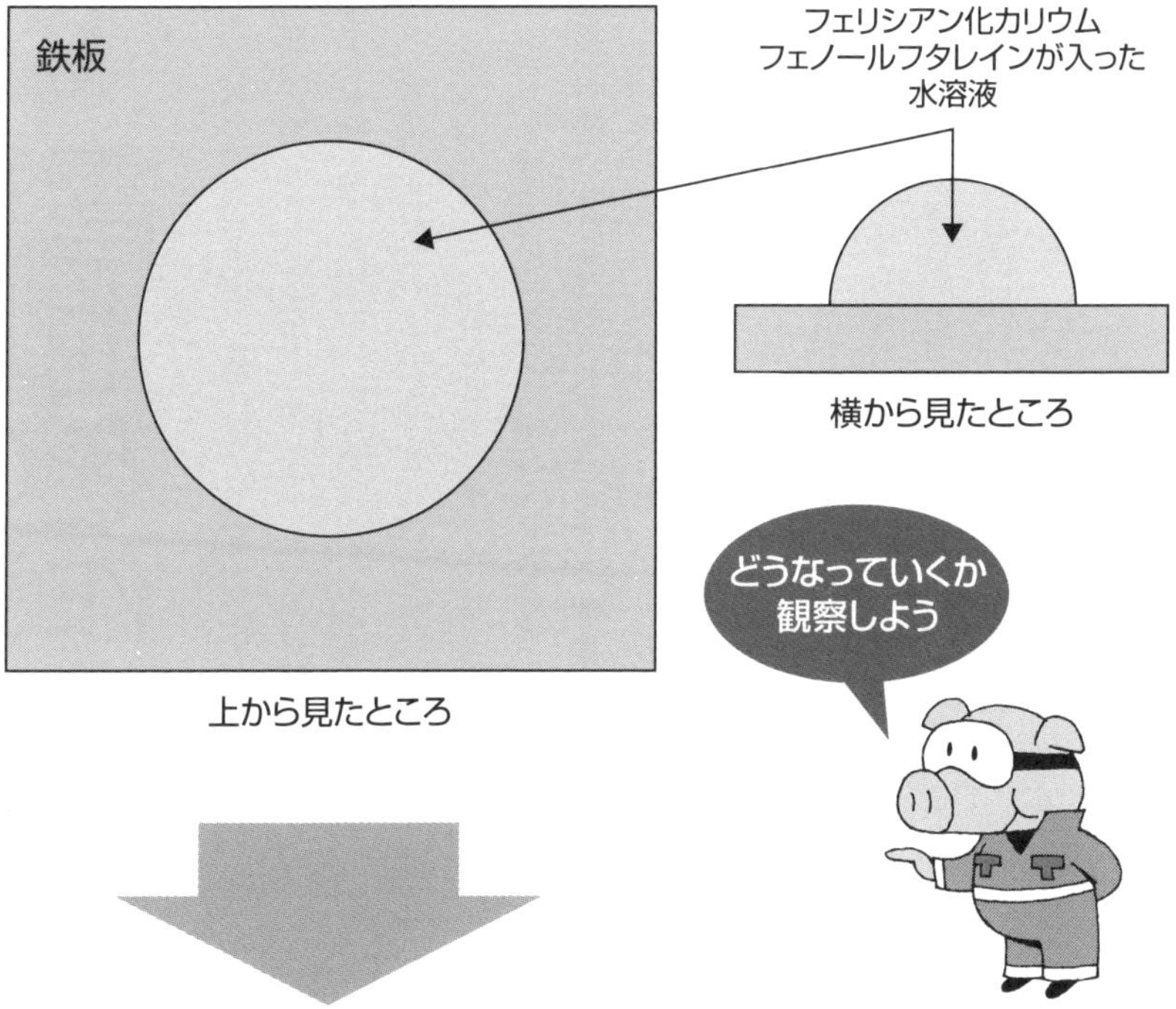

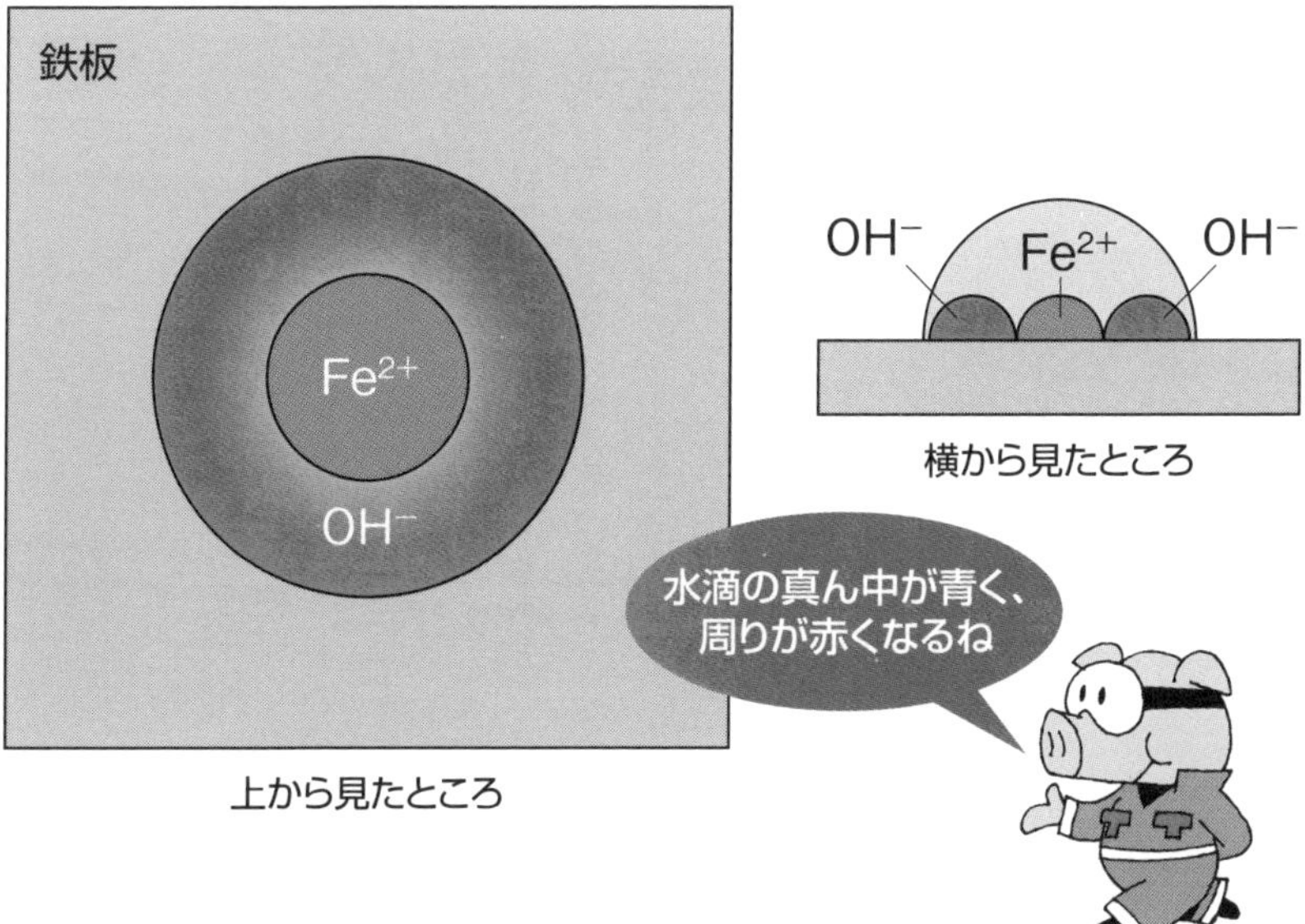

62 環境の差が電池を作る

短絡した電池と同じ

61項の実験で、なぜ水滴の真ん中で鉄が溶け出して、周りで酸素が還元されたのでしょうか。ヒントは酸素にあります。酸素は大気中にありますが、水滴の中には少ししか溶けません。もともと水滴に溶けていた酸素は、反応が起こると鉄板表面ですぐになくなります。しかし、酸素は空気中にはたくさんあるので、空気に近い外側から酸素が溶けていきます。酸素はエネルギー準位の低い電子を受け取ることができます。つまり、水滴の空気に近い周りが、電子を受け取れる状態になるのです。

一方、鉄はエネルギー準位の高い電子を持っていて溶け出したくて仕方ありません。しかし、電子を受け取ってくれるモノがないと、鉄から電子は移動できません。ちょうど水滴の周りには酸素があって、電子を受け取れる状態になっていました。そして、鉄板は電子をよく通します。そこで、鉄板の中を、真ん中のエネルギー準位の高い方から、周囲のエネルギー準位が低い方へ移動できることになるのです。酸素は空気からどんどん供給されるし、鉄もそう簡単に溶け切りはしません。そのため、真ん中で鉄が溶けて、周りで酸素が還元される反応がずっと続くのです。

水溶液内では、真ん中はFe^{2+}が溶け出すのでプラスになり、周囲はOH^-ができるので、マイナスになります。電気中性の原理から、真ん中だけがプラスになったり、周りだけがマイナスになることはできないので、水滴中をイオンが移動することになります。

電子の移動とイオンの移動を合わせると、電流が流れる閉じた回路ができていることがわかります。そして、電子は、鉄板内をエネルギー準位の高い方から低い方へ、自発的に移動しているのです。これは、電池と同じですね。そうです、もともとはエネルギー準位の異なる電子が、同じ電子伝導体にいるので、これは電池の短絡状態と同じなのです。鉄が錆びるのは、電池が短絡されているからなのです。

要点BOX
●外に電気を取り出さないだけ
●環境の差が電子のエネルギー準位の差を作った
●鉄板内を電子が移動

電子のエネルギー準位の差は環境からきている

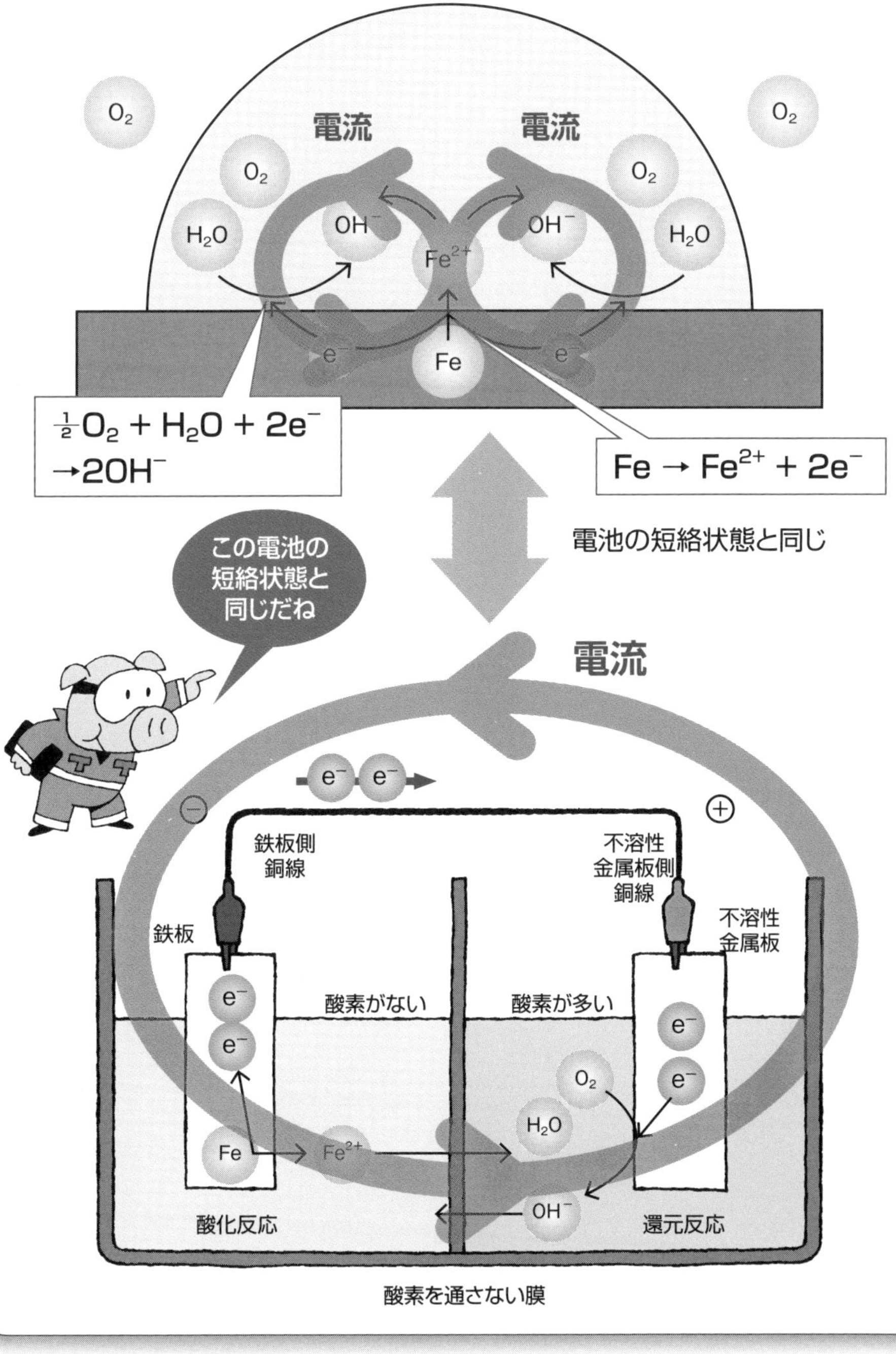

63 通気差腐食は電池だった

電池の放電だから腐食は自発的に進む

酸素濃度の差のような環境側の違いによって、エネルギー準位の異なる電子ができて、電流が流れる閉じた回路が作られる状況にあると、鉄が錆びていくことがわかりました。酸素濃度の差が原因の腐食は、通気差腐食と呼ばれ、錆こぶの下が、酸素が少なくなってますます錆びるなどして実際に起こります。

通気差腐食を電池として理解してみましょう。鉄が溶ける反応は、電極と電解液の界面を鉄イオンが移動するタイプです。鉄板の中と界面では次の反応が起こると考えます。

【鉄板と鉄イオンを含む水溶液の界面で】

Fe^{2+}（水溶液）=Fe^{2+}（鉄板）

【鉄板の中で】

Fe^{2+}（鉄板）+ $2e^-$（鉄板）= Fe(鉄板)

一方、酸素還元反応は電極と電解液の界面を電子が移動するタイプの反応で、次式で表されます。モデルでは不溶性金属として白金板を用いています。

$1/2\ O_2$（気体）+H_2O(液体)+e^-($O_2|OH^-$)

→$2OH^-$（水溶液）

e^-（$O_2|OH^-$）= e^-（白金板|O_2）

ここでe^-（$O_2|OH^-$）は酸素極の酸化還元反応に関与する電子、e^-（白金板|O_2）は浸漬している白金板中の電子です。

通気差腐食のモデルとなる電池が開回路状態にあるときと短絡させたときの、電子と鉄イオンのエネルギーダイアグラムを左に示しました。短絡させると、e^-（鉄板）とe^-（白金板|O_2）のエネルギー準位が等しくなります。鉄板ではe^-（鉄板）のエネルギー準位が下がり、そのためFe^{2+}（鉄板）のエネルギーが上がり、Fe^{2+}が鉄板から電解液側に移動します。一方、酸素極側では、短絡によりe^-（白金板|O_2）のエネルギーが上がったので、白金板から水溶液中の酸化還元反応の方へ電子が移動します。そして、全体として、鉄の腐食が進んでいくのです。

要点BOX
- ●通気差電池は酸素濃度の差が原因
- ●錆こぶの下がますます錆びる
- ●エネルギーダイアグラムで理解できる

通気差腐食のモデル電池の電子と鉄イオンのエネルギーダイアグラム

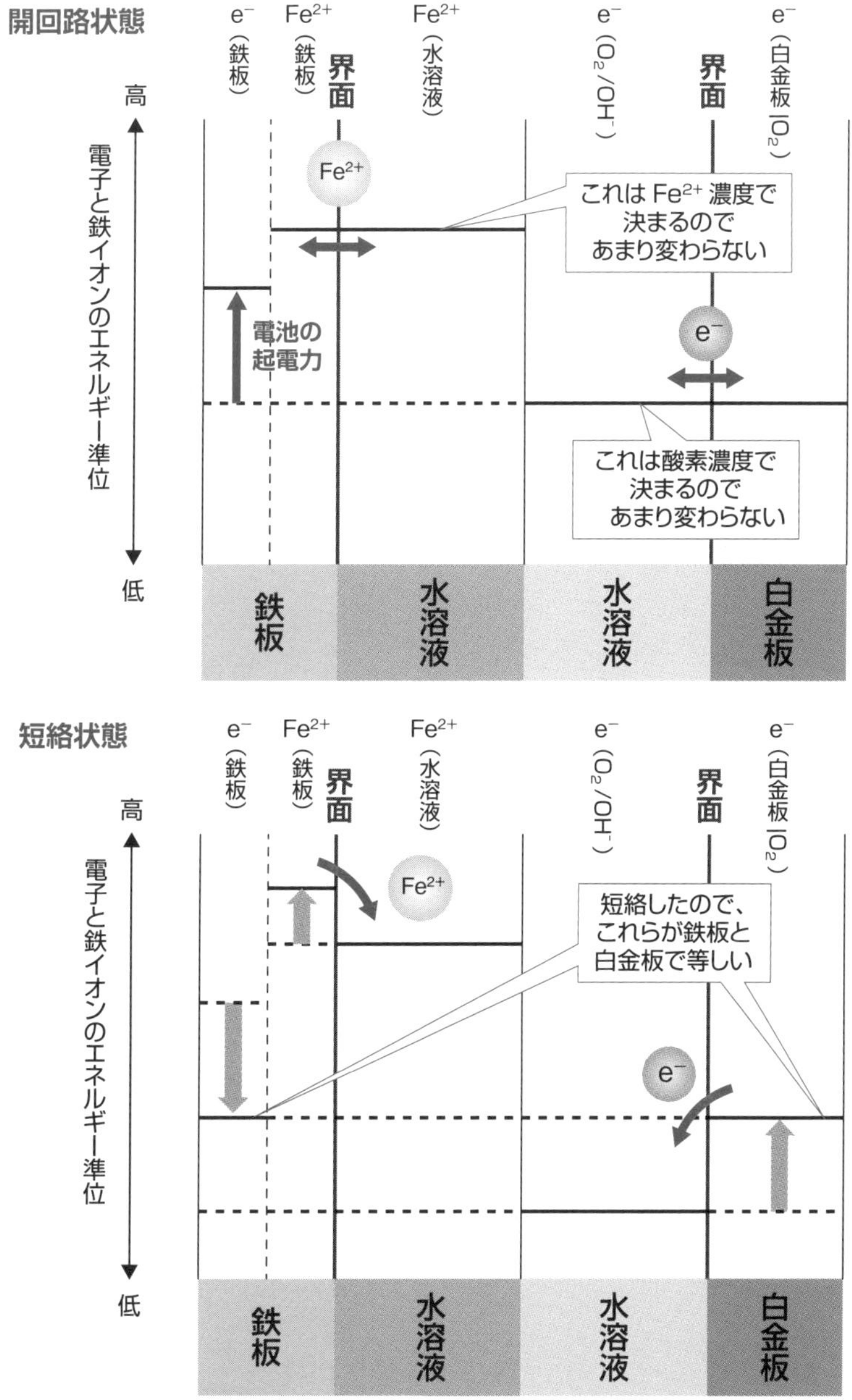

$Fe \rightarrow Fe^{2+} + 2e^{-}$

$\frac{1}{2}O_2 + H_2O + 2e^{-} \rightarrow 2OH^{-}$

64 身代わり亜鉛

犠牲アノード方式による防食

海水と接する港湾構造物や、地下に埋設されているパイプラインや地下タンクなどは、環境の違いなどによって、激しく腐食されることがあります。それらの要因は別々であっても、電池の短絡状態として理解できます。そこで、それらの腐食を防ぐ、これを防食すると言いますが、そのために電気化学の知識をどのように活かせられるか考えてみましょう。

ここでは電子の移動に注目して考えてみましょう。通気差電池で、電子のエネルギー準位の高低だけを取り出すと、左の上の図のようになります。鉄の溶解する反応に関与する電子のエネルギー準位が、酸素の還元反応に関与する電子のエネルギー準位よりも高いために、電子がエネルギー準位の高い方から低い方へ自発的に移動して腐食が進むのです。防食とは、この鉄の酸化反応に関与する電子を、エネルギー準位の低い方へ移動させないということになります。移動先の酸素をなくすのも1つの方法です。ただ、大気中では難しいですね。大気中では鉄の酸化反応に関与する電子のエネルギー準位が一番高く、それよりエネルギー準位が低くて、電子を受け取れるモノ、今の場合は酸素分子があると簡単に移動します。

鉄の酸化反応に関与する電子のエネルギー準位を一番高くしなかったらどうなるでしょうか。例えば、よりエネルギー準位の高い電子を持つ亜鉛板を、鉄板にくっつけてみましょう。電子はエネルギー準位の高い方から低い方に移動するので、亜鉛の溶解反応に伴う電子のエネルギー準位が、鉄よりも高いので、亜鉛板から鉄板に電子が移動できる状態になります。そのとき起こりうる反応は、亜鉛の溶解反応と鉄イオンの析出反応です。鉄が溶けなければ鉄イオンはないので、つまりは、何も起こらない、防食できたということになります。鉄の腐食は防げましたが、代わりに亜鉛が犠牲になって溶けていきます。この方法は犠牲アノード方式と呼ばれています。

要点BOX
- ●鉄の反応の電子をエネルギー準位の低い方へ移動させないのが防食
- ●鉄よりも溶けやすい亜鉛をつなぐ

通気差腐食のモデル電池の電子のエネルギー準位の関係

開回路状態

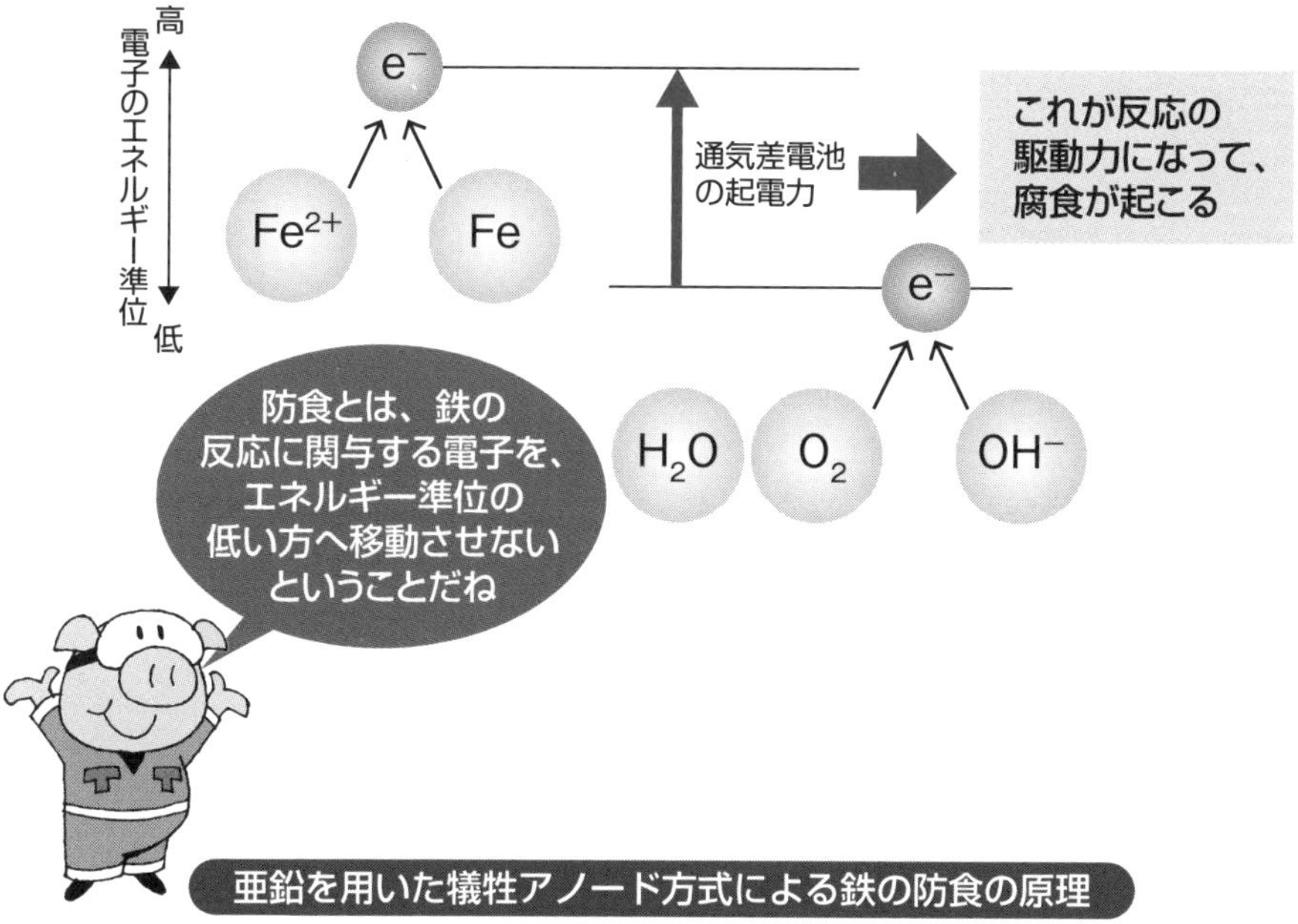

亜鉛を用いた犠牲アノード方式による鉄の防食の原理

開回路状態

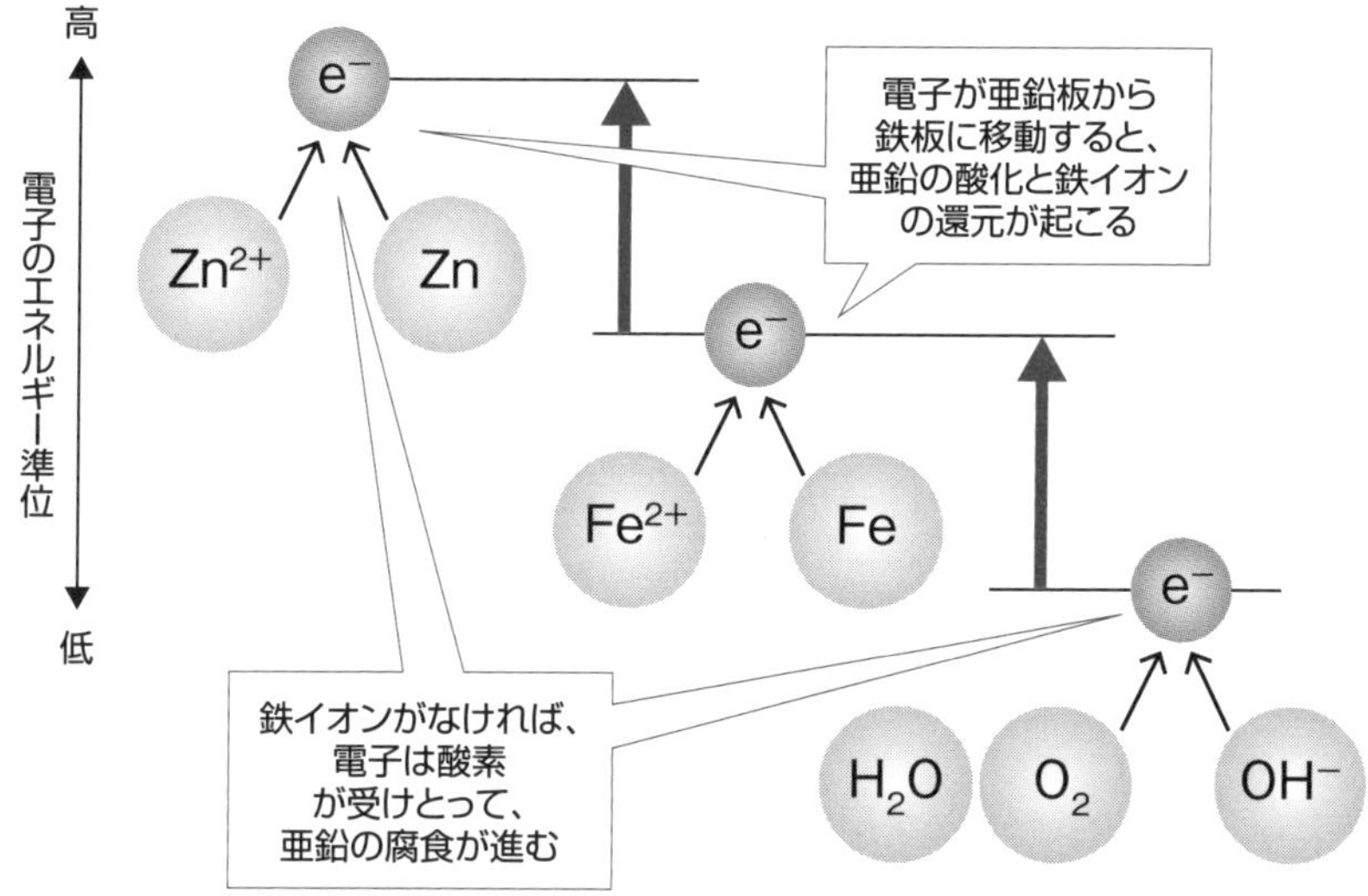

アノードというのは、酸化反応が生じている電極を意味します。

65 亜鉛に引っ張られる鉄の電子

亜鉛の高い電子のエネルギー準位のおかげ

鉄板よりも高い電子のエネルギー準位を持つ亜鉛板を、鉄板につなげば鉄の溶解は抑えられそうですが、実際につないだときのエネルギーの変化を原理に基づいて確認しておきましょう。設定としては、通気差腐食が起こっている鉄板の腐食している部分に亜鉛板をくっつけたとします。左の上に示したように、62項で考えたモデルになる電池の鉄板に、亜鉛板をくっつけたと考えます。実際には、これが1つの鉄板上で起こるので、この電池の短絡状態になります。

この短絡したときの金属板と鉄および亜鉛イオンのエネルギーダイアグラムを左下に示します。亜鉛板が付け加わったので、ややこしくなっています。亜鉛板と鉄板は同時に水溶液に接していますが、それを同時に重ねてはかけないので、亜鉛板側を鉄板の左にして、一番左に水溶液の相を作りました。Fe^{2+}（水溶液）とZn^{2+}（水溶液）の水溶液は同じです。

重要なのは、亜鉛をつないだために、e^-（鉄板）のエネルギー準位が、何もつないでない場合（63項の左の上図）と比べて、上がっていることです。亜鉛がなければ、短絡したときに、このe^-（鉄板）は、酸素極側のe^-（白金板｜O_2）に引っ張られて下がり、そのためにFe^{2+}（鉄板）のエネルギーが上がって水溶液側へ移動しました。それが鉄の溶解でした。

ところが、e^-（亜鉛板）のエネルギー準位がe^-（鉄板）よりも高いために、短絡すると、e^-（鉄板）のエネルギー準位が逆に上がります。そうすると、Fe^{2+}（鉄板）のエネルギーは下がることになるので、鉄イオンは鉄板と水溶液の界面を水溶液側から鉄板側へ移動するという状況になります。これは鉄イオンの還元になります。鉄が溶けていなければ鉄イオンは存在しないので、鉄の析出は起こりませんが少なくとも、鉄が溶解する方向には進まないことがわかります。

模式図は、必ずしも、現実の状態と一致していませんが、原理はこの通りなので、よく見てください。

要点BOX

- ●鉄の反応の電子のエネルギー準位が上がる
- ●鉄イオンが還元される状態になる
- ●亜鉛の腐食が進行する

通気差腐食のモデル電池の電子のエネルギーダイアグラム

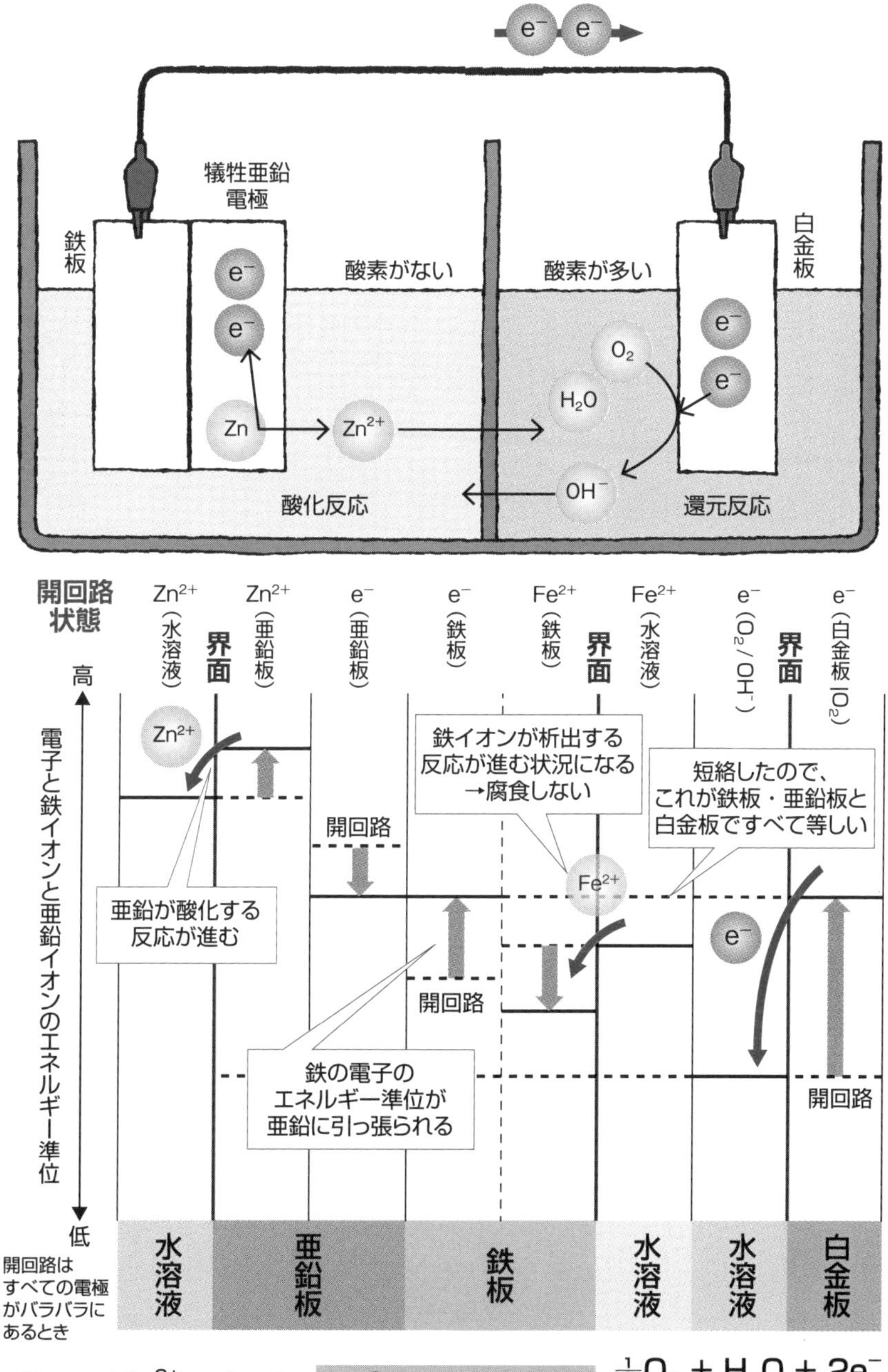

$Zn \rightarrow Zn^{2+} + 2e^-$

$Fe^{2+} + 2e^- \rightarrow Fe$

$\frac{1}{2}O_2 + H_2O + 2e^- \rightarrow 2OH^-$

66 電気防食〜電気を使えば自由自在

外部電源方式による防食

犠牲アノード方式による防食の原理を左上の左に示しました。防食したい鋼管に亜鉛から電子が流れ込むことで、還元反応しか起こらないようにしています。鉄の防食には、亜鉛をつなげばいいのですが、亜鉛は鉄の代わりに溶け続けるので、いつかはなくなります。亜鉛がなくなると、鉄の腐食が進みます。

では、e^-（鉄板）のエネルギー準位を上げる他の方法はないでしょうか。電気化学の知識を使えば、電気分解の応用ですね。また通気差腐食の場合で考えると、62の左下の図のように、電池が短絡していると考えられました。そうであれば、この電池に外部から電圧をかけて、充電してやれば、両方の電極で逆の反応が起こるはずです。つまり、鉄板の方は、鉄の酸化反応の逆の鉄イオンの還元反応が起こりうる状況になるため、鉄の腐食が起こらなくなります。

左下に、通気差腐食のモデルとした電池に、外部から電圧をかけた状態のエネルギーダイアグラムを示します。外部電源を使えば、電子伝導体中の電子のエネルギー準位は自由に変えられるので、もちろん、e^-（鉄板）のエネルギー準位を上げることも簡単にできます。e^-（鉄板）を上げれば、亜鉛をつないだ場合と同じ原理で、鉄の酸化反応は起こらなくなります。この方法は、外部の電源を用いるので、外部電源方式と呼ばれます。左上の右に、外部電源方式で鋼管を防食するときの原理を示しました。耐久性のよい不溶性電極を用いて、電圧をかけて防食します。

犠牲アノード方式も、外部電源方式もいずれも、防食したい鉄に電子が流れ込むようにしています。つまり、鋼管の表面で還元反応が進む状況にすることで、鉄の酸化が起こらないようにしています。そのため、亜鉛電極や不溶性電極では、酸化反応が起こります。亜鉛の酸化反応は亜鉛が溶けることですが、外部電源方式の場合は、金属が溶けないので、不溶性電極の近くにあるモノを酸化することになります。

要点BOX

- ●外部電源を使えば、電子伝導体中の電子のエネルギー準位を自由に変えられる
- ●鉄の電子のエネルギー準位を上げる

犠牲アノード方式と外部電源方式の原理図

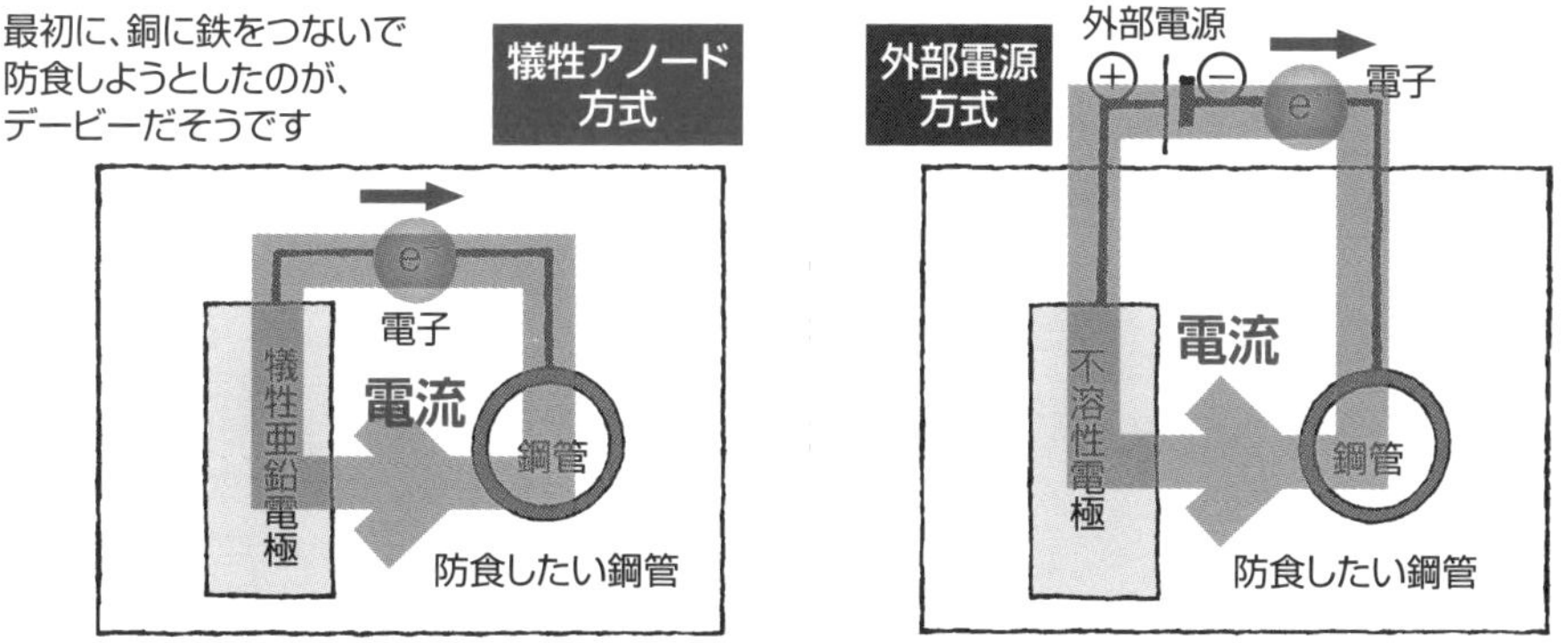

$Zn \rightarrow Zn^{2+} + 2e^-$　　$\frac{1}{2}O_2 + H_2O + 2e^- \rightarrow 2OH^-$

$H_2O \rightarrow \frac{1}{2}O_2 + 2H^+ + 2e^-$　　$\frac{1}{2}O_2 + H_2O + 2e^- \rightarrow 2OH^-$

外部から電圧をかけた状態

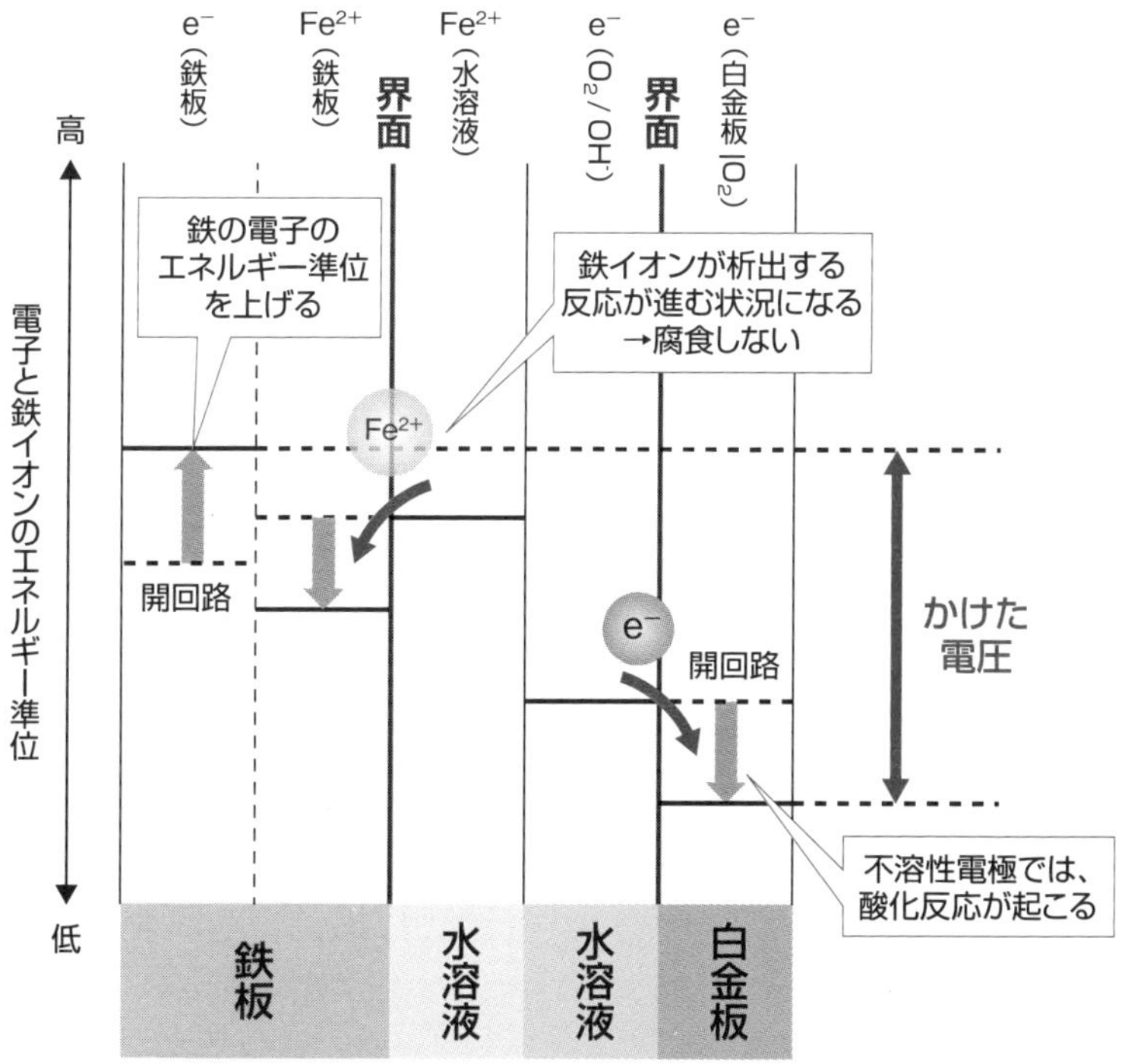

$Fe^{2+} + 2e^- \rightarrow Fe$

$2OH^- \rightarrow \frac{1}{2}O_2 + H_2O + 2e^-$

67 電子は究極のキレイな試薬

注目されるサステイナブルケミストリー

有機化合物も電気化学と深く関わっています。電気化学を用いた有機化合物の合成は、実は、ファラデーによって始められました。ファラデーは1834年に、酢酸塩の水溶液の電気分解を行い、二酸化炭素と炭化水素ができることを見つけました。その後、1849年に、コルベが彼の名前のつくコルベ電解反応を見つけました。電子が、金属試薬と同じように、強力な酸化剤として働くことがわかり、19世紀末から20世紀初頭にかけて、さまざまな有機化合物の電解酸化・還元が精力的に試みられました。

その後、戦禍で一時期停滞しましたが、第二次大戦後に、ジメチルホルムアミドなどの水酸基（-OH）を持たない有機溶媒が開発されました。これらの溶媒は水よりも広い電位窓を持ち、さらに水には溶けない有機化合物を溶かせました。そのため、多くの有機化合物の酸化還元特性を調べられました。

1964年には、アクリロニトリルの電解還元により、6・6-ナイロンの原料であるアジポニトリルの製造が実用化され、注目されました。この反応では、水素発生を起こさせない、電極触媒が活躍しました。

電気化学の方法では、電気エネルギーを用いて電極の電子のエネルギー準位を自由に上げ下げできるため、酸化や還元反応を制御できます。特に、通常の試薬では発生させることのできない反応活性種（不安定なイオンやラジカル中間体など）を効率的に得ることができます。そして、一般的に有機合成する場合に必要な高温高圧の条件を必要とせず、さらに有害な重金属を含む酸化還元試薬や高価な有機金属触媒も必要としないため、環境にやさしい電子移動制御プロセスなのです。現在では、再生可能エネルギー由来の電力と組み合わせて持続可能な社会構築への貢献も期待されています。このような原理的特長から有機電解プロセスがサステイナブルケミストリーの一翼を担うものとして、脚光を浴びています。

要点BOX
- ●広い電位窓を持つ有機溶媒が開発
- ●高温高圧を必要としない
- ●有機金属触媒も必要ではない

有機電解合成

コルベ電解反応における酸化反応

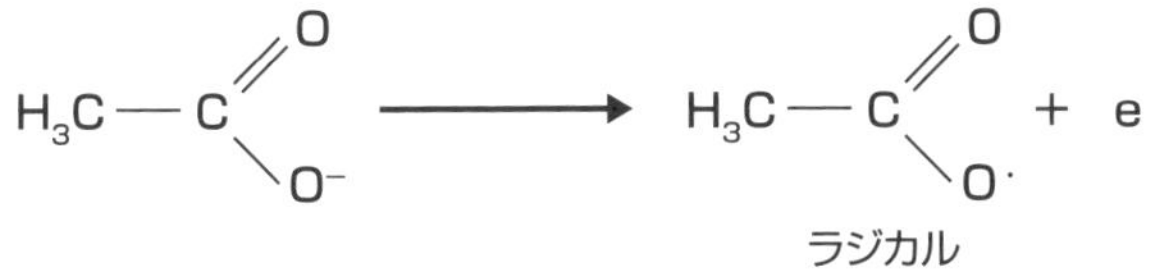

コルベ

アクリロニトリルの電解二量化によるアジポニトリルの合成

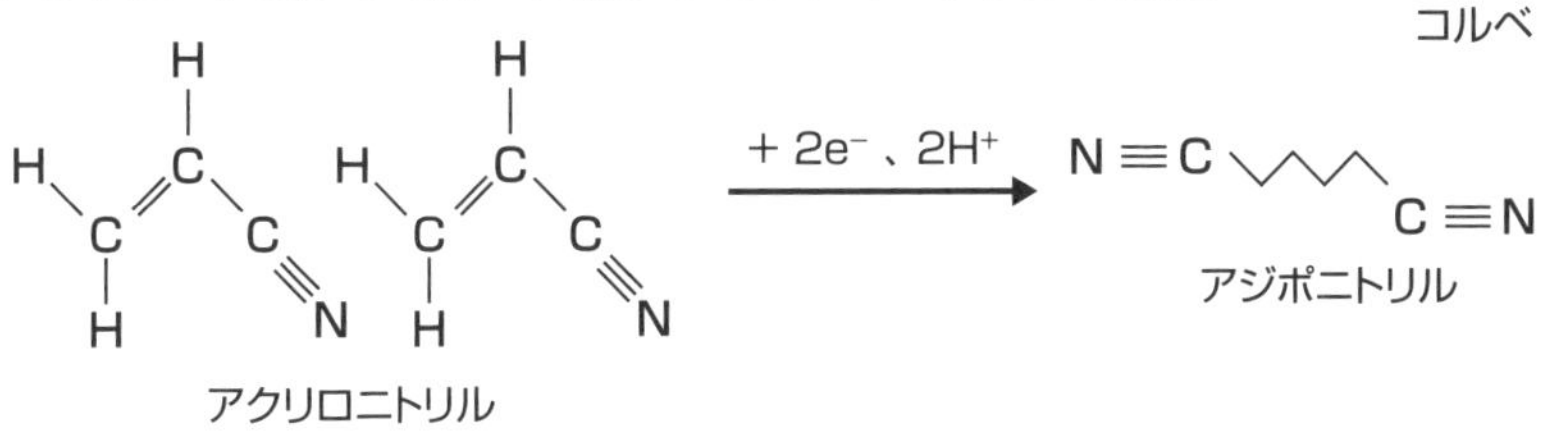

酸化・還元を電極の電子のエネルギー準位の制御で行う

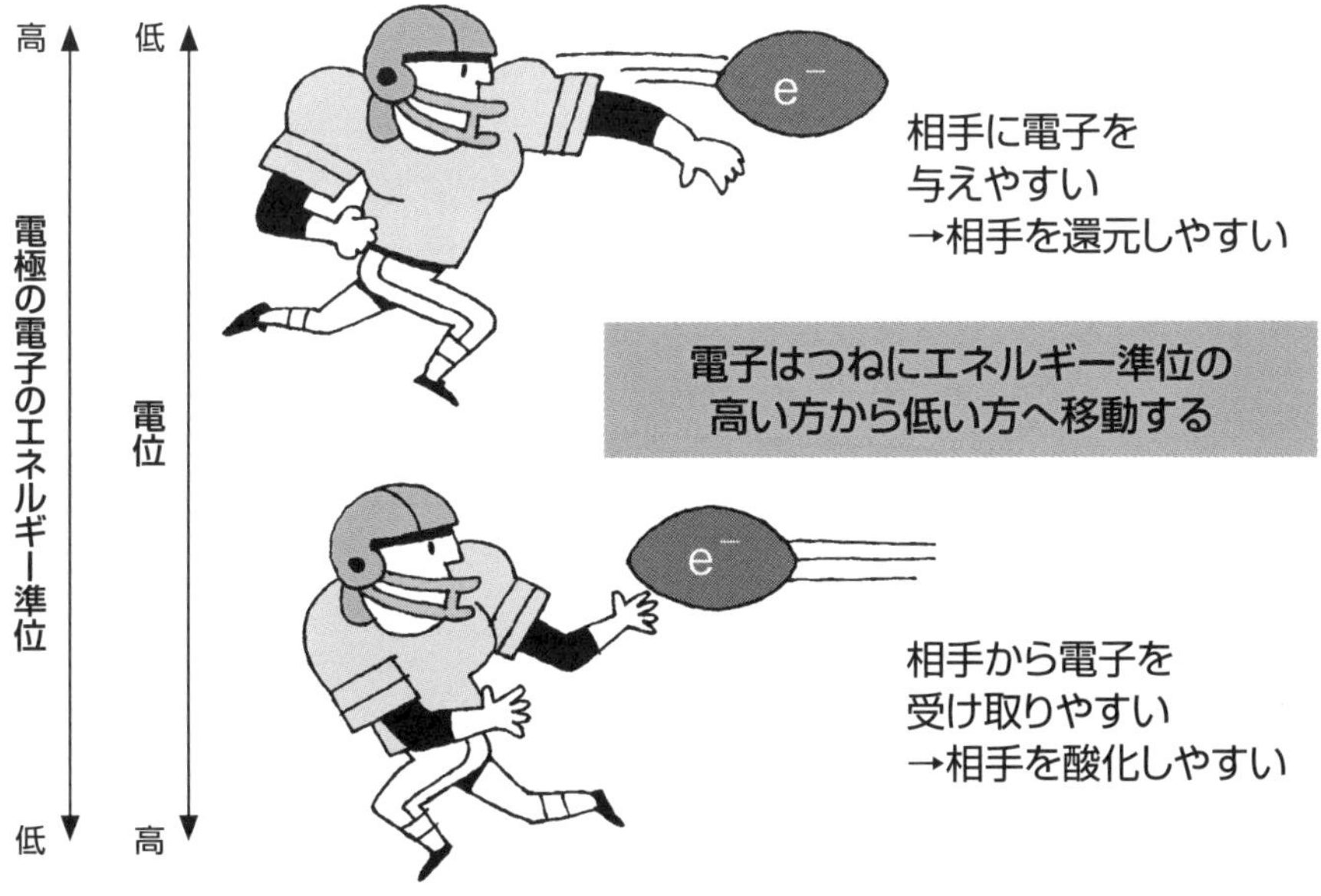

68 エネルギー問題も電気化学におまかせ

カギは蓄電池・水電解・燃料電池

わが国は、物質資源もエネルギー資源も乏しく、エネルギーに関しては、2020年度で、国内の1次エネルギー供給量の内、85%を石炭・石油・天然ガスなどの化石燃料で賄っています。化石燃料は、数億年前の植物や動物の死骸が、地中で変化してできた燃料で、数億年前の太陽光による光合成によってできたものなので、いまの日本社会の85%は、数億年前の太陽光のエネルギーで動いているのです。

化石燃料はいずれなくなります。また、燃やすと必ず、二酸化炭素が出ます。人間が暮らす環境を維持するという観点から、再生可能エネルギーの導入が積極的に試みられています。しかし、再生可能エネルギーは時間的変動が大きく、また発電に適した地域も偏在していて、エネルギーを集中的に消費する都市への輸送・貯蔵技術が大切になってきます。

再生可能エネルギーから生まれた電気エネルギーを貯めるのは、蓄電池の役割です。ただ、これまでは、比較的少量の電気エネルギーを貯めておけばよかったのですが、社会を支える規模の電気エネルギーを貯めるには、まだまだ技術開発が必要です。

そして、長時間の貯蔵と長距離のエネルギー輸送には、再生可能エネルギーから生まれた電気エネルギーをいったんモノに変えておくのが便利です。エネルギーを貯めておくモノとして、水素が注目されています。水の惑星・地球には、地表に水が大量にあります。その水を原料として、電気エネルギーを使って水素と酸素を製造します。そして、その水素を、工夫をして輸送し、貯蔵して必要なときに、燃料電池を用いて、電気エネルギーを取り出して使うのです。再生可能エネルギーから作られた水素は「グリーン水素」と呼ばれますが、環境に負荷をかけない究極のエネルギーシステムとして期待されています。蓄電池・水電解・燃料電池は、再生可能エネルギーをベースとした新しいエネルギーシステムの鍵となる技術です。

要点BOX
- ●蓄電池で電気エネルギーを貯める
- ●グリーン水素は究極のエネルギー
- ●水電解と燃料電池がグリーン水素を支える

水素でエネルギーを貯蔵

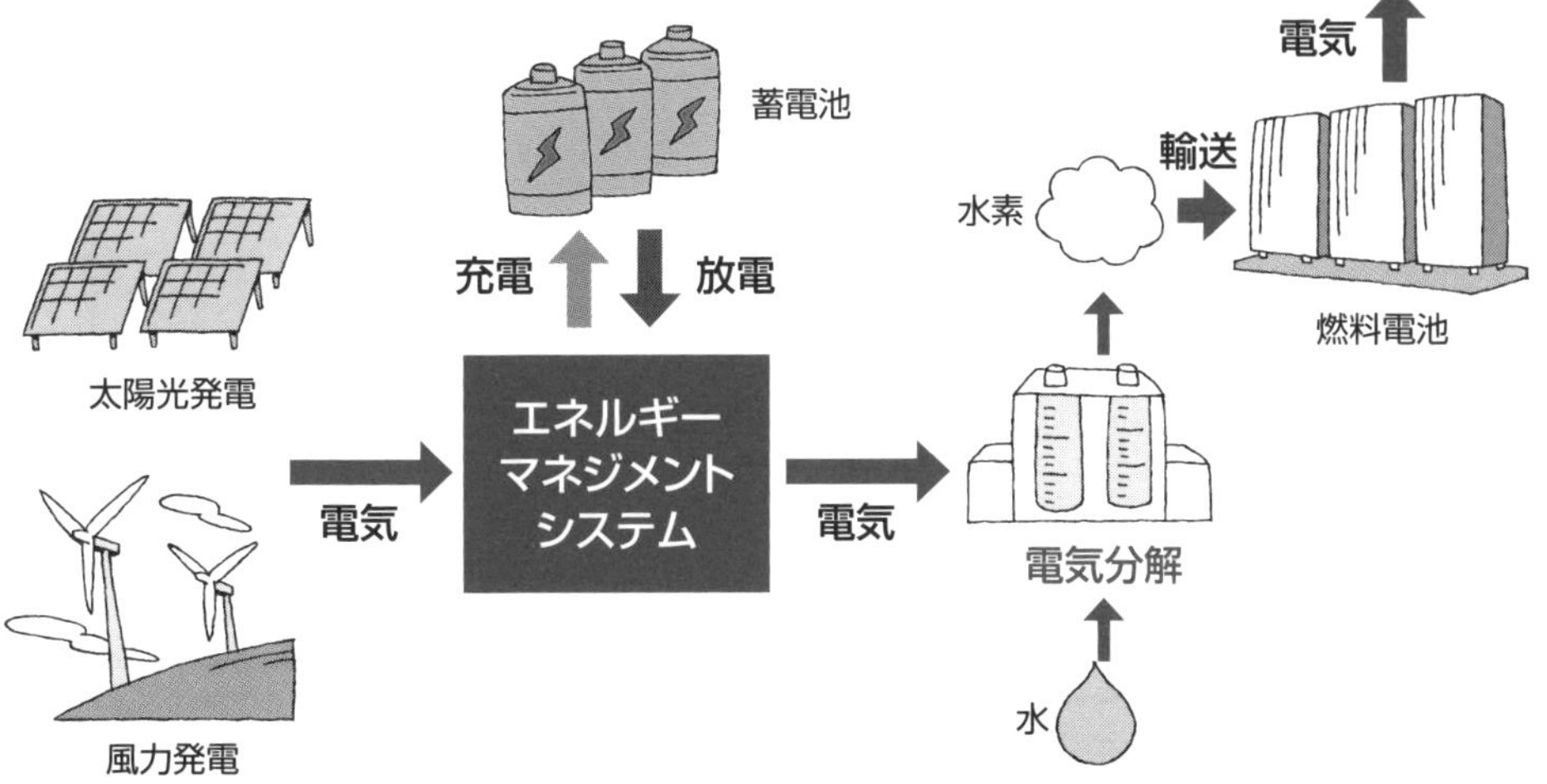

環境負荷の低いエネルギーシステム

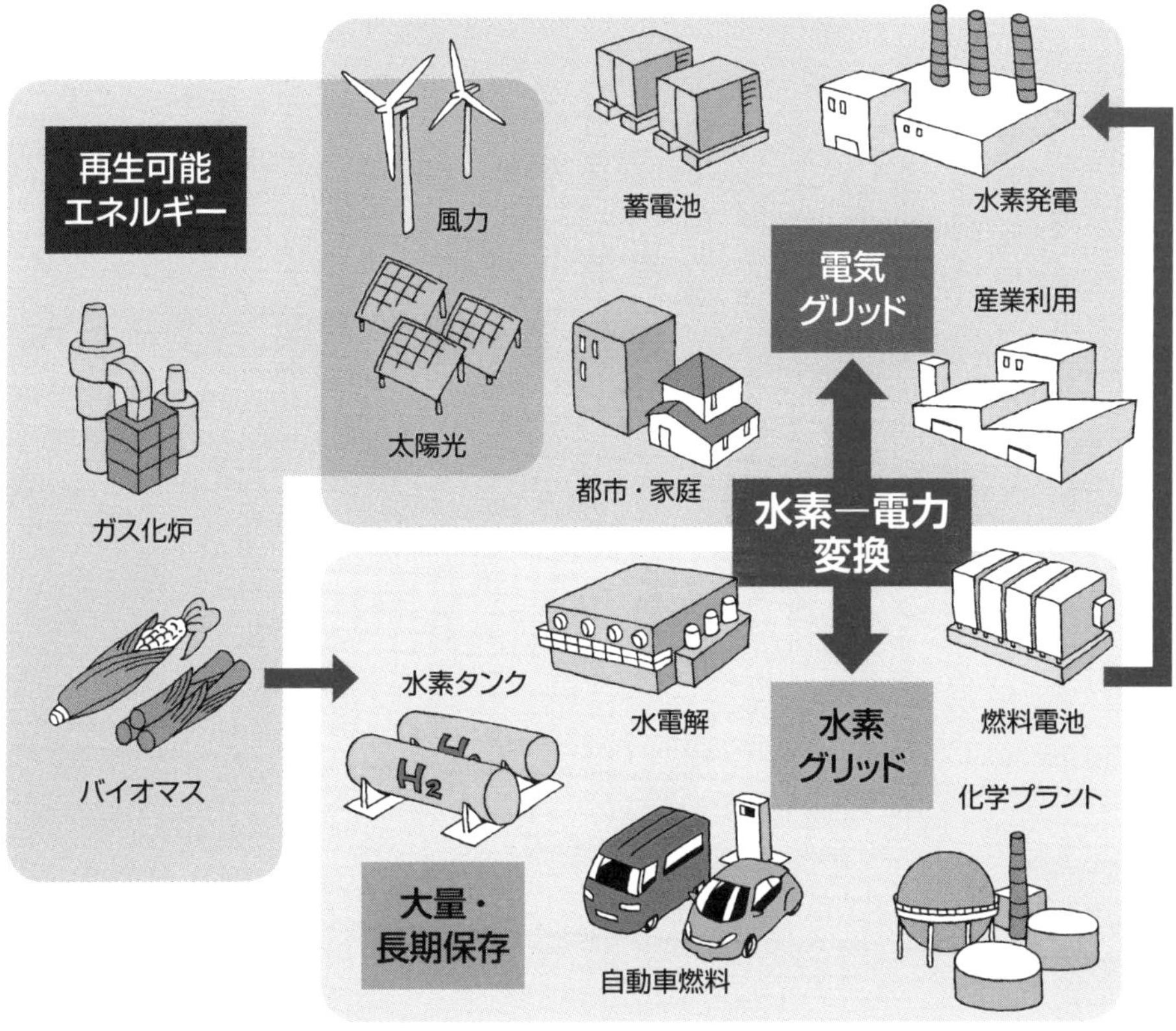

69 未来への扉を開く電気化学

八面六臂の大活躍

これまで見てきたように、電気化学は、化学エネルギーと電気エネルギーの直接相互変換を行える唯一無二の機能を持っています。その機能は、電子伝導体である電極と、イオン伝導体である電解液のそれぞれの性質を巧みに利用することによって、もたらされています。

化学エネルギーと電気エネルギーの直接相互変換は、エネルギーデバイスとしての利用だけでなく、もっと広い分野に展開できます。物質の合成を目的とする電解やめっき、化学エネルギーの変化による電気エネルギーの発生を信号ととらえる化学センサやバイオセンサ、光エネルギーも含めた光触媒、電池の考え方を応用した金属腐食の防食など、さまざまな分野に渡ります。例えば、以下の例が挙げられるでしょう。

・高性能二次電池、燃料電池などのエネルギーデバイス
・電気分解による無機物質や有機物質の合成
・電気めっきなどの電気化学的な表面処理
・金属の腐食機構の解明と防食
・機能性材料の微細加工プロセスへの応用
・導電性高分子や機能性薄膜などの機能材料開発
・水の光分解による水素製造や光触媒による水や空気の浄化
・電気化学分析を応用した化学センサやバイオセンサ
・生体内での電子移動など生命現象の解明など

人類は人口問題、資源、エネルギー、食料、気候変動、環境問題などさまざまな問題を抱えています。また医療や健康、さらに爆発的な情報増加への対応も重要な課題です。これらの問題の解決に、電気化学は必要不可欠な科学であり、技術であるため、これからますます電気化学の重要性は増すと思われます。みなさんが、身の回りのいたるところで、電気化学が活躍していることに気づいていただければ、本書の目的は達せられます。

要点BOX
- ●化学エネルギーと電気エネルギーの直接相互変換を行える唯一無二の機能
- ●ますます電気化学の重要性は増す

八面六臂に活躍する電気化学

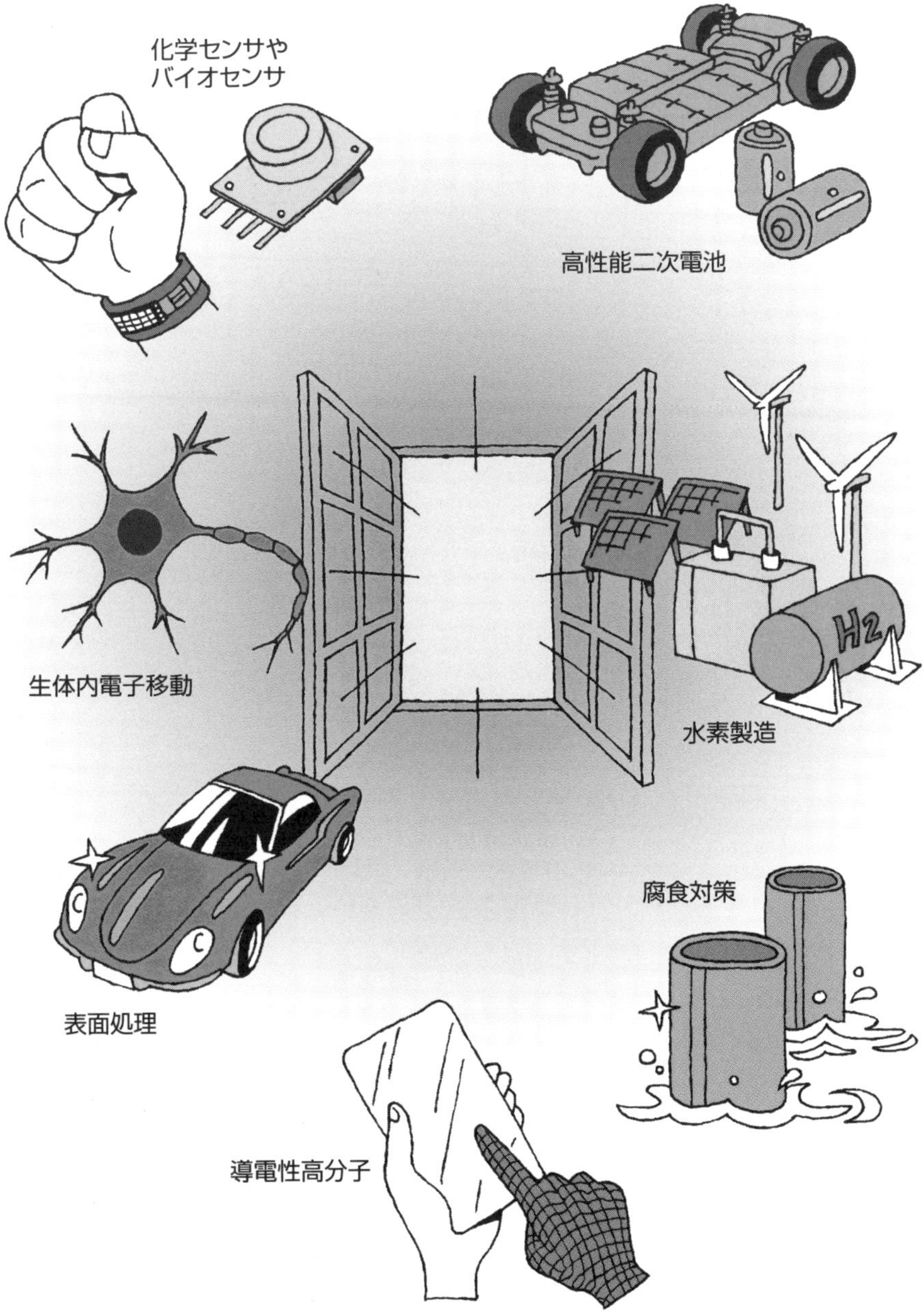

Column

陽極と陰極、正極と負極、さらにアノードとカソード どれがどれなの？

電極の呼び方として、本書では、プラス極とマイナス極で統一していますが、ほかの本では、陽極と陰極、正極と負極、あるいは、アノードとカソードという用語も用いられます。

呼び方にいろいろある（実は2通り）のは、注目するべきところが違うからです。まず、電極で起こっている反応に注目すると、片方で酸化反応、もう片方で還元反応が起こります。酸化反応が起こる電極をアノード、還元反応が起こる電極をカソードと呼びます。もう1つは、電位の高低に注目した呼び方で、電池の場合、電位の高い方を正極、低い方を負極といいます。

水素酸素燃料電池とその逆反応の水の電気分解を例にとります。燃料電池が放電すると、電位の低い負極（マイナス極）では酸化反応が、電位の高い正極（プラス極）では還元反応が起こります。つまり、電池の場合、負極（マイナス極）がアノード、正極（プラス極）がカソードになります。一方、水の電気分解では、外部電源のプラス極につないだ、電位の高い方で酸化反応が、電位の低い方で還元反応が起こります。つまり、電気分解のときは、プラス極がアノード、マイナス極がカソードになって、電池のときと、起こる反応が逆になっています。陽極と陰極は、アノードとカソードの日本語訳なので、電池の場合には、水素の酸化反応が起こる電位の低い負極（マイナス極）が陽極になって、酸素還元が起こる電位の高い正極（プラス極）が陰極になって、陰陽と正負のイメージが逆になります。そのため電池では陽極や陰極を使わずに、正極と負極にしています。

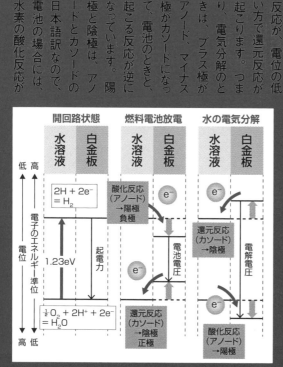

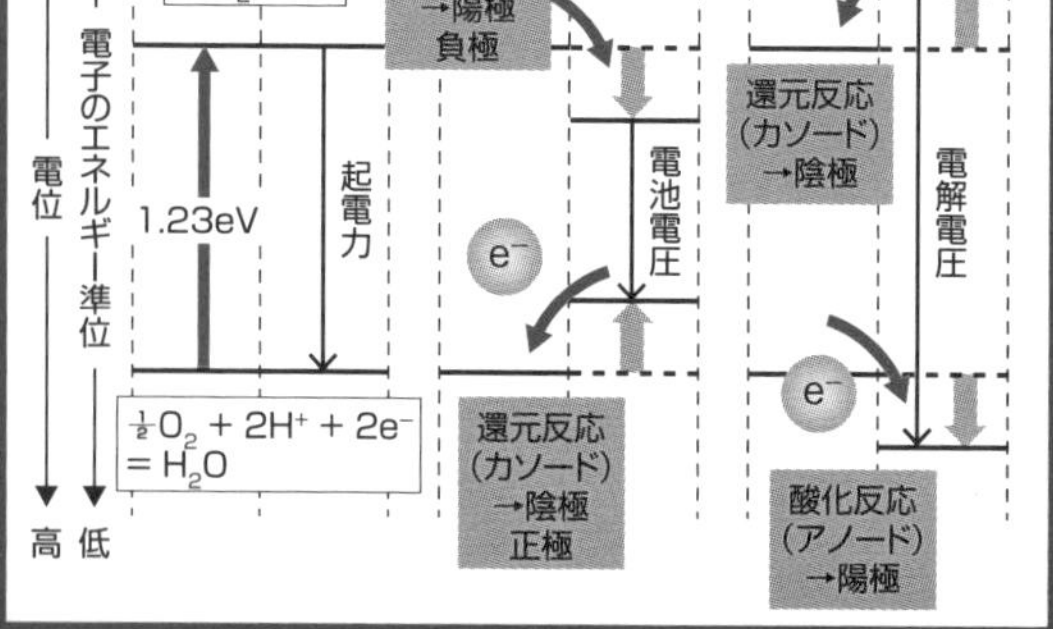

【参考文献】

「原理からとらえる電気化学」石原顕光・太田健一郎著、裳華房（2006）

「電子移動の化学—電気化学入門」渡辺正・中村誠一郎著、朝倉書店（1996）

「電極化学（上）（下）」佐藤教男著、日鉄技術情報センター（1993、1994）

【関連資料】

「トコトンやさしい二次電池の本　新版」小山昇・脇原將孝著、日刊工業新聞社（2022）

「トコトンやさしい燃料電池の本　第2版」森田敬愛著、日刊工業新聞社（2018）

「トコトンやさしい錆の本」松島巌著、日刊工業新聞社（2002）

「トコトンやさしいめっきの本」榎本英彦著、日刊工業新聞社（2006）

「トコトンやさしい機能めっきの本」榎本英彦・松村宗順著、日刊工業新聞社（2008）

「トコトンやさしい表面処理の本」仁平宣弘著、日刊工業新聞社（2009）

ナ

ハ

マ

ヤ

ラ

索引

今日からモノ知りシリーズ
トコトンやさしい
電気化学の本 新版

NDC 431

2023年4月28日　初版1刷発行

©著者　石原 顕光
発行者　井水 治博
発行所　日刊工業新聞社
東京都中央区日本橋小網町14-1
（郵便番号103-8548）
電話　書籍編集部　03（5644）7490
販売・管理部　03（5644）7410
FAX　03（5644）7400
振替口座　00190-2-186076
URL　https://pub.nikkan.co.jp/
e-mail　info@media.nikkan.co.jp
印刷・製本　新日本印刷（株）

●DESIGN STAFF
AD―――――志岐滋行
表紙イラスト―――黒崎　玄
本文イラスト―――榊原唯幸
ブック・デザイン ――矢野貴文
（志岐デザイン事務所）

●
落丁・乱丁本はお取り替えいたします。
2023 Printed in Japan
ISBN　978-4-526-08274-0 C3034
●
本書の無断複写は、著作権法上の例外を除き、
禁じられています。

●定価はカバーに表示してあります

●著者略歴
石原顕光（いしはら　あきみつ）

博士（工学）
所属：横浜国立大学先端科学高等研究院
先進化学エネルギー研究センター

1993年	横浜国立大学大学院工学研究科博士課程修了
1993～2006年	横浜国立大学工学部 非常勤講師
1994年	有限会社テクノロジカルエンカレッジメントサービス 取締役
2001～2006年	科学技術振興事業団（現・科学技術振興機構）研究員
2006～2015年	横浜国立大学グリーン水素研究センター 産学連携研究員
2015年	横浜国立大学 特任教員（教授）

●主な著書
「トコトンやさしいエントロピーの本 第2版」、日刊工業新聞社
「トコトンやさしい水素の本 第2版」共著、日刊工業新聞社
「トコトンやさしい元素の本」、日刊工業新聞社
「トコトンやさしい再生可能エネルギーの本」太田健一郎監修、日刊工業新聞社
「おもしろサイエンス 熱と温度の科学」、日刊工業新聞社
「原理からとらえる電気化学」共著、裳華房
「しっかり学ぶ 化学熱力学：エントロピーはなぜ増えるのか」、裳華房
「再生可能エネルギーと大規模電力貯蔵」共著、日刊工業新聞社
「CSJカレントレビュー第44号・モビリティ用電池の化学」共著、化学同人